"十四五"职业教育国家规划教材

高职高专土建类立体化系列教材

建筑工程技术专业

建筑材料检测与应用

主编　闫宏生　依巴丹

参编　慕彩萍　边新宽　陆进保

　　　李晓光　董鹏飞　尹　超

主审　魏鸿汉　杨　桓

机械工业出版社

本书以职业岗位工作过程为依据，以培养学生对建设工程中建筑材料质量检测及选用为目标进行学习情境设置。全书共分7个学习情境，主要介绍气硬性胶凝材料、水泥、混凝土、建筑砂浆、建筑钢材、防水材料等常用建筑材料的种类、技术要求、质量标准、技术性能检测方法和应用范围等方面的内容。为了便于学习，本书配有教学视频、教学课件、习题集、在线检测等教学资源。本书力求体现职业教育的特色，同时注重职业技能的培养。全书采用了现行的标准、规范及法定计量单位。

本书可作为高职高专建筑工程技术、铁道工程技术、桥梁与隧道技术、工程造价、工程监理等专业的教学用书，也可作为职业技能培训教材，或供从事土建类工程施工的技术人员和管理人员学习参考。

图书在版编目（CIP）数据

建筑材料检测与应用/闫宏生，依巴丹主编. —北京：机械工业出版社，2021.12（2024.8重印）
高职高专土建类立体化系列教材. 建筑工程技术专业
ISBN 978-7-111-69807-4

Ⅰ.①建… Ⅱ.①闫… ②依… Ⅲ.①建筑材料-检测-高等职业教育-教材 Ⅳ.①TU502

中国版本图书馆CIP数据核字（2021）第251239号

机械工业出版社（北京市百万庄大街22号 邮政编码100037）
策划编辑：张荣荣　　责任编辑：张荣荣
责任校对：张晓蓉　王明欣　封面设计：张　静
责任印制：张　博
北京建宏印刷有限公司印刷
2024年8月第1版第4次印刷
184mm×260mm · 16.75印张 · 404千字
标准书号：ISBN 978-7-111-69807-4
定价：49.00元

电话服务　　网络服务
客服电话：010-88361066　机　工　官　网：www.cmpbook.com
010-88379833　机　工　官　博：weibo.com/cmp1952
010-68326294　金　书　网：www.golden-book.com
封底无防伪标均为盗版　机工教育服务网：www.cmpedu.com

关于“十四五”职业教育
国家规划教材的出版说明

为贯彻落实《中共中央关于认真学习宣传贯彻党的二十大精神的决定》《习近平新时代中国特色社会主义思想进课程教材指南》《职业院校教材管理办法》等文件精神，机械工业出版社与教材编写团队一道，认真执行思政内容进教材、进课堂、进头脑要求，尊重教育规律，遵循学科特点，对教材内容进行了更新，着力落实以下要求：

1. 提升教材铸魂育人功能，培育、践行社会主义核心价值观，教育引导学生树立共产主义远大理想和中国特色社会主义共同理想，坚定“四个自信”，厚植爱国主义情怀，把爱国情、强国志、报国行自觉融入建设社会主义现代化强国、实现中华民族伟大复兴的奋斗之中。同时，弘扬中华优秀传统文化，深入开展宪法法治教育。

2. 注重科学思维方法训练和科学伦理教育，培养学生探索未知、追求真理、勇攀科学高峰的责任感和使命感；强化学生工程伦理教育，培养学生精益求精的大国工匠精神，激发学生科技报国的家国情怀和使命担当。加快构建中国特色哲学社会科学学科体系、学术体系、话语体系。帮助学生了解相关专业和行业领域的国家战略、法律法规和相关政策，引导学生深入社会实践、关注现实问题，培育学生经世济民、诚信服务、德法兼修的职业素养。

3. 教育引导学生深刻理解并自觉实践各行业的职业精神、职业规范，增强职业责任感，培养遵纪守法、爱岗敬业、无私奉献、诚实守信、公道办事、开拓创新的职业品格和行为习惯。

在此基础上，及时更新教材知识内容，体现产业发展的新技术、新工艺、新规范、新标准。加强教材数字化建设，丰富配套资源，形成可听、可视、可练、可互动的融媒体教材。

教材建设需要各方的共同努力，也欢迎相关教材使用院校的师生及时反馈意见和建议，我们将认真组织力量进行研究，在后续重印及再版时吸纳改进，不断推动高质量教材出版。

机械工业出版社

前言

本书是“高职高专土建类立体化系列教材”之一。本书在修订过程中，坚持“职业教育与普通教育是两种不同教育类型，具有同等重要地位”的理念，落实“立德树人”的根本任务，以职业岗位工作过程为依据，以培养学生对建设工程中建筑材料质量检测及选用的能力为目标，将学习内容与工作过程、理论知识与实践技能有机结合，突出学生职业技能的培养，力求体现职业教育的特色。

本书共分为七个学习情境，每个学习情境按照“认识材料→熟悉材料的技术性能、技术标准→阅读材料质量检测报告→材料质量检测→材料选用”逻辑关系组织教材内容。本书深入浅出，语言精炼；在内容上注重国家技术标准、规范及法定计量单位的引入与更新，紧密结合建筑材料工业的不断发展，增加了商品混凝土、高性能混凝土等新技术、新知识、新工艺的学习内容，实现教学内容与职业岗位需求紧密结合；同时，融入中国共产党二十大报告中践行社会主义核心价值观、科教兴国、推动绿色发展的精神，弘扬劳动精神、奋斗精神、勤俭节约等精神，强化学生的规范意识，培养学生精益求精、严谨求实的职业素养和工匠精神，坚持为党育人、为国育才，全面提高人才自主培养质量。本书配有教学视频、教学课件、习题集、在线检测等教学资源。对书中的教学难点、重点，以微课或教学视频的形式呈现，并将绿色环保、规范意识、严谨、工匠精神等思政元素融入教学中，以方便读者阅读、学习。

本书由包头铁道职业技术学院闫宏生担任主编，杨凌职业技术学院杜旭斌担任副主编，住房和城乡建设部中国建设教育协会专家委员会魏鸿汉教授、中铁二十一局集团第二工程公司朱冠生高级工程师担任主审。本书具体编写分工如下：包头铁道职业技术学院闫宏生（引言、学习情境2、学习情境3），杨凌职业技术学院杜旭斌（学习情境5），乌海职业技术学院史增录（学习情境4），中铁二十一局集团第二工程公司胥俊德（学习情境1），包头铁道职业技术学院慕彩萍（学习情境6、习题集），包头铁道职业技术学院边新宽（学习情境7），包头铁道职业技术学院谢占宇（习题集）。校企合作单位新疆建筑科学研究院参与了材料性能检测教学视频的录制工作，在此深表感谢。

由于编者水平有限，书中难免存在疏漏或不妥之处，恳请读者批评指正。

编　者

目录

引言

【知识与能力目标】

了解建筑材料的分类与发展现状；掌握建筑材料检测技术与技术标准，熟知学习后应具备的职业能力。

1. 建筑材料的分类

建筑材料是指建筑工程中所用各种材料及其制品的总称，如黏土砖、岩石、石灰、水泥、砂浆、混凝土、钢材、防水卷材、建筑玻璃、涂料、工程塑料等。

建筑材料的种类繁多，分类方法多样，通常按材料的化学成分、使用功能和来源的不同进行分类。

1）按化学成分及组织结构不同，建筑材料可分为无机材料、有机材料和复合材料，见表 0-1。

表 0-1　建筑材料按化学成分分类

<table>
<tr><td rowspan="2">无机材料</td><td>金属材料</td><td>黑色金属：钢、铁
有色金属：铝及铝合金、铜及铜合金、金、银等</td></tr>
<tr><td>非金属材料</td><td>石材：天然石材（大理石、花岗石、石灰石、页岩等）、人造石材
烧土制品：砖、瓦、陶器、瓷器等
无机胶凝材料及其制品：石灰、石膏、水玻璃、水泥
混凝土、砂浆及硅酸盐制品：高性能混凝土、砌筑砂浆、加气混凝土砌块等
玻璃及其制品：钢化玻璃、中空玻璃等</td></tr>
<tr><td rowspan="3">有机材料</td><td>植物材料</td><td>木材、竹材、植物纤维及其制品</td></tr>
<tr><td>合成高分子材料</td><td>塑料、涂料、合成纤维、胶粘剂、合成橡胶等</td></tr>
<tr><td>沥青材料</td><td>石油沥青制品、改性沥青及其制品</td></tr>
<tr><td rowspan="3">复合材料</td><td>金属材料与非金属材料</td><td>钢筋混凝土、钢丝网水泥、钢纤维混凝土等</td></tr>
<tr><td>有机材料与无机非金属材料</td><td>聚合物混凝土、沥青混凝土</td></tr>
<tr><td>其他复合材料</td><td>水泥石棉制品、人造大理石、人造花岗石等</td></tr>
</table>

无机材料是由小分子化合物构成，相对分子质量较小，又可以分为金属材料和非金属材料。

有机材料是由高分子化合物构成，主要化学成分为碳与氢，相对分子质量较大。

复合材料是指由两种或两种以上不同性质的材料经过适当组合成为一体的材料。复合材料可以克服单一材料的不足之处，发挥其综合特性。通过适当的复合手段，可以根据工程所处环境、工程使用要求重新设计和生产材料，可以说，材料的复合化已经成为当今材料科学发展的趋势之一。

2）按在建筑物中的使用功能不同，建筑材料可分为结构材料、围护材料和功能材料。

结构材料是指构成建筑物受力构件和结构所用的材料，如梁、板、柱、基础等构件或结构使用的材料。结构材料应具有足够的强度和耐久性。常用的结构材料有钢材、砖、石材、混凝土、木材等。

围护材料是指用于建筑物围护结构的材料，如墙体、屋面等部位使用的材料。围护材料不仅要求具有一定的强度和耐久性，还要求具有良好的保温、隔热、隔声性能。常用的围护材料有砖、砌块、大型墙板、瓦等。

功能材料是指能够满足各种功能要求所使用的材料，如防水材料、装饰材料、保温隔热材料、吸声隔声材料等。

3）按来源不同，建筑材料可分为天然材料和人造材料。

2. 建筑材料在建筑工程中的地位和作用

建筑材料是建筑物与构筑物的物质基础，无论是高达420.5m的上海金贸大厦，还是一幢六层混合结构建筑，都是由各种建筑材料组合而成，可以说，如果没有建筑材料作为物质基础，就不可能有形态各异、功能不同的建筑产品。

建筑材料的种类繁多，性能各异，建筑材料的品种、性能和质量，在很大程度上决定着建筑物是否坚固、耐久、经济和美观。在建筑工程实践中，从材料的选择、储运、检测到使用，任何环节的失误，都会降低建筑工程质量，影响工程的使用效果和耐久性能，甚至会造成严重的工程事故。

在我国的建筑工程中建筑材料所占的投资比例可达50%~70%，因此在保证材料质量的前提下，降低材料费用，对降低工程造价，提高企业经济效益，将起到很大的积极作用。大量实践证明：正确选材、合理利用、科学管理、减少浪费是降低材料费用的有效途径。

3. 建筑材料的发展趋势

建筑材料是随着人类社会生产力和科学技术水平的提高而逐步发展起来的。在很早以前，人们就利用石块、木材、土等天然材料从事建筑活动。如古埃及的金字塔、春秋时期的长城、古罗马建造的万神庙、隋代修建的赵州桥，全部采用石块、砖、土为结构材料。随着社会的不断进步，人们对建筑工程的要求也越来越高，这种要求的满足与建筑材料的数量和质量之间，总是存在着相互依赖、相互矛盾的关系。建筑材料的生产和使用，就是在不断解决矛盾的过程中逐渐向前发展的。与此同时，其他相关科学技术的日益进步也为建筑材料的发展提供了有利条件。1824年英国J. Aspdin发明了波特兰水泥（即硅酸盐水泥），混凝土随之问世，并首先大规模应用于泰晤士河隧道工程。19世纪中叶人们掌握了工业化炼钢技术，将具有强度高、延性好、质量均匀的建筑钢材作为结构材料。钢结构的运用，使建筑物的跨度、高度由过去的几米、几十米增加到如今的几百米。

20世纪以来，随着科学技术的不断发展，各种高性能的新型材料不断涌现。20世纪初人工合成高分子材料的问世，20世纪30年代预应力混凝土的产生，21世纪高性能混凝土（HPC）的广泛使用，为大跨度结构，特别是大跨度桥梁、水工、海港、道路、高层建筑等工程提供了较为理想的结构材料。与此同时，一些具有特殊功能的材料，如保温隔热、吸声、耐磨、耐热、耐腐蚀、防辐射等材料应运而生。随着人们对工作空间，生活环境和城市面貌的要求越来越高，各种环保型建筑材料也越来越受到人们的重视。

建筑材料产业不仅是推动建筑业发展的物质基础，也是国民经济的主要基础产业之一。为了适应我国经济建设和社会发展的需要，建筑材料正向开发高性能建筑材料和绿色材料的方向发展。

高性能建筑材料是指性能及质量更加优异，轻质、高强、多功能和更加耐久、更富有装饰效果的材料，是便于机械化施工和更有利于提高施工生产效率的材料。

绿色材料又称之为生态材料、环保材料。它是采用清洁生产技术，不用或少用天然资源和能源，大量使用工农业或城市固态废弃物生产的无毒害、无污染、无放射性，在达到使用周期后可以回收利用、有利于环境保护和人们健康的建筑材料。

绿色材料具有以下基本特征：

1）以相对较低的资源、能源消耗和环境污染为代价生产的高性能建筑材料，如采用现代先进工艺和生产技术生产的生态水泥。

2）采用低能耗制造工艺生产的具有轻质、高强、保温、隔声等多功能的新型墙体材料。

3）具有改善居室生态环境，有益于人体健康和具有功能化的材料，如具有抗菌、灭菌、调湿、消磁、防射线、抗静电、阻燃、隔热等功能的玻璃、陶瓷、涂料等。

4）以工业废弃物为主要原料生产的各种材料制品。

5）产品可以循环和回收再利用，无污染环境的废弃物。

绿色材料代表了21世纪建筑材料的发展方向，是符合世界发展趋势和人类要求的建筑材料，是符合科学的发展观和以人为本思想的建筑材料。在未来的建筑行业中绿色材料必然会占主导地位，成为今后建筑材料发展的必然趋势。

4. 建筑材料检测及其技术标准

建筑材料检测是根据现有技术标准、规范的要求，采用科学合理的技术手段和方法，对被检测建筑材料的技术参数进行检验和测定的过程。检测目的是判定所检测材料的各项性能是否符合质量等级的要求以及是否可以用于建筑工程中，是确保建筑工程质量的重要手段。

建筑材料检测主要包括见证取样、试件制作、送样、检测、填写检测报告等环节。

见证取样、试件制作、送样是在建设单位或工程监理单位人员的见证下，由施工单位的现场试验人员对工程中涉及结构安全的试块、试件和材料进行现场取样，并送至经过省级以上建设行政主管部门对其资质认可和质量技术监督部门对其计量认证的质量检测单位进行检测。

提示：

取样原则为随机抽样，取样方法根据被检材料按相关标准进行，所抽取的试样必须具有代表性。

检测、填写检测报告是由具有相应资质等级的质量检测机构进行的。参与检测的人员必须持有相关的资质证书，不得修改检测原始数据。检测报告应包括委托单位、委托日期、报告日期、样品编号、工程名称、样品产地及名称、规格及代表数量、检测依据、检测项目、检测结果、结论等。

建筑材料技术标准是材料生产、质量检验、验收及材料应用等方面的技术准则和必须遵守的技术法规，包括产品规格、分类、技术要求、检验方法、验收规则、标志、运输、储存及使用说明等内容，是供需双方对产品质量验收的依据。根据技术标准的发布单位与适用范围不同，我国建筑材料技术标准分为国家标准、行业（或部）标准、地方标准和企业标准四级。其中国家标准和行业（或部）标准是全国通用标准，是国家指令性技术文件，各级材料的生产、设计、施工等部门必须严格遵守执行，不得低于此标准。地方标准是地方主管部门发布的地方性技术文件。企业标准仅适用于本企业，凡是没有制定国家标准和行业标准的产品，均应制定企业标准。技术标准的表示方法由标准名称、部门代号、标准编号、批准年份四部分组成，见表0-2。

表 0-2 各级技术标准的代号和表示方法

<table>
<tr><th colspan="2">技术标准种类</th><th colspan="2">代 号</th><th>表示方法</th></tr>
<tr><td colspan="2">国家标准</td><td>GB</td><td>GB:国家强制性标准
GB/T:国家推荐性标准</td><td rowspan="7">由标准名称、部门代号、标准编号、批准年份四部分组成。如:《水泥胶砂强度检验方法（ISO 法）》（GB/T 17671—1999）、《普通混凝土配合比设计规程》（JGJ 55—2011）、《建筑生石灰》（JC/T 479—2013）</td></tr>
<tr><td rowspan="4">行业标准</td><td>建材局</td><td>JC</td><td>JC:建材行业强制性标准
JC/T:建材行业推荐性标准</td></tr>
<tr><td>建设部</td><td>JGJ</td><td>JGJ:建设部行业强制性标准
JGJ/T:建设部行业推荐性标准</td></tr>
<tr><td>铁道部</td><td>TB</td><td>TB:铁道部行业强制性标准</td></tr>
<tr><td>冶金部</td><td>YB</td><td>YB:冶金部行业强制性标准</td></tr>
<tr><td colspan="2">地方标准</td><td>DB</td><td>DB:地方强制性标准
DB/T:地方推荐性标准</td></tr>
<tr><td colspan="2">企业标准</td><td>QB</td><td>QB:企业标准</td></tr>
</table>

5. 本课程学习内容及学习后应具备的能力

（1）本课程主要学习内容

1）无机胶凝材料的技术性能、技术标准、质量检测方法、选用。

2）混凝土组成材料的技术性能、技术标准、质量检测方法、选用。

3）混凝土的技术性能、技术标准、配合比确定、质量检测方法、选用。

4）建筑砂浆的技术性能、技术标准、配合比确定、质量检测方法、选用。

5）建筑钢材的技术性能、技术标准、质量检测方法、选用。

6）防水材料的技术性能、技术标准、质量检测方法、选用。

7）其他建筑材料的技术性能、技术标准、质量检测方法、选用。

（2）学习本课程后应具备的能力

1）能按国家标准要求进行材料见证取样及送检。

2）能按国家标准要求进行试件的制作。

3）会操作检测仪器对材料的各项技术性能指标进行检测，并能依据国家标准对材料质量作出准确评价。

4）能阅读材料质量检测报告。

5）会运用国家标准确定混凝土配合比。

6）会运用国家标准确定砌筑砂浆配合比。

7）能依据工程环境条件、质量要求合理选用建筑材料。

学习情境1 气硬性胶凝材料应用

【知识与能力目标】

了解胶凝材料的概念与分类，建筑石灰、建筑石膏与水玻璃的硬化过程；掌握建筑石灰、建筑石膏的质量等级、特点与保管要求，能根据工程所处环境条件合理选用气硬性胶凝材料，能正确阅读建筑石灰、建筑石膏、水玻璃等国家技术标准。

建筑上通常把通过自身的物理化学作用后，能够由浆体变成坚硬的固体，并在变化过程中把散粒材料（如砂和碎石）或块状材料（如砖和石块）胶结成为具有一定强度的整体的材料，统称为胶凝材料。胶凝材料根据化学组成分为无机胶凝材料和有机胶凝材料两大类。

无机胶凝材料按硬性条件分为气硬性胶凝材料和水硬性胶凝材料。气硬性胶凝材料只能在空气中硬化、也只能在空气中保持或继续发展强度，如石灰、石膏、水玻璃等。气硬性胶凝材料一般只适用于地上或干燥环境，不宜用于潮湿环境，更不可用于水中。水硬性胶凝材料不仅能在空气中，而且能更好地在水中硬化、保持并继续发展其强度，如各种水泥等。水硬性胶凝材料既适用于地上，也适用于地下或水中。

项目 1.1 建筑石灰

【工作任务】 阅读建筑石灰技术标准；能合理选用建筑石灰品种。

1.1.1 了解资讯

一、石灰的生产与分类

1. 石灰的生产

生产石灰的主要原料是以碳酸钙（$CaCO_3$）为主要成分的天然矿石，如石灰石、白垩等。

石灰石经高温煅烧后，碳酸钙分解并释放出 CO_2，生成以 CaO 为主要成分的生石灰，其反应式为：

$$CaCO_3 \xrightarrow{900℃} CaO+CO_2\uparrow$$

为了加速分解过程，煅烧温度常提高至 1000～1100℃左右。生石灰为白色或灰色块状。因石灰石原料中会含有一定的碳酸镁，因而生石灰中还含有少量的氧化镁。

2. 石灰的分类

1）按煅烧的温度和时间不同，石灰分为欠火石灰、正火石灰和过火石灰。

当煅烧温度过低或煅烧时间过短时，易得欠火石灰，即碳酸钙没有完全分解，降低了生石灰的质量和产量；当煅烧温度过高或煅烧时间过长时，易得过火石灰，使黏土杂质融化并包裹石灰，从而延缓石灰的熟化，导致已硬化的砂浆产生鼓泡、崩裂等现象；正火石灰具有多孔结构、内部孔隙率大、颗粒细小、与水反应速度快等特点。

2）按外观形态不同，石灰分为块状石灰（图 1-1）和磨细石灰粉（图 1-2）。

图 1-1 块状石灰

图 1-2 磨细石灰粉

3）按化学成分不同，石灰分为生石灰和熟石灰。

二、石灰的熟化

块状生石灰遇水，使之消解成膏状或粉末状的氢氧化钙，此过程称为石灰的熟化。其反应式为：

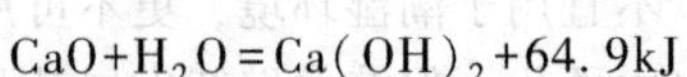

$$CaO+H_2O=Ca(OH)_2+64.9kJ$$

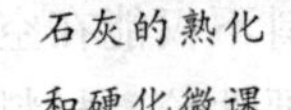

石灰的熟化和硬化微课

石灰熟化时，放出大量的热，体积膨胀 1~2.5 倍。石灰熟化方法有两种。

1. 制石灰膏

在化灰池或熟化机加入 2.5~3 倍生石灰质量的水，生石灰熟化成的 $Ca(OH)_2$ 经滤网流入灰池，在储灰池中沉淀成石灰膏。石灰膏在储灰池中储存（陈伏）两周以上，使熟化慢的颗粒充分熟化，然后使用。陈伏期间，石灰膏上应保留一层水，使石灰膏与空气隔绝，以避免碳化。

石灰膏的表观密度为 1300~1400kg/m^3，1kg 生石灰可熟化成 1.5~3L 石灰膏。

2. 制消石灰粉

用喷壶在生石灰上分层淋水，使其消解成消石灰粉。制消石灰粉的理论用水量为生石灰质量的 31.2%，由于熟化时放热，部分水分蒸发，故实际加水量常为生石灰质量的 60%~80%。加水量以既能充分熟化、又不过湿成团为度。

三、石灰的硬化

石灰浆在空气中逐渐干燥变硬的过程叫硬化。石灰的硬化是由析晶作用和碳化作用共同完成的。

1. 析晶作用

石灰膏中的游离水分蒸发或被砌体吸收，$Ca(OH)_2$ 从饱和溶液中以胶体析出，胶体逐渐变浓，使 $Ca(OH)_2$ 逐渐结晶析出，促进石灰浆体的硬化。

2. 碳化作用

石灰膏表面的 Ca（OH）$_2$ 与潮湿空气的 CO_2 反应生成 $CaCO_3$ 晶体，析出的水分则逐渐被蒸发，反应式为：

$$Ca(OH)_2+CO_2+nH_2O=CaCO_3+(n+1)H_2O$$

由于这个反应是在潮湿的条件下进行的，而且反应从石灰膏表层开始，进展逐趋缓慢。当砂浆体表面碳化形成 $CaCO_3$ 薄膜层，阻碍了 CO_2 的进一步渗入，从而使碳化过程减缓；另外，由于内部水分不易蒸发出来，Ca（OH）$_2$ 晶粒结晶速度放缓，导致石灰的硬化时间变得较长。

1.1.2 组织实施

一、石灰的质量标准

根据建筑材料行业标准《建筑生石灰》（JC/T 479—2013）的规定，按生石灰的加工情况分为建筑生石灰和建筑生石灰粉；按生石灰的化学成分将建筑生石灰分为钙质石灰和镁质石灰两类，其技术性能指标见表 1-1。

表 1-1 建筑生石灰技术指标（JC/T 479—2013）

项目		钙质石灰						镁质石灰			
		CL 90—Q	CL 90—QP	CL 85—Q	CL 85—QP	CL 75—Q	CL 75—QP	ML 85—Q	ML 85—QP	ML 80—Q	ML 80—QP
CaO+MgO 含量(%,不小于)		90	90	85	85	75	75	85	85	80	80
MgO 含量(%)		≤5	≤5	≤5	≤5	≤5	≤5	>5	>5	>5	>5
CO_2 含量(%,不大于)		4	4	7	7	12	12	7	7	7	7
产浆量(dm^3/10kg,不小于)		26	—	26	—	26	—	—	—	—	—
细度	90μm 筛余量(%,不大于)	—	7	—	7	—	7	—	7	—	2
	0.2mm 筛余量(%,不大于)	—	2	—	2	—	2	—	2	—	7

注：CL—钙质石灰；ML—镁质石灰；Q—块状；QP—粉状。

石灰有效成分含量是指石灰中 CaO 与 MgO 的含量，其含量高低决定了石灰粘结能力的大小。二氧化碳含量越高，表明未分解的碳酸盐含量越高，有效成分含量相对降低。生石灰产浆量是指单位质量的生石灰经消化后，所产生石灰浆的体积。产浆量越高，则石灰质量越好。石灰的细度与其质量有密切关系，以 90μm 和 0.2mm 筛余量控制。

建筑消石灰按扣除游离水与结合水后氧化钙和氧化镁含量分为钙质消石灰、镁质消石灰，其技术性能指标见表 1-2。

游离水含量是指化学结合水以外的含水量。生石灰消化时多加的水残留于氢氧化钙中，残余水分蒸发后，留下孔隙会加剧消石灰粉碳化现象的产生，影响其使用质量。

二、石灰的特性

1. 可塑性好

生石灰熟化成的石灰浆，是一种表面能吸附一层较厚的水膜、高度分散的 Ca（OH）$_2$ 胶体，能降低颗粒之间的摩擦，因此具有良好的可塑性。利用这一性质，将其掺入水泥砂浆中，可显著提高砂浆的可塑性和保水性。

表 1-2　建筑消石灰技术指标（JC/T 481—2013）

项　目		钙质消石灰			镁质消石灰	
		HCL 90	HCL 85	HCL 75	HML 85	HML 80
CaO+MgO 含量(%,不小于)		90	85	75	85	80
MgO 含量(%)		≤5	≤5	≤5	>5	>5
游离水(%,不大于)		2	2	2	2	2
体积安定性		合格	合格	合格	合格	合格
细度	90μm 筛余量(%,不大于)	7	7	7	7	7
	0.2mm 筛余量(%,不大于)	2	2	2	2	2

注：HCL—钙质消石灰；HML—镁质消石灰。

2. 凝结硬化慢、强度低

石灰浆在空气中的凝结硬化速度慢，使得 $Ca(OH)_2$ 和 $CaCO_3$ 结晶很少，硬化后强度很低。

3. 硬化时体积收缩大

石灰在硬化过程中要蒸发掉大量的游离水分，从而引起体积显著地收缩，易出现干缩裂缝。故石灰浆不宜单独使用，一般要掺入其他材料混合使用，如砂、麻刀、纸筋等，以抵抗收缩引起的开裂。

4. 吸湿性强、耐水性差

生石灰会吸收空气中的水分而熟化；硬化后的石灰，如长期处于潮湿环境或水中，$Ca(OH)_2$ 就会逐渐溶解而导致结构破坏，致使耐水性降低，不能用于水下或长期处于潮湿环境下的建筑物中。

三、石灰的应用

1. 配制砂浆和石灰乳

用水泥、石灰膏、砂配制成的混合砂浆广泛用于砌筑工程。用石灰膏与砂、纸筋、麻刀配制成的石灰砂浆、石灰纸筋灰、石灰麻刀灰广泛用作内墙、顶棚的抹面砂浆。将熟化好的石灰膏或消石灰粉，加入过量水稀释成石灰乳是一种传统的室内粉刷涂料，主要用于临时建筑的室内粉刷。

2. 配制灰土和三合土

灰土为消石灰粉与黏土按 2∶8 或 3∶7 的体积比加少量水拌和而成；三合土为消石灰粉、黏土、砂按 1∶2∶3 的体积比，或者消石灰粉、砂、碎砖（或碎石）按 1∶2∶4 的体积比加少量水拌和而成，它们可作为建筑物的基础、道路路基的垫层材料。

3. 生产磨细生石灰粉

将生石灰磨成细粉称为磨细生石灰粉。磨细生石灰粉可加入石灰质量 100%~150% 的水拌成石灰浆直接使用，硬化后的强度可比石灰膏硬化后的强度高 2 倍左右。

4. 制作碳化石灰板

碳化石灰板是将磨细生石灰粉、纤维状填料或轻质骨料加适量水搅拌成型，再经二氧化碳人工碳化 12~24h 而制成的一种轻质板材。这种碳化石灰板能钉、能锯，具有一定的强度和保温绝热性能，可作为非承重内隔墙板和顶棚等。

四、石灰的储存

生石灰储存时应注意防水防潮，以免吸水自然熟化后硬化。生石灰储存时间不宜过长，一般存储时间不超过一个月。如要存放，可熟化成石灰膏，上覆砂土或水与空气隔绝，以免硬化。

项目 1.2　建筑石膏

【工作任务】　阅读建筑石膏技术标准；能合理应用建筑石膏。

1.2.1　了解资讯

一、石膏的生产

生产石膏的主要原料是天然二水石膏，又称软石膏或生石膏。将天然二水石膏或化工石膏经加热、煅烧、脱水、磨细可得石膏胶凝材料。随着加热的条件和程度不同，可得到性质不同的石膏产品。

将天然二水石膏置于窑中，在温度为 107～170℃ 下煅烧，得到 β 型半水石膏（β—$CaSO_4 \cdot 0.5H_2O$），即建筑石膏。其反应式为：

$$CaSO_4 \cdot 2H_2O \xrightarrow{107\sim170℃} CaSO_4 \cdot \frac{1}{2}H_2O + 1\frac{1}{2}H_2O$$

将二水石膏在压力为 0.13MPa、温度为 125℃ 的密闭蒸压釜内蒸炼，得到的是 α 型半水石膏（α—$CaSO_4 \cdot 0.5H_2O$），即高强石膏。其反应式为：

$$CaSO_4 \cdot 2H_2O \xrightarrow{125℃,0.13MPa} CaSO_4 \cdot \frac{1}{2}H_2O + 1\frac{1}{2}H_2O$$

α 型半水石膏晶体粗大，拌制相同稠度时的用水量要比建筑石膏所需用水量少，因此，高强石膏硬化后内部组织结构密实、强度高。

二、石膏的硬化

石膏的凝结硬化是半水石膏与水相互作用生成二水石膏，并且伴随着半水石膏不断地溶解、水化和二水石膏结晶的过程。反应式为：

$$CaSO_4 \cdot \frac{1}{2}H_2O + 1\frac{1}{2}H_2O \longrightarrow CaSO_4 \cdot 2H_2O$$

建筑石膏加水拌和后，即可生成二水石膏。因为二水石膏在水中的溶解度较半水石膏在水中的溶解度小得多，所以，二水石膏不断从饱和溶液中沉淀而析出胶体微粒。由于二水石膏的析出，打破了原有半水石膏的平衡浓度，这时半水石膏会进一步溶解和水化，直到半水石膏全部水化为二水石膏为止。随着水化的进行，二水石膏生成晶体数量不断增加，水分逐渐减少，浆体可塑性降低。二水石膏晶体逐渐长大、相互交错和连生，晶体颗粒之间的摩擦力、粘结力增加，逐渐形成空间网状结构，产生强度。

1.2.2　组织实施

一、石膏的质量标准

根据国家标准《建筑石膏》（GB/T 9776—2008），建筑石膏按 2h 抗折强度大小分为

3.0、2.0和1.6三个等级，见表1-3。

表1-3 建筑石膏的技术指标（GB/T 9776—2008）

等级		3.0	2.0	1.6
2h抗折强度(MPa,不小于)		3.0	2.0	1.6
2h抗压强度(MPa,不小于)		6.0	4.0	3.0
细度:0.2mm方孔筛筛余(%,不大于)		10.0	10.0	10.0
凝结时间/min	初凝时间(不小于)	3		
	终凝时间(不大于)	30		

二、石膏的特性

1. 凝结硬化快

建筑石膏凝结硬化较快，30min内完全失去可塑性而产生强度。

2. 凝结硬化时体积微膨胀

建筑石膏硬化后，体积略有膨胀，所以可不掺加填料而单独使用，并能很好地填充模型，使得硬化体表面饱满，尺寸精确，轮廓清晰，具有良好的装饰性。

3. 孔隙率大、表观密度小、强度较低

建筑石膏水化时的理论用水量为建筑石膏质量的18.6%，但在使用时为了满足施工要求的可塑性，实际加水量可达其质量的60%~80%。石膏凝结后，由于多余水分的蒸发，致使石膏制品孔隙率大、表观密度小、强度较低、导热性低、吸声性好。

4. 调温、调湿、装饰性好

由于石膏制品内部的毛细孔隙对空气中的水蒸气具有较强的吸附能力，在干燥时又可释放水分，所以，石膏制品对室内的空气湿度有一定的调节作用，并且其表面细腻、平整、色白，是理想的环保型室内装饰材料。

5. 防火性能良好

建筑石膏硬化后的主要成分是含有两个结晶水分子的二水石膏，当遇火时，结晶水蒸发，吸收热量并在结构物表面生成具有良好绝热性的"蒸汽幕"，能够有效抑制火势的蔓延和温度的升高。

6. 耐水性差

石膏制品孔隙率高，吸湿性强，在潮湿环境中，二水石膏结晶体能溶于水中，致使晶体粒子之间的结合力削弱，耐水性差，浸水后强度显著降低。

三、石膏的应用

在建筑工程中主要用来生产石膏板。石膏板是以石膏为主要原料掺入填料、外加剂或其他材料复合制成，具有轻质、绝热、吸声、不燃和可锯可钉等性能，可用作吊顶、内墙面装饰材料。主要有以下类型：

1. 纸面石膏板

纸面石膏板是建筑石膏加入适量轻质填料、纤维、发泡剂、缓凝剂等，加水拌成料浆，浇注在行进中的纸面上，成型后上层覆以面纸，经凝固、切断、烘干而成。

纸面石膏板可用作墙面、吊顶材料，也可穿孔后作吸声材料。一般纸面石膏板不宜用于潮湿环境，但表面经过特殊处理也可用于潮湿环境。

2. 纤维石膏板

建筑石膏中掺入玻璃纤维、纸浆、矿棉等纤维加工制成的无纸面石膏板称为纤维石膏板。它的抗弯强度和弹性模量都高于纸面石膏板。

3. 装饰石膏板

建筑石膏中加入纤维材料及少量胶料，经加水搅拌、成型、修边而制成的正方形板称为装饰石膏板，边长200~900mm，有平板、多孔板、花纹板、浮雕板等，作为内墙面装饰材料。

项目1.3 水玻璃

【工作任务】 能合理应用水玻璃。

1.3.1 了解资讯

一、水玻璃的成分

建筑工程中常用的水玻璃是硅酸钠（$Na_2O \cdot nSiO_2$）的水溶液，俗称泡花碱。

将石英砂或石英岩粉与Na_2CO_3磨细拌匀，在玻璃熔炉内于1300~1400℃下熔化，得固态水玻璃。反应式为：

$$nSiO_2+Na_2CO_3=Na_2O \cdot nSiO_2+CO_2\uparrow$$

二、水玻璃模数

水玻璃模数是指水玻璃分子式中SiO_2与Na_2O的分子数比，即n值。

水玻璃模数大小与水玻璃在水中的溶解度、粘结强度有关。n值越大，水玻璃在水中越难溶解，但硬化后粘结强度高，耐酸性能和耐热性好。工程中水玻璃模数一般在2.5~2.8。

1.3.2 组织实施

一、水玻璃的特性

1. 较高的粘结强度

水玻璃硬化产物——硅酸凝胶具有很强的粘附性，因此，水玻璃具有较高的粘结强度。

2. 良好的耐酸性能

硬化产物硅酸凝胶是以二氧化硅为主要成分，为非晶态空间网状结构，不与酸类物质发生化学反应，因此，水玻璃具有良好的耐酸性能。

3. 较高的耐热性

水玻璃具有较高的耐热性。

二、水玻璃的应用

1）作灌浆材料加固地基。将水玻璃溶液与氯化钙溶液同时或交替灌入地基中，硅酸凝胶填充地基土颗粒空隙并将其粘结成整体，可提高地基承载能力及地基土的抗渗性。

2）涂刷或浸渍混凝土结构或构件表面，提高混凝土的抗风化性能和耐久性。但不能对石膏制品进行涂刷或浸渍，因为水玻璃与石膏反应生成体积膨胀性物质——硫酸钠晶体，使石膏制品受到膨胀压力而破坏。

3）以水玻璃为胶凝材料配制耐酸、耐热砂浆和耐酸、耐热混凝土。

4）配制快凝防水剂，掺入水泥浆、砂浆或混凝土中，用于堵漏、抢修。

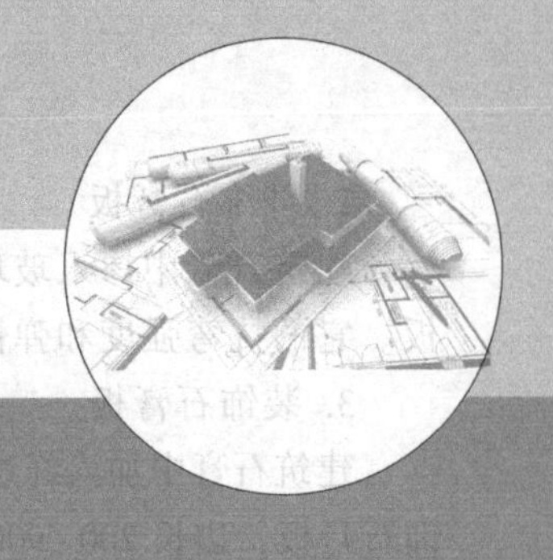

学习情境2 水泥性能检测及应用

【知识与能力目标】

了解水泥的分类、生产工艺、矿物成分、凝结硬化、水泥石腐蚀的类型与防止措施、其他品种水泥的种类；掌握各种水泥的特点、水泥进场验收内容与保管要求，能根据工程所处环境条件与要求合理选用水泥品种；能按国家标准要求进行水泥的取样、试件的制作；能正确使用检测仪器对水泥各项技术性能指标进行检测，并依据国家标准能对水泥质量作出准确评价；能正确阅读水泥质量检测报告。

水泥呈粉末状，与水混合之后，经过一系列物理化学变化，由可塑性的浆体，逐渐凝结、硬化，变成坚硬的固体，并将散粒材料或块状材料胶结成为一整体，因此，水泥是一种良好的无机胶凝材料。就硬化条件而言，水泥浆体不仅能在空气中硬化，而且还能更好地在水中硬化并保持发展强度，属于水硬性胶凝材料。

水泥是在人类长期使用气硬性胶凝材料（特别是石灰）的经验基础上发展起来的。1824年英国建筑工人阿斯普丁（J. Aspdin）首次申请了生产波特兰水泥的专利，所以一般认为水泥是从那时发明的。水泥是重要的建筑材料之一，被广泛应用于工业与民用建筑、交通、海港、水利、国防等建设工程。

水泥的品种很多，按其用途和性能，可分为通用水泥、专用水泥和特性水泥三大类。按其主要矿物成分，水泥又可分为硅酸盐类水泥、铝酸盐类水泥、硫铝酸盐类水泥、铁铝酸盐类水泥等。

项目 2.1　通用硅酸盐水泥技术性能检测

【工作任务】 阅读水泥质量检测报告；能正确使用检测仪器对水泥各项技术性能指标进行检测；能准确填写水泥质量检测报告。

2.1.1　了解资讯

一、通用硅酸盐水泥的分类

通用硅酸盐水泥是以硅酸盐水泥熟料、适量的石膏与规定的混合材料磨细制成的水硬性胶凝材料。按混合材料的品种和掺量分为硅酸盐水泥、普通硅酸盐水泥、矿渣硅酸盐水泥、火山灰质硅酸盐水泥、粉煤灰硅酸盐水泥和复合硅酸盐水泥。各品种的组分和代号应符合

表 2-1、表 2-2 的规定。

表 2-1 通用硅酸盐水泥的组分和代号（GB 175—2020）

品种	代号	组成(质量百分数)					
		熟料+石膏	粒化高炉矿渣	火山灰质混合材料	粉煤灰	石灰石	替代组分
硅酸盐水泥	P·Ⅰ	100	—	—	—	—	—
	P·Ⅱ	95~100	0~5	—	—	—	—
		95~100	—	—	—	0~5	—
普通硅酸盐水泥	P·O	80~95	5~20[a]			—	0~5[b]
矿渣硅酸盐水泥	P·S·A	50~80	20~50	—	—	—	0~8[c]
	P·S·B	30~50	50~70	—	—	—	0~8[c]
火山灰质硅酸盐水泥	P·P	60~80	—	20~40	—	—	—
粉煤灰硅酸盐水泥	P·F	60~80	—	—	20~40	—	—

注：a—本组分材料由符合本标准规定的粒化高炉矿渣、粉煤灰、火山灰质混合材料组成。

b—本替代组分为符合本标准规定的石灰石、砂岩、窑灰中的一种材料。

c—本替代组分为符合本标准规定的粉煤灰、火山灰、石灰石、砂岩、窑灰中的一种材料。

表 2-2 复合硅酸盐水泥的组合要求和代号（GB 175—2020）

品种	代号	组成(质量百分数)						
		熟料+石膏	粒化高炉矿渣	火山灰质混合材料	粉煤灰	石灰石	砂岩	替代组分
复合硅酸盐水泥	P·C	50~80	20~50[a]					0~8[b]

注：a—本组分材料由符合本标准规定的粒化高炉矿渣、粉煤灰、火山灰质混合材料、石灰石和砂岩中的三种（含）以上材料组成。其中石灰石和砂岩的总量小于水泥质量的 20%。

b—本替代组分为符合本标准规定的窑灰。

二、通用硅酸盐水泥的生产原料

1. 通用硅酸盐水泥熟料

由主要含 CaO、SiO_2、Al_2O_3 和 Fe_2O_3 的原料，按适当比例磨成细粉烧至部分熔融所得以硅酸钙为主要矿物成分的水硬性胶凝物质，即为通用硅酸盐水泥熟料。

通用硅酸盐水泥熟料矿物成分为硅酸二钙、硅酸三钙、铝酸三钙、铁铝酸四钙及少量的游离氧化钙（f-CaO）、游离氧化镁（f-MgO）、氧化钾（K_2O）、氧化钠（Na_2O）与三氧化硫（SO_3）等，其中硅酸钙矿物不小于 66%，氧化钙和氧化硅的质量比不小于 2.0。

研究表明，每一种矿物成分单独与水作用时具有不同的水化特性，对水泥的强度、水化速度、水化热、耐腐蚀性、收缩量的影响也不尽相同。每一种矿物成分单独与水作用时所表现的特性见表 2-3。

2. 石膏

石膏作为缓凝剂，以延长水泥的凝结硬化时间。石膏的掺入量一般为水泥质量的 3%~5%。

表 2-3 通用硅酸盐水泥熟料矿物组成及其特性

矿物名称	硅酸二钙	硅酸三钙	铝酸三钙	铁铝酸四钙
化学式	$2CaO \cdot SiO_2$ （简写 C_2S）	$3CaO \cdot SiO_2$ （简写 C_3S）	$3CaO \cdot Al_2O_3$ （简写 C_3A）	$4CaO \cdot Al_2O_3 \cdot Fe_2O_3$ （简写 C_4AF）
含量范围	15%~30%	40%~65%	7%~15%	10%~18%
水化速度	慢	快	最快	快
水化热	低	高	最高	中等
强度	早期低，后期高	高	低	中等
收缩量	小	中	大	小
耐腐蚀性	好	差	最差	中等

3. 混合材料

为了改善水泥的某些性能，提高水泥产量，降低水泥的生产成本，在生产水泥时加入人工或天然的矿物质材料，统称为混合材料。根据矿物材料的性质不同，混合材料分为活性混合材料和非活性混合材料。

（1）活性混合材料　这类混合材料掺入水泥中，在常温下能与水泥的水化产物——氢氧化钙或在硫酸钙的作用下生成具有胶凝性质的稳定化合物。

1）粒化高炉矿渣。粒化高炉矿渣是将炼铁高炉中的熔融矿渣经水淬急速冷却而形成的粒状颗粒，主要成分是氧化铝、氧化硅。急速冷却的粒化高炉矿渣为不稳定的玻璃体，具有较高的潜在活性。

2）火山灰质混合材料。以氧化硅、氧化铝为主要成分，具有火山灰活性的矿物质材料，称为火山灰质混合材料。火山灰质混合材料结构上的特点是疏松多孔，内比表面积大，易吸水，易反应。

火山灰质混合材料按其成因不同，可以分为天然和人工两类。天然的火山灰质混合材料有火山灰、凝灰岩、浮石、沸石岩、硅藻土等。人工的火山灰质混合材料有烧黏土、烧页岩、煤渣、煤矸石等。

3）粉煤灰。粉煤灰是火力发电厂或煤粉锅炉烟道中吸尘器所吸收的微细粉尘，为富含玻璃体的实心或空心球状颗粒，表面结构致密。其主要成分是氧化硅、氧化铝和少量的氧化钙，具有较高的活性。

（2）非活性混合材料　这类混合材料与水泥的矿物成分、水化产物不起化学反应或化学反应很微弱，掺入水泥中主要起调节水泥强度等级、提高水泥产量、降低水化热等作用。常用的非活性混合材料有磨细的石灰石、石英石、黏土、慢冷高炉矿渣等。

三、通用硅酸盐水泥的凝结硬化

1. 通用硅酸盐水泥熟料的水化

水泥熟料中各种矿物成分与水所发生的水解或水化作用，统称为水泥的水化。在水泥的水化过程中生成一系列新的水化产物，并放出一定热量。

如果忽略一些次要成分，通用硅酸盐水泥熟料与水作用后，生成的主要水化产物是水化硅酸钙和水化铁酸钙胶体，氢氧化钙、水化铝酸钙和水化硫铝酸钙结晶体。

2. 活性混合材料参与的水化

粒化高炉矿渣、火山灰质混合材料和粉煤灰均属于活性混合材料，其矿物成分主要是活性氧化硅和活性氧化铝。它们与水接触后，本身不会硬化或硬化极为缓慢。但在氢氧化钙溶液中，活性成分会与水泥熟料的水化产物——氢氧化钙发生反应，生成水化硅酸钙和水化铝酸钙。该反应又称为二次水化反应。

3. 水泥的凝结与硬化

水泥加水拌和后成为具有可塑性的水泥浆，随着时间的推移，水泥浆体逐渐变稠，可塑性下降，但此时还没有强度，这个过程称为水泥的“凝结”。随后水泥浆体失去可塑性，强度不断提高，并形成坚硬的固体，这个过程称为水泥的“硬化”。

通用硅酸盐水泥的凝结硬化微课

水泥的水化、凝结硬化是由表及里、由外向内逐步进行的。在水泥的水化初期，水化速度较快，强度增长迅速，随着堆积在水泥颗粒周围的水化产物数量不断增多，阻碍了水泥颗粒与水之间的进一步反应，使得水泥水化速度变慢，强度增长也逐渐减慢。硬化后的水泥石结构是由胶体粒子、晶体粒子、孔隙（凝胶孔和毛细孔）及未水化的水泥颗粒组成。它们在不同时期相对数量的变化，使水泥石的结构和性质也随之改变。当未水化的水泥颗粒含量高时，说明水泥水化程度低；当水化产物含量多，毛细孔含量少时，说明水泥水化充分，水泥石结构致密，硬化后强度高。

4. 影响水泥凝结硬化的因素

影响水泥凝结硬化的因素主要有水泥熟料矿物成分、水泥细度、拌和用水量、养护条件、混合材料掺量、石膏掺量等。

（1）水泥熟料的矿物成分　铝酸三钙相对含量高的水泥，凝结硬化快；反之，则凝结硬化慢。

（2）水泥细度　水泥颗粒的粗细直接影响到水泥的水化和凝结硬化的快慢。水泥颗粒越细，总表面积越大，与水反应时接触面积增加，水泥的水化反应速度加快，凝结硬化快。

（3）拌和用水量　拌和用水量过多，加大了水化产物之间的距离，减弱了分子间的作用力，延缓了水泥的凝结硬化。同时多余的水在水泥石中形成较多的毛细孔，降低水泥石的密实度，从而使水泥石的强度和耐久性下降。

（4）养护条件　提高温度，可以促进水泥水化，加速凝结硬化，有利于水泥强度增长。温度降低时，水化反应减慢，低于0℃时，水化反应基本停止。当水结冰时，由于体积膨胀，还会使水泥石结构遭受破坏。

潮湿环境下的水泥石，能够保持足够的水分进行水化和凝结硬化，水化产物不断填充在毛细孔中，使水泥石结构密实度增大，水泥强度不断提高。

（5）混合材料掺量　在水泥中掺入混合材料后，使水泥熟料中矿物成分含量相对减少，凝结硬化变慢。

（6）石膏掺量　为了调节水泥的凝结硬化时间，水泥中常掺有适量的石膏。石膏掺量不能太少，否则达不到延长水泥凝结硬化时间的作用。但是石膏掺量也不能太多，否则，不仅可以促进水泥的凝结硬化，还会在水泥的硬化后期，因过多的石膏继续与水泥石中水化铝酸钙发生反应，生成水化硫铝酸钙，引起水泥石的体积膨胀，导致水泥石开裂，造成水泥体积安定性不良。

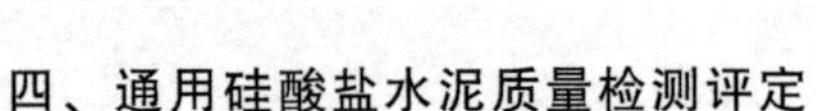

四、通用硅酸盐水泥质量检测评定

1. 评定依据

通用硅酸盐水泥的化学成分及技术要求详见表 2-4。

表 2-4 通用硅酸盐水泥的化学成分及技术要求

项目指标要求	硅酸盐水泥	普通水泥	火山灰水泥	粉煤灰水泥	矿渣水泥	复合水泥
氧化镁含量(质量分数)	≤6.0%					
三氧化硫含量(质量分数)	≤3.5%		≤3.5%		≤4.0%	≤3.5%
不溶物(质量分数)	Ⅰ型≤0.75% Ⅱ型≤1.5%	—				
烧失量(质量分数)	Ⅰ型≤3.0% Ⅱ型≤3.5%	≤5.0%	—			
氯离子含量(质量分数)	≤0.1%					
凝结时间	初凝≥45min 终凝≤390min	初凝≥45min 终凝≤600min				
体积安定性	沸煮法检验必须合格;压蒸安定性合格					
强度	各龄期的强度值不得低于规范规定数值					

(1) 氧化镁含量 在水泥熟料中，存在游离的氧化镁，可以引起水泥体积安定性不良。因此，水泥熟料中游离氧化镁的含量不能太多。

(2) 三氧化硫含量 三氧化硫含量过高，在水泥石硬化后，还会继续与水化产物反应，产生体积膨胀性物质，引起水泥体积安定性不良，导致结构物破坏。

(3) 不溶物 不溶物是指水泥经酸和碱处理后，不能被溶解的残余物。不溶物的存在会影响水泥的黏结质量。

(4) 烧失量 烧失量是指水泥在一定的灼烧温度和时间内，经高温灼烧后的质量损失率。水泥煅烧不理想或者受潮后，会导致烧失量增加。

(5) 氯离子含量 当水泥中的氯离子含量较高时，容易使钢筋产生锈蚀，降低结构的耐久性。

2. 评定方法

(1) 不合格水泥的评定 国家标准规定：凡不溶物含量、氧化镁含量、三氧化硫含量、氯离子含量、烧失量、凝结时间、体积安定性、水泥强度中的任一项不符合本标准技术要求时，即为不合格品。

(2) 包装不合格的评定 水泥包装标志中水泥品种、强度等级、生产者名称和出厂编号不全时，即为包装不合格。在水泥包装袋上应清楚标明执行标准、水泥品种、代号、强度等级、生产者名称、生产许可证标志（QS）及编号、出厂编号、包装日期、净含量等信息。

不合格品可根据实际情况而决定使用与否。

2.1.2 制订计划

一、阅读通用硅酸盐水泥质量检测报告

通用硅酸盐水泥质量检测报告形式如下：

水泥质量检测报告

报告日期　××××年××月××日

委托单位	×××××××××	委托日期	×-××	报告编号	××××-××
代表数量/t	200	委托编号	××	试验日期	×-××
水泥品种等级及代号	P.O 42.5	生产厂家	××	出厂合格证编号	××××-××
取样地点	现场	依据标准	GB 175—2020	进(出)厂日期	××××-××
工程名称	×××××××××工程			见证人	×××

试　验　结　果

凝结时间			安定性		
凝结时间	初凝	2h 10min	安定性	雷氏法	—
	终凝	2h 50min		试饼法	合格

[1∶3] ISO胶砂强度试验结果

编号 \ 强度 龄期	抗折强度/MPa 3d	抗折强度/MPa 28d	编号	抗压强度/MPa 3d	抗压强度/MPa 28d
1	4.1	7.2	1	22.7	49.6
			2	22.6	50.2
2	4.2	6.8	3	22.2	48.8
			4	20.8	51.2
3	4.2	7.1	5	21.2	51.2
			6	21.8	50.0
平均	4.2	7.0	平均	21.9	50.2
细度	0.08mm筛余(%)	1.4	比表面积/(m^2/kg)		—
结论	符合标准要求				
备注	只对来样负责				

试验单位：××××××　　技术负责人：×××　　复核：×××　　试验：×××

二、确定通用硅酸盐水泥质量检测项目

1）化学要求：氧化镁含量、三氧化硫含量、不溶物、烧失量、氯离子含量。

2）凝结时间。

3）体积安定性。

4）强度。

三、制订通用硅酸盐水泥质量检测流程

1）通用硅酸盐水泥的取样。

2）水泥细度检测。

3）水泥标准稠度用水量测定。

4）水泥净浆凝结时间检测。

5）水泥体积安定性检测。

6）水泥胶砂强度试件制作。

7）水泥胶砂强度检测。

2.1.3 组织实施

一、通用硅酸盐水泥质量检测依据及一般规定

1）依据国家标准《水泥取样方法》（GB/T 12573—2008）、《水泥细度检测方法（筛析法）》（GB/T 1345—2005）、《水泥比表面积测定方法（勃氏法）》（GB/T 8074—2008）、《水泥标准稠度用水量、凝结时间、安定性检验方法》（GB/T 1346—2011）、《水泥胶砂强度检验方法（ISO 法）》（GB/T 17671—1999）的规定进行。

2）养护条件：实验室温度为（20±2）℃，相对湿度大于 50%；湿气养护箱：应能使温度控制在（20±1）℃，相对湿度大于 90%。

3）出厂时间超过三个月的水泥，在使用之前必须进行复检，并按复检结果使用。

4）试样要充分拌匀，通过 0.9mm 方孔筛并记录筛余物的质量占总量的百分率。将样品分成两份，一份用于检测，一份密封保存 3 个月，供仲裁检验时使用。

5）检测用水必须是洁净的淡水。如对水质有争议，也可用蒸馏水。

6）水泥试样、标准砂、拌和水及试模温度均与实验室温度相同。

二、通用硅酸盐水泥取样

（一）主要仪器设备

1）袋装水泥取样器如图 2-1 所示。

2）散装水泥取样器如图 2-2 所示。

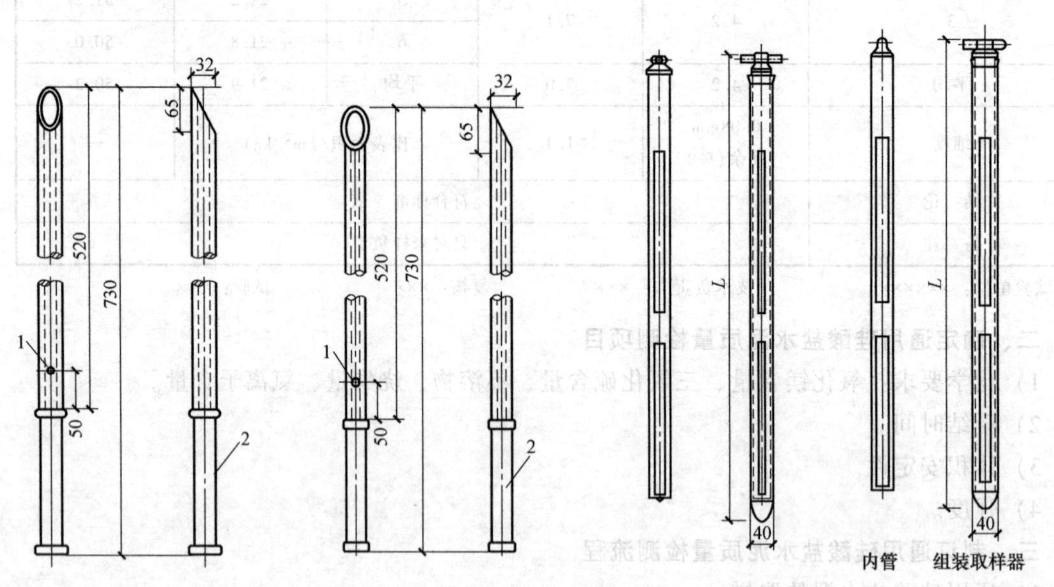

图 2-1 袋装水泥取样器（单位：mm）

1—气孔 2—手柄

图 2-2 散装水泥取样器（单位：mm）

$L=1000\sim1200$

（二）取样步骤

1. 袋装水泥

1）同一水泥厂生产的产品以同品种、同强度等级、同出厂编号的水泥每 200t 为一批，不足 200 t 仍为一批。

2）取样时，将袋装水泥取样器沿对角线方向插入水泥包装袋适当深度，用大拇指按住气孔，小心抽出取样管，将所取样品放入洁净、干燥、防潮、不易破损的密闭容器中。

3）取样应有代表性，可连续取，随机从20个以上不同部位各抽取等量水泥样品并拌匀，总量不得少于12kg。

2. 散装水泥

1）同一水泥厂生产的产品以同品种、同强度等级、同出厂编号的水泥每500t为一批，不足500t仍为一批。

2）采用散装水泥取样器取样，通过转动取样器内管控制开关，在适当位置插入水泥一定深度，关闭后小心抽出，将所取样品放入洁净、干燥、防潮、不易破损的密闭容器中。

3）取样应有代表性，可连续取，随机从不少于3个罐车中抽取等量水泥样品并拌匀，总量不得少于12kg。

三、水泥细度检测

细度是指水泥颗粒的粗细程度。水泥颗粒越细，与水反应时接触面积增大，水化速度越快，水化反应完全、充分，早期强度增长越快。但水泥过细，硬化时收缩量较大，在储运过程中易受潮而降低活性，同时水泥的成本也越高。因此，应合理控制水泥细度。

水泥细度可按筛析法和比表面积法（勃氏法）检测。筛析法是用边长为45μm的方孔筛对水泥进行筛析检测，以过筛后遗留在方孔筛上筛余物的质量百分数（及筛余百分率）来表示水泥的细度，适合于普通硅酸盐水泥、矿渣硅酸盐水泥、火山灰质硅酸盐水泥、粉煤灰硅酸盐水泥及复合硅酸盐水泥，并要求45μm方孔筛筛余不小于5%。比表面积是指单位质量的水泥粉末所具有的总表面积，以m^2/kg表示，适合于硅酸盐水泥，并要求其比表面积不小于$300m^2/kg$，但不大于$400mm^2/kg$。通常水泥颗粒越细，则比表面积越大。

（一）筛析法

1. 主要仪器设备

1）负压筛：由圆形筛框和筛网组成，筛框直径为142mm，高为25mm，筛网为金属丝编织方孔筛，方孔边长为45μm。负压筛还应附有透明的筛盖，筛盖与筛上口之间应具有良好的密封性，其外形及结构尺寸如图2-3所示。

2）水筛：由圆形筛框和筛网组成，筛框有效直径为125mm，高为80mm，筛网为金属丝编织方孔筛，方孔边长为45μm。筛网与筛框接触处应用防水胶密封，防止水泥嵌入，其外形及结构尺寸如图2-4所示。

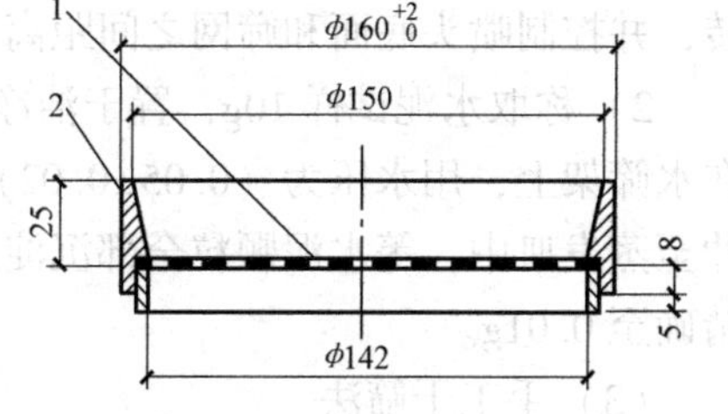

图2-3 负压筛（单位：mm）

1—筛网 2—筛框

3）喷头：直径为55mm，面上均匀分布90个小孔，孔径为0.5~0.7mm。

4）负压筛析仪：由筛座、负压筛、负压源及收尘器组成，其中筛座由转速为（30±2）r/min的喷气嘴、负压表、控制板、微电动机及壳体等构成，筛析仪负压可调范围为4000~6000Pa，喷气嘴上口平面与筛网之间距离为2~8mm。负压筛筛座外形及结构尺寸如图2-5所示。

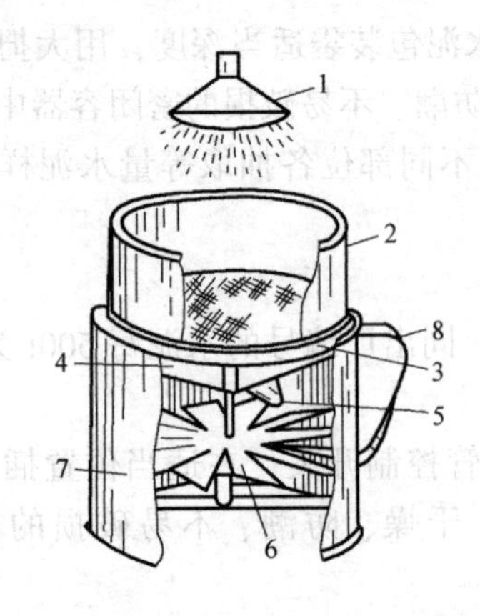

图 2-4 水筛

1—喷头 2—标准筛 3—旋转托架 4—集水斗 5—出水口 6—叶轮 7—外筒 8—把手

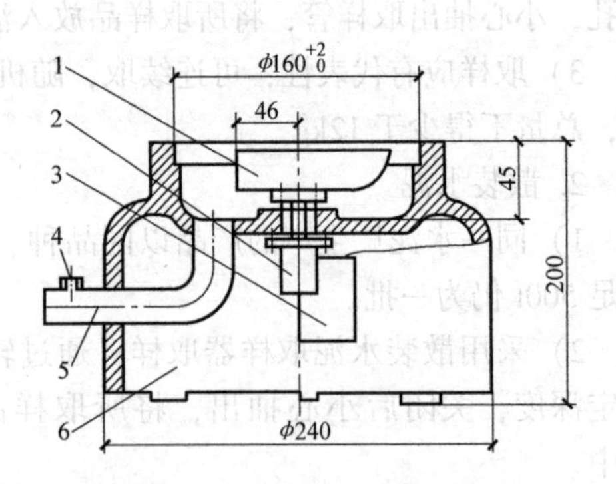

图 2-5 负压筛筛座（单位：mm）

1—喷气嘴 2—微电动机 3—控制板开口 4—负压表接口 5—负压源及收尘器接口 6—壳体

5）天平：称量 100g，感量 0.05g。

2. 检测步骤

（1）负压筛析法

1）筛析检测前，应把负压筛放在筛座上，盖上筛盖，接通电源，检查控制系统，调节负压到 4000~6000Pa 范围内。

水泥细度检测（负压筛析法）

2）称取水泥试样 10g，置于洁净的负压筛中，盖上筛盖，放在筛座上，开动筛析仪连续筛析 2min，在此期间如有试样附着在筛盖上，可轻轻地敲击筛盖使试样落下。筛毕，用天平称量筛余物质量 R_s，精确至 0.01g。

提示：

在筛分过程中，如有试样附着在筛盖上，可轻轻地敲击筛盖使试样落下。当工作负压小于 4000Pa 时，应清理吸尘器内水泥，使负压恢复正常。

（2）水筛法

1）筛析检测前，应检查水中有无泥、砂，调整好水压及水筛架的位置，使其能正常运转，并控制喷头底面和筛网之间距离为 35~75mm。

2）称取水泥试样 10g，置于洁净的水筛中，立即用淡水冲洗至大部分细粉通过后，放在水筛架上，用水压为（0.05±0.02）MPa 的喷头连续冲洗 3min。筛毕，用少量水把筛余物冲至蒸发皿中，等水泥颗粒全部沉淀后，小心倒出清水，烘干并用天平称量筛余物质量 R_s，精确至 0.01g。

（3）手工干筛法

1）称取水泥试样 10g，倒入手工筛内。

2）用一只手执筛往复摇动，另一只手轻轻拍打，往复摇动和拍打过程应保持近于水平。拍打速度为 120 次/min，每 40 次向同一方向转动 60°，使试样均匀分布在筛网上，直至每分钟通过的试样量不超过 0.03g 为止。

3）称量筛余物质量 R_s，精确至 0.01g，计算检测结果。

提示：

检测筛必须经常保持洁净，筛孔通畅，使用10次后要进行清洗。清洗时应用专门的清洗剂，不可用弱酸浸泡。

3. 检测结果

按下式计算水泥试样筛余百分率，计算结果精确至0.1%，并以两次检验所得结果的平均值作为最终检测结果。如果两次筛余结果绝对误差大于0.5%时，应再做一次检测，取两次相近结果的算术平均值作为最终结果。

$$F=\frac{R_s}{W}\times 100\%$$

式中　F——水泥试样的筛余百分数（%）；

R_s——水泥过筛后筛余物的质量（g）；

W——水泥试样的质量（g）。

提示：

当负压筛析法、水筛法和手工干筛法三种鉴定结果发生争议时，应以负压筛析法为准。

（二）比表面积法

1. 主要仪器设备

1）Blaine透气仪：由透气圆筒、压力计、抽气装置三部分组成。Blaine透气仪外形及其组成如图2-6所示。

2）滤纸：采用符合国家标准规定的中速定量滤纸。

3）分析天平：分度值为1mg。

4）计时秒表：精确到0.5s。

5）烘干箱。

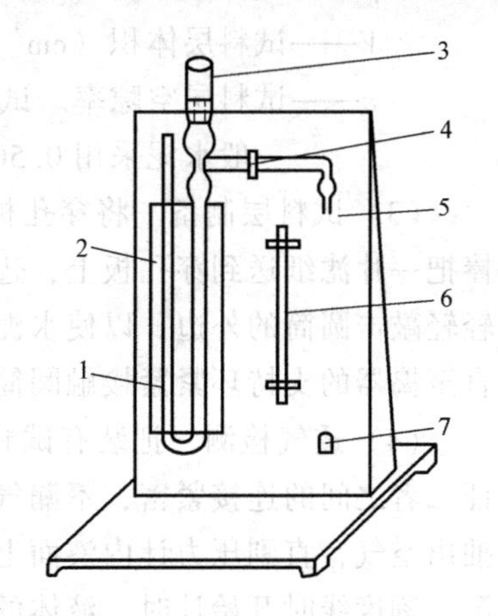

图2-6　Blaine透气仪
1—U形压力计　2—平面镜
3—透气圆筒　4—活塞
5—背面接微型电磁泵
6—温度计　7—开关

2. 仪器校准

（1）漏气检查　将透气圆筒上口用橡皮塞塞紧，接到压力计上。用抽气装置从压力计一臂中抽出部分气体，然后关闭阀门，观察是否漏气。如果发现漏气，应用活塞油脂加以密封。

（2）试料层体积的测定　将两片滤纸沿圆筒壁放入透气圆筒内，用一直径比透气圆筒略小的细长棒往下按，直到滤纸平整放在金属的穿孔板上。然后装满水银，用一小块薄玻璃板轻压水银表面，使水银面与圆筒口齐平，并须保证在玻璃板和水银表面之间没有气泡或空洞存在。从圆筒中倒出水银，称量水银质量，精确至0.05g。重复几次测定，直到水银质量数值基本不变为止。然后从圆筒中取出一片滤纸，用约3.3g的水泥，压实水泥层。再往圆筒上部空间注入水银，同上述方法排除气泡、压平水银表面。从圆筒中倒出水银，称量水银质量，重复几次，直至水银质量称量数值相差小于50mg。按下式计算圆筒内试料层体积，计算结果精确至0.005cm^3。

$$V=\frac{m_1-m_2}{\rho_{水银}}$$

式中 V——试料层体积（cm^3）；

m_1——未装水泥时，充满圆筒的水银质量（g）；

m_2——装水泥后，充满圆筒的水银质量（g）；

$\rho_{水银}$——检测温度下水银的密度（g/cm^3）。

试料层体积的测定，至少应进行两次，每次应单独压实水泥，并以两次测定所得结果的算术平均值作为最终检测结果，两次数值相差不得超过 $0.005cm^3$。

3. 检测步骤

（1）试样制备 将在温度为（105±5）℃的烘箱中烘干并在干燥器内冷却至室温的水泥试样，倒入 100mL 的密闭瓶内，用力摇动 2min，将结块成团的水泥试样振碎，使试样松散。静置 2min 后，打开瓶盖，轻轻搅拌，使在松散过程中落到表面的细粉分布到整个试样中。

（2）确定试样数量 按下式计算需要检测用的标准试样数量。

$$W=\rho V(1-\varepsilon)$$

式中 W——需要的标准试样数量（g）；

ρ——试样的密度（g/cm^3）；

V——试料层体积（cm^3）；

ε——试料层空隙率。试料层空隙率是指试料层中孔的容积与试料层总的容积之比，一般水泥采用 0.500±0.005。

（3）试料层制备 将穿孔板放在透气圆筒的突缘上，用一根直径比透气圆筒略小的细棒把一片滤纸送到穿孔板上，边缘压紧。称取已经确定的水泥试样数量，倒入透气圆筒内。轻轻敲击圆筒的外边，以使水泥层表面平坦。再放入一片滤纸，用捣器均匀捣实水泥试样，直至捣器的支持环紧紧接触圆筒的顶边，并旋转两周，慢慢取出捣器。

（4）透气检测 把装有试料层的透气圆筒连接到压力计上，在连接的过程中，要求保证二者之间的连接紧密，不漏气，不振动所制备的试料层。打开微型电磁泵慢慢从压力计中抽出空气，直到压力计内液面上升到扩大部下端时关闭阀门。当压力计内液体的液面下降到第一刻度线时开始计时，液体的液面下降到第二刻度线时停止计时。计算液面从第一刻度线下降到第二刻度线所需要的时间，并记录检测时的温度。

4. 检测结果

根据不同的情况，采用不同的计算公式，计算被测试样的比表面积，并以两次检测结果的算术平均值表示，精确至 10 cm^2/g。如果两次检测结果相差大于 2%，应重新检测。

1）被测试样的密度、试料层中空隙率与标准试样相同，检测时温差不大于±3℃时，可按下式计算被测水泥的比表面积。

$$S=\frac{S_s\sqrt{T}}{\sqrt{T_s}}$$

式中 S——被测试样的比表面积（cm^2/g）；

S_s——标准试样的比表面积（cm^2/g）；

T——被测试样检测时压力计中液面降落测得的时间（s）；

T_s——标准试样检测时压力计中液面降落测得的时间（s）。

如检测时温差大于±3℃时，按下式计算被测水泥的比表面积。

$$S=\frac{S_s\sqrt{T}\sqrt{\eta_s}}{\sqrt{T_s}\sqrt{\eta}}$$

式中 η_s——被测试样检测温度下的空气黏度（μPa·s）；

η——标准试样检测温度下的空气黏度（μPa·s）；

其余符号含义同前。

2）被测试样的试料层中空隙率与标准试样试料层中空隙率不同，检测时温差不大于±3℃时，可按下式计算被测水泥的比表面积。

$$S=\frac{S_s\sqrt{T}(1-\varepsilon_s)\sqrt{\varepsilon^3}}{\sqrt{T_s}(1-\varepsilon)\sqrt{\varepsilon_s^3}}$$

式中 ε——被测试样试料层中的空隙率；

ε_s——标准试样试料层中的空隙率；

其余符号含义同前。

如检测时温差大于±3℃时，按下式计算被测水泥的比表面积。

$$S=\frac{S_s\sqrt{T}(1-\varepsilon_s)\sqrt{\varepsilon^3}}{\sqrt{T_s}(1-\varepsilon)\sqrt{\varepsilon_s^3}}\cdot\frac{\sqrt{\eta_s}}{\sqrt{\eta}}$$

3）被测试样的密度和试料层中空隙率均与标准试样不同，检测时温差不大于±3℃时，可按下式计算被测水泥的比表面积。

$$S=\frac{S_s\sqrt{T}(1-\varepsilon_s)\sqrt{\varepsilon^3}}{\sqrt{T_s}(1-\varepsilon)\sqrt{\varepsilon_s^3}}\cdot\frac{\rho_s}{\rho}$$

式中 ρ——被测试样的密度（g/cm^3）；

ρ_s——标准试样的密度（g/cm^3）；

其余符号含义同前。

如检测时温差大于±3℃时，按下式计算被测水泥的比表面积。

$$S=\frac{S_s\sqrt{T}(1-\varepsilon_s)\sqrt{\varepsilon^3}}{\sqrt{T_s}(1-\varepsilon)\sqrt{\varepsilon_s^3}}\cdot\frac{\sqrt{\eta_s}}{\sqrt{\eta}}\cdot\rho_s$$

四、水泥标准稠度用水量测定

在测定水泥的凝结时间、体积安定性和收缩量等性能时，为使检测结果具有可比性，应使水泥净浆在一个规定的稠度下进行检测，这个规定的稠度被称为标准稠度。

水泥标准稠度用水量是指水泥净浆达到标准稠度时所需要的用水量，通常以占水泥质量的百分数来表示。不同品种的水泥，其标准稠度用水量也有所不同，一般在24%~33%之间。如硅酸盐水泥的标准稠度用水量为23%~28%。

（一）主要仪器设备

1）标准法维卡仪：维卡仪上附有标准稠度测定用试杆，其有效长度为（50±1）mm，由直径为（10±0.05）mm 的圆柱形耐腐蚀金属制成。滑动部分的总质量为（300±1）g。与试杆、试针连接的滑动杆表面应光滑，能够靠重力自由下落，不得有紧涩和摇动现象。维卡仪的外形及结构组成如图 2-7 所示。

2）盛装水泥净浆的截顶圆锥试模：试模用耐腐蚀并有足够硬度的金属制成。试模深为（40±0.2）mm，顶内径为（65±0.5）mm，底内径为（75±0.5）mm 的截顶圆锥体。每只试模底部应配备一个边长或直径约 100mm、厚度 4～5mm 的平板玻璃底板或金属底板。

3）水泥净浆搅拌机：由搅拌叶片、搅拌锅、传动机构和控制系统组成，应符合《水泥净浆搅拌机》（JC/T 729—2005）的要求。

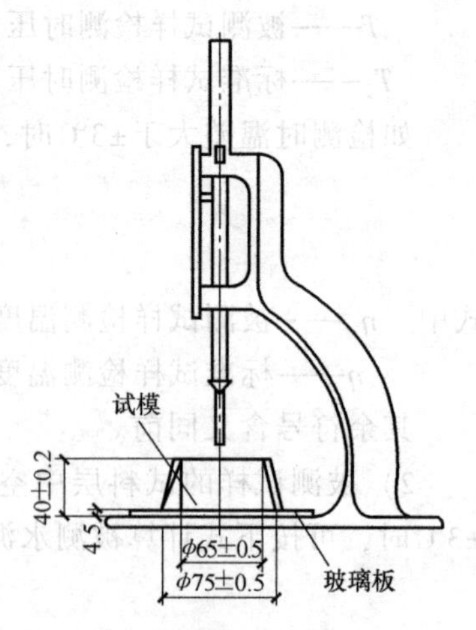

图 2-7 维卡仪（单位：mm）

4）量筒：最小刻度 0.1mL，精度±0.5mL。

5）天平：称量 1000g，感量 1g。

（二）检测步骤

1）测定准备。测定前必须检查维卡仪的金属棒能否自由滑动；试杆降至试模顶面位置时，指针是否对准标尺的零点；搅拌机运转是否正常。水泥净浆搅拌机的筒壁及叶片先用湿布擦抹。

2）用量筒量取一定量的拌和用水。

3）将量取好的拌和水倒入水泥净浆搅拌锅内，然后在 5～10s 内小心将称好的 500g 水泥加入水中，防止水和水泥溅出。拌和时，先把水泥净浆搅拌锅放到搅拌机锅座上，升至搅拌位置，起动搅拌机，慢速搅拌 120s，停拌 15s，同时将叶片和锅壁上的水泥浆刮入锅中间，接着快速搅拌 120s 后停机。

提示：

拌和时应先加水，然后再加入称好的水泥。

4）搅拌结束后，立即将适量的水泥净浆一次性装入已置于玻璃底板上的试模中，并使浆体超过试模上端。用宽约 25mm 的直边小刀轻轻拍打超出试模部分的浆体 5 次，以排除浆体内的孔隙，然后在试模上表面约 1/3 处，略倾斜于试模分别向外轻轻锯掉多余的水泥净浆，再从试模边沿轻抹顶部一次，使净浆表面光滑。抹平后迅速将试模和底板移到维卡仪上，并将其中心定位在试杆下，降低试杆直至与水泥净浆表面接触，拧紧螺钉 1～2s 后，突然放松，使试杆垂直自由地沉入水泥净浆中。在试杆停止沉入或释放试杆 30s 时，记录试杆距底板之间的距离，升起试杆后，立即将其擦净。

提示：

在锯掉多余的水泥浆和抹平的操作过程中，注意不要压实水泥净浆。试模和玻璃板上应事先涂一层机油，以便于脱模。整个操作应在搅拌后 1.5min 内完成。

5）以试杆沉入净浆并距底板（6±1）mm 的水泥净浆为标准稠度净浆。如下沉深度超出范围，须另称试样，调整用水量，重新测定，直至达到（6±1）mm 时为止，其拌和水量为该水泥的标准稠度用水量。

（三）测定结果

以试杆沉入净浆并距底板（6±1）mm的水泥净浆为标准稠度净浆，其拌和水量为该水泥的标准稠度用水量，并以占水泥质量的百分比表示，按下式计算：

$$P=\frac{W}{500}\times 100\%$$

式中 P——水泥标准稠度用水量（%）；

W——水泥净浆达到标准稠度时的拌和用水量（g）。

五、水泥净浆凝结时间检测

凝结时间是指水泥从加水开始，到水泥浆失去可塑性所需要的时间。水泥凝结时间分初凝时间和终凝时间。初凝时间是指从水泥加水拌和起到水泥浆开始失去可塑性所需要的时间；终凝时间是指从水泥加水拌和时起到水泥浆完全失去可塑性，并开始产生强度所需要的时间。

水泥的凝结时间对工程施工有着非常重要的意义。为使混凝土和砂浆有足够的时间进行搅拌、运输、浇筑、振捣或砌筑，水泥的初凝时间不能太短；为加快混凝土的凝结硬化，缩短施工工期，水泥的终凝时间又不能太长。

（一）主要仪器设备

1）凝结时间测定仪：与标准法测定水泥标准稠度用水量时所用的维卡仪基本相同，但需要将试杆换成试针。试针由钢制成，分初凝针和终凝针。初凝针是有效长度为（50±1）mm、直径为（1.13±0.05）mm的圆柱体；终凝针是有效长度为（30±1）mm、直径为（1.13±0.05）mm的圆柱体，在终凝针上还安装了一个环形附件，滑动部分的总质量为（300±1）g。水泥凝结时间测定仪的外形及结构组成如图2-8所示。

水泥凝结时间与安定性检测

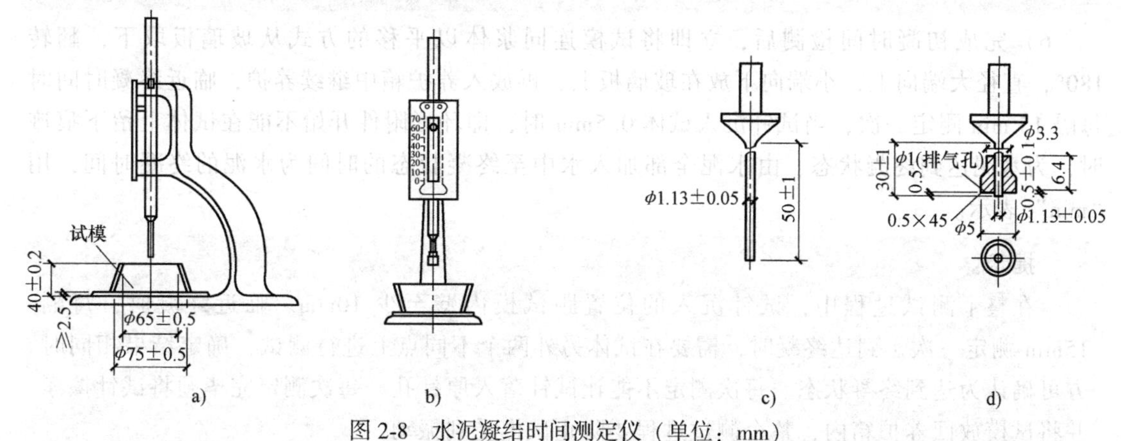

图2-8 水泥凝结时间测定仪（单位：mm）

a）初凝时间测定用立式试模的侧视图 b）终凝时间测定用反转试模的正视图 c）初凝用试针 d）终凝用试针

2）截顶圆锥试模：试模用耐腐蚀并有足够硬度的金属制成。试模深为（40±0.2）mm，顶内径为（65±0.5）mm，底内径为（75±0.5）mm的截顶圆锥体。每只试模底部应配备一个边长或直径约100mm、厚度4~5mm的平板玻璃底板或金属底板。

3）水泥净浆搅拌机：由搅拌叶片、搅拌锅、传动机构和控制系统组成，应符合《水泥净浆搅拌机》（JC/T 729—2005）的要求。

4）标准养护箱：温度为（20±1）℃，相对湿度不低于90%。

5）天平：称量1000g，感量1g。

6）量筒：最小刻度0.1mL，精度±0.5mL。

（二）检测步骤

1）检测前，将试模放在玻璃板上，在试模的内侧涂上一层机油，调整凝结时间测定仪的试针接触玻璃板时，指针对准零点。

2）称取水泥试样500g，以标准稠度用水量加水，用水泥净浆搅拌机搅拌成水泥净浆，方法同前，记录水泥全部加入水中的时间作为凝结时间的起始时间，拌和结束后，立即将净浆一次装满试模，振动数次后刮平，立即放入养护箱中。

> **提示：**
>
> 记录水泥全部加入水中的时间，并以此作为凝结时间的起始时间。

3）试件在养护箱中养护至加水后30min时进行第一次测定。

4）检测时，从养护箱中取出试模放到试针下，降低试针，并与水泥净浆表面接触。拧紧螺钉1~2s后，突然放松，试针垂直自由地沉入水泥净浆，观察试针停止下降或释放试针30s时指针的读数。

5）当试针沉至距底板（4±1）mm时，为水泥达到初凝状态，由水泥全部加入水中至初凝状态的时间为水泥的初凝时间，用“min”表示。

> **提示：**
>
> 在最初测定的操作时，应轻轻扶持金属柱，使其徐徐下降，以防试针撞弯，但结果以自由下落为准。临近初凝时，每隔5min测定一次。到达初凝时，应立即重复测一次。当两次结果相同时才能确定为到达初凝状态。

6）完成初凝时间检测后，立即将试模连同浆体以平移的方式从玻璃板取下，翻转180°，直径大端向上，小端向下放在玻璃板上，再放入养护箱中继续养护，临近终凝时间时每隔15 min测定一次，当试针沉入试体0.5mm时，即环形附件开始不能在试体上留下痕迹时，为水泥达到终凝状态，由水泥全部加入水中至终凝状态的时间为水泥的终凝时间，用“min”表示。

> **提示：**
>
> 在整个测试过程中，试针沉入的位置距试模内壁至少10mm。临近终凝时，每隔15min测定一次。到达终凝时，需要在试体另外两个不同点上进行测试，确定结果相同时方可确认为达到终凝状态。每次测定不能让试针落入原针孔，每次测定完毕须将试针擦净并将试模放回养护箱内，整个测试过程要防止试模受到振动。

（三）检测结果

初凝时间是指自水泥全部加入水中起，至试针沉入净浆中距离底板（4±1）mm时止所需的时间。

终凝时间是指自水泥全部加入水中起，至试针沉入净浆中不超过0.5mm时止所需的时间。

到达初凝或终凝时，除测定一次外，还应立即重复测一次，当两次结果相同时，才能确定到达初凝或终凝状态。

六、水泥体积安定性检测

水泥体积安定性是指水泥浆在凝结硬化过程中，体积变化是否均匀的性质。如果水泥中某些成分的含量超出某一限度，水泥浆在凝结硬化过程中体积变化不均匀，会导致水泥石出现翘曲变形、开裂等现象，即体积安定性不良，从而使结构物产生开裂，降低建筑工程质量，影响结构物的正常使用。

水泥体积安定性不良，一般是由于水泥熟料中游离氧化钙、游离氧化镁含量过多或石膏掺量过大等原因所造成的。

提示：

水泥熟料中的游离氧化钙和氧化镁均属过烧状态，水化速度很慢，在水泥凝结硬化后才慢慢开始与水反应，生成体积膨胀性物质——氢氧化钙和氢氧化镁，在水泥石中产生膨胀应力，引起水泥石翘曲、开裂和崩溃。如果水泥中石膏掺量过多，在水泥硬化以后，多余的石膏还会继续与水泥石中的水化产物——水化铝酸钙反应，生成水化硫铝酸钙，体积增大1.5倍，从而导致水泥石开裂。

采用沸煮法检测水泥的体积安定性。测试时可采用试饼法（代用法）或雷氏法（标准法）。试饼法是通过观察水泥净浆试饼沸煮后的外形变化来检测水泥的体积安定性；雷氏法是通过测定水泥净浆在雷氏夹中沸煮后的膨胀值来检测水泥的体积安定性。

提示：

当两种方法的检测结果有争议时，应以雷氏法为准。

需要指出的是沸煮法能够起到加速游离氧化钙熟化的作用，所以，沸煮法只能检验出游离氧化钙过量所引起的体积安定性不良。游离氧化镁的水化作用比游离氧化钙更加缓慢，因此，游离氧化镁所造成的体积安定性不良，必须用压蒸方法才能检验出来；石膏的危害则需要长时间浸泡在常温水中才能发现。由于游离氧化镁和石膏的危害作用不便于快速检验，所以，国家标准对水泥熟料中氧化镁、三氧化硫的含量作了严格规定，以保证水泥质量。

（一）主要仪器设备

1）水泥净浆搅拌机、标准养护箱：与测定凝结时间时所用相同。

2）煮沸箱：有效容积约为410mm×240mm×310mm，篦板的结构应不影响检测结果，篦板与加热器之间的距离大于50mm。箱的内层由不易锈蚀的金属材料制成，能在(30±5) min内将箱内的检测用水由室温升至沸腾状态并保持3h以上，整个检测过程不需补充水量。

3）雷氏夹膨胀测定仪：标尺最小刻度为0.5mm，其外形及结构组成如图2-9所示。

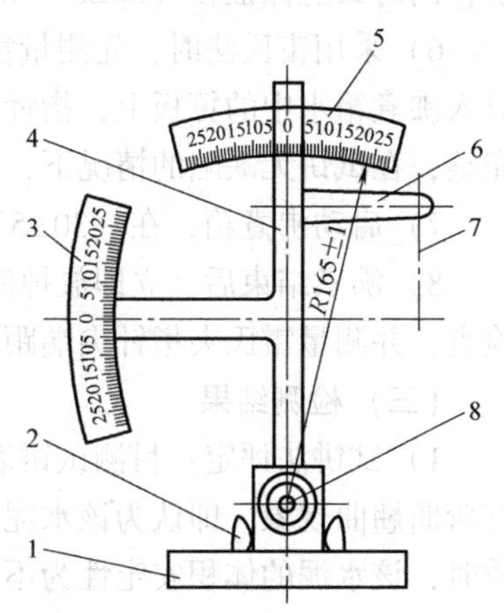

图2-9 雷氏夹膨胀测定仪
1—底座 2—模子座 3—测弹性标尺 4—立柱 5—测膨胀值标尺 6—悬臂 7—悬丝 8—弹簧顶钮

4）雷氏夹：用铜质材料制成，其外形及结构尺寸如图2-10所示。当一根指针的根部先悬挂在一根金属丝或尼龙丝上，另一根指针的根部再挂上300g质量的砝码时，两根指针针尖的距离增加应在（17.5±2.5）mm范围内，当去掉砝码后针尖的距离能恢复至悬挂砝码前的状态。

5）边长或直径约为80mm、厚度4~5mm的玻璃板两块。

6）玻璃板、抹刀、直尺等。

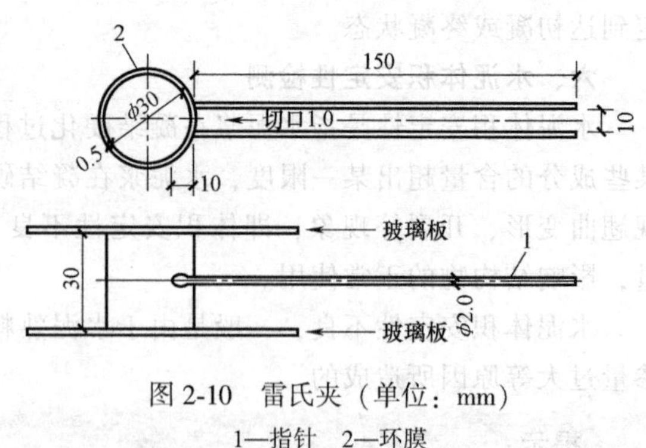

图2-10 雷氏夹（单位：mm）

1—指针 2—环膜

（二）检测步骤

1）称取水泥试样500g，以标准稠度用水量按测定标准稠度时拌和净浆的方法拌制水泥净浆。

2）采用雷氏法时：将预先准备好的雷氏夹放在已稍擦油的玻璃板上，并立即将已制好的标准稠度净浆一次装满雷氏夹。装浆时一只手轻轻扶持雷氏夹，另一只手用宽约25mm的直边刀在浆体表面轻轻插捣3次，然后抹平。盖上稍涂油的玻璃板，立即将雷氏夹移至养护箱内养护（24±2）h。

提示：

雷氏夹在使用之前，应需用雷氏夹膨胀测定仪标定合格后方可使用。检测时应事先在与水泥净浆接触的玻璃板和雷氏夹内表面稍涂一层油。

3）采用试饼法时：从制成的标准稠度净浆中取出一部分，分成两等份，使之成球形，分别放在两个预先涂过油的玻璃板上，轻轻振动玻璃板，并用湿布擦过的小刀由边缘向饼的中央抹动，做成直径为70~80mm、中心厚约10mm、边缘渐薄、表面光滑的试饼。然后将试饼放入养护箱内养护（24±2）h。

4）养护到期后，从养护箱中拿出试件，脱去玻璃板取下试件。

5）调整好沸煮箱内的水位，保证在整个煮沸过程中都超过试件，不需中途添补检测用水，同时又能保证在（30±5）min内升至沸腾。

6）采用雷氏法时，先测量雷氏夹指针尖端间的距离（A），精确到0.5mm，接着将试件放入沸煮箱水中的箅板上，指针朝上，试件之间互不交叉。采用试饼法时，先检验试饼是否完整，在试饼无缺陷的情况下，将试饼取下并置于沸煮箱水中的篦板上。

7）启动沸煮箱，在（30±5）min内加热至沸腾并恒沸3h±5min。

8）沸煮结束后，立即放掉沸煮箱中的热水，打开箱盖，待箱体冷却至室温，取出试件检查，并测量雷氏夹指针尖端距离（C），精确到0.5mm。

（三）检测结果

1）试饼法评定：目测试饼表面状况，若未发现裂缝；再用直尺检查试饼底面，如果没有弯曲翘曲现象，即认为该水泥体积安定性合格，反之为不合格。当两个试饼判别结果有矛盾时，该水泥的体积安定性为不合格。

2）雷氏法评定：测量雷氏夹指针尖端的距离（C），精确至0.5mm。当两个试件沸煮后增加距离（$C—A$）的平均值不大于5.0mm时，即认为该水泥体积安定性合格，反之为不合格。当两个试件的（$C—A$）值相差超过4.0mm时，应用同一样品立即重做一次检测。再如此，则认为该水泥体积安定性不合格。

七、水泥胶砂强度检测

水泥胶砂强度一般是指水泥胶砂试件单位面积上所能承受的最大外力，是表示水泥力学性质的重要指标，也是划分水泥强度等级的依据。根据外力作用方式的不同，水泥的强度可分为抗压强度、抗折强度、抗拉强度等。

国家标准《水泥胶砂强度检验方法（ISO 法）》（GB/T 17671—1999）规定，水泥和标准砂比为 1∶3、水胶比为 0.5，加入一定数量的水，按规定的方法制成标准试件，在标准条件下进行养护，测其 3d、28d 的抗压强度和抗折强度。根据 3d、28d 的抗压强度和抗折强度大小，将硅酸盐水泥、普通硅酸盐水泥、矿渣硅酸盐水泥、火山灰质硅酸盐水泥、粉煤灰硅酸盐水泥和复合硅酸盐水泥划分为若干个强度等级，其中带 R 的为早强型水泥。各强度等级水泥在各龄期的强度值不得低于表 2-5 中的数值。

表 2-5 通用硅酸盐水泥各龄期的强度要求（GB/T 175—2020）

水泥品种	强度等级	抗压强度/MPa		抗折强度/MPa	
		3d	28d	3d	28d
硅酸盐水泥 普通硅酸盐水泥	42.5	17.0	42.5	4.0	6.5
	42.5R	22.0	42.5	4.5	6.5
	52.5	22.0	52.5	4.5	7.0
	52.5R	27.0	52.5	5.0	7.0
	62.5	27.0	62.5	5.0	8.0
	62.5R	32.0	62.5	5.5	8.0
矿渣硅酸盐水泥 火山灰质硅酸盐水泥 粉煤灰硅酸盐水泥	32.5	12.0	32.5	3.0	5.5
	32.5R	17.0	32.5	4.0	5.5
	42.5	17.0	42.5	4.0	6.5
	42.5R	22.0	42.5	4.0	6.5
	52.5	22.0	52.5	4.5	7.0
	52.5R	27.0	52.5	5.0	7.0
复合硅酸盐水泥	42.5	17.0	42.5	4.0	6.5
	42.5R	22.0	42.5	4.0	6.5
	52.5	22.0	52.5	4.5	7.0
	52.5R	27.0	52.5	5.0	7.0

（一）主要仪器设备

1）行星式水泥胶砂搅拌机：由搅拌叶片、搅拌锅、传动机构和控制系统组成，应符合《行星式水泥胶砂搅拌机》（JC/T 681—2005）的要求。

2）胶砂振实台：由底座、卡具、同步电动机、模套、可以跳动的台盘、凸轮、臂杆等构成。振动频率为 60 次/（60±1）s，振幅为（15±3）mm，应符合《水泥胶砂试体成型振实台》（JC/T 682—2005）的要求。

3）试模：由三个水平的模槽组成，可同时成型三条尺寸为 40mm×40mm×160mm 的棱形试件，应符合《水泥胶砂试模》（JC/T 726—2005）的要求。

4）抗折强度检测机：应符合《水泥胶砂电动抗折检测机》（JC/T 724—2005）的要求。

5）抗压强度检测机。

6）抗压夹具：受压面积为40mm×40mm。

7）刮平尺、播料器。

8）量筒、天平等。

（二）试体成型

1）称取各材料用量，每锅胶砂的材料数量分别为：水泥（450±2）g；标准砂（1350±5）g；水（225±1）mL。

2）搅拌。每锅胶砂用行星式水泥胶砂搅拌机进行机械搅拌。按以下程序进行操作。

水泥胶砂搅拌

① 把水加入锅里，再加入水泥，把锅放在固定架上，上升至固定位置。

② 起动机器，低速搅拌30s后，在第二个30s开始的同时均匀地将砂子加入。当各级砂石分装时，从最粗粒级开始，依次将所需的每级砂量加完，把机器转至高速再搅拌30s。

③ 停拌90s，在第一个15s内用一胶皮刮具将叶片和锅壁上的胶砂，刮入锅的中间。

④ 在高速下继续搅拌60s，各个搅拌阶段，时间误差应在±1s以内。

3）振实成型。

水泥胶砂试件成型

胶砂制备后立即进行成型，将空试模和模套固定在振实台上，用一个适当勺子直接从搅拌锅里将胶砂分两层装入试模，装第一层时，每个槽里约放300g胶砂，用大播料器垂直架在模套顶部沿每个模槽来回一次将料层播平，接着振实60次。再装入第二层胶砂，用小播料器播平，再振实60次。移走模套，从振实台上取下试模，用一金属直尺以近似90°的角度架在试模模顶的一端，然后沿试模长度方向以横向锯割动作慢慢向另一端移动，一次将超过试模部分的胶砂刮去，并用同一直尺以近乎水平的情况下将试件表面抹平。

（三）试件养护

1）去掉留在模子四周的胶砂，立即将作好标记的试模放入雾室或湿箱的水平架子上养护。养护时不应将试模放在其他试模上，一直养护到规定的脱模时间时取出脱模。

提示：

脱模时间：一般在试件成型后20~24h脱模。

2）脱模后的试件立即水平或竖直放在（20±1）℃水中养护，水平放置时刮平面应朝上。

3）试件放在不易腐烂的箅子上，并彼此间保持一定间距，以让水与试件的六个面接触。养护期间试件之间间隔或试件上表面的水深不得小于5mm。

4）最初用自来水装满养护池，随后随时加水保持适当的恒定水位，不允许在养护期间全部换水。

提示：

每个养护池只允许养护同一类型的水泥试件。

5）除24h龄期或延迟至48h脱模的试件外，任何到龄期的试件应在检测前15min从水中取出。揩去试件表面沉积物，并用湿布覆盖至检测为止。

（四）强度测定

水泥胶砂强度检测

1. 抗折强度测定

将试件一个侧面放在检测机支撑圆柱上，试件长轴垂直于支撑圆柱，通过加荷圆柱以（50±10）N/s 的速率均匀地将荷载垂直地加在棱柱体相对侧面上，直至折断。

提示：

水泥试件从水中取出后，在强度测定前应用湿布覆盖。

按下式计算抗折强度，精确至 0.1MPa。

$$f_t=\frac{1.5F_tL}{b^3}=0.234\times F_t\times10^{-2}$$

式中 f_t——抗折强度（MPa）；

F_t——破坏荷载（N）；

L——支撑圆柱中心距离，取 100mm；

b——棱柱体正方形截面的边长，取 40mm。

抗折强度检测结果的确定：以三个试件抗折强度的平均值作为检测结果。当三个强度值中有一个超出平均值±10%时，应剔除后再取另外两个抗折强度的平均值作为抗折强度检测结果。

2. 抗压强度测定

抗折强度检测后的六个断块应立即进行抗压强度检测。抗压强度测定须用抗压夹具进行，并使夹具对准压力机压板中心。以（2400±200）N/s 的速率均匀地加荷直至破坏，并记录破坏荷载。

提示：

应保持抗折强度检测后的六个断块处于潮湿状态，直至抗压强度测定。

按下式计算抗压强度，精确至 0.1MPa。

$$f_c=\frac{F_c}{A}=0.625F_c\times10^{-3}$$

式中 f_c——抗压强度（MPa）；

F_c——破坏荷载（N）；

A——试件受压部分面积，取 40mm×40mm = 1600mm²。

抗压强度检测结果的确定：以六个抗压强度测定值的算术平均值作为检测结果。如六个测定值中有一个超出六个平均值的±10%，就应剔除这个测定值，而以剩下五个测定值的平均值作为检测结果。如果五个测定值中再有一个超过它们平均值的±10%时，则此组检测结果作废，应重新检测。

2.1.4 知识拓展

水泥加水拌和后成为具有可塑性的水泥浆，随着时间的推移，水泥浆体逐渐变稠，可塑性下降，但此时还没有强度，这个过程称为水泥的“凝结”。随后水泥浆体失去可塑性，强度不断提高，并形成坚硬的固体，这个过程称为水泥的“硬化”。

根据水泥水化产物的形成以及水泥石组织结构的变化，水泥的凝结硬化大致可以分为溶解、凝结和硬化三个阶段：

第一阶段——溶解期。水泥加水拌和后，水泥颗粒分散在水中，形成水泥浆体，如图 2-11a 所示。

位于水泥颗粒表面的矿物成分首先与水作用，生成相应的水化产物，并溶解于水中。在水化反应初期，水化反应速度快，各种水化产物在水中的溶解度比较小，水化产物的生成速度大于水化产物向溶液中扩散的速度，因此水泥颗粒周围的溶液很快成为水化产物饱和或过饱和溶液，在水泥颗粒周围先后析出水化硅酸钙、水化铁酸钙胶体和氢氧化钙、水化铝酸钙、水化硫铝酸钙结晶体，并逐渐在水泥颗粒周围形成一层以水化硅酸钙凝胶为主体且具有半渗透性的水化物膜层，水泥浆体具有一定的可塑性，如图 2-11b 所示。

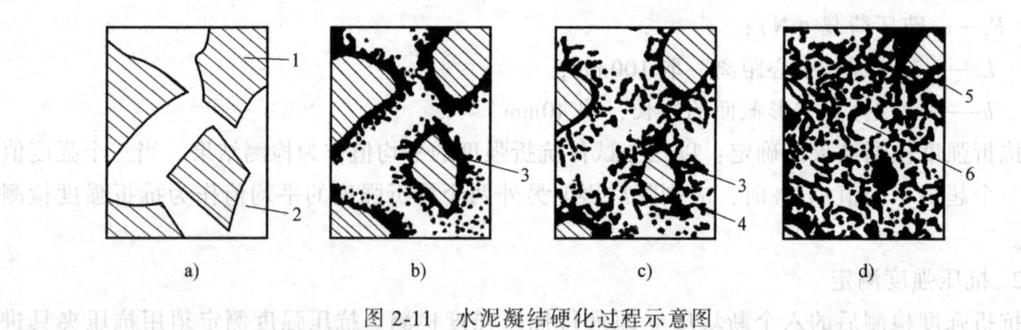

图 2-11 水泥凝结硬化过程示意图

a）分散在水中未水化的水泥颗粒 b）在水泥颗粒表面形成水化物膜层 c）膜层长大并互相连接（凝结） d）水化物进一步发展，填充毛细孔（硬化）

1—水泥颗粒 2—水分 3—凝胶 4—晶体 5—未水化水泥颗粒内核 6—毛细孔

第二阶段——凝结期。随着时间的推移，水泥颗粒的水化反应不断进行，水化产物数量不断增多，包裹在水泥颗粒表面的水化物膜层渐渐增厚，导致水泥颗粒之间原来被水所占的空隙逐渐减少，包有水化物膜层的水泥颗粒之间距离不断减小，在分子间力作用下，形成比较疏松的空间网状结构（又称凝聚结构）。空间网状结构的形成和发展，使水泥浆体明显变稠，流动性明显降低，开始失去可塑性，如图 2-11c 所示。

第三阶段——硬化期。水泥水化反应的不断深入，新生成的水化产物不断填充于水泥石的毛细孔中，凝胶体之间的空隙越来越小，空间网状结构的密实度逐渐提高，水泥浆体完全失去可塑性并渐渐产生强度，如图 2-11d 所示。

水泥的凝结硬化过程进入硬化期后，水泥的水化速度会逐渐减慢，水化产物数量会随着水泥水化时间的延长而逐渐增多，并填充于毛细孔内，使得水泥石内部孔隙率变得越来越小，水泥石结构更加致密，强度不断得到提高。

由此可见，水泥的水化、凝结硬化是由表及里、由外向内逐步进行的。在水泥的水化初期，水化速度较快，强度增长迅速，随着堆积在水泥颗粒周围的水化产物数量不断增多，阻碍了水泥颗粒与水之间的进一步反应，使得水泥水化速度变慢，强度增长也逐渐减慢。大量实践与研究表明，无论水泥的水化时间多久，水泥颗粒的内核很难完全水化。硬化后的水泥石结构是由胶体粒子、晶体粒子、孔隙（凝胶孔和毛细孔）及未水化的水泥颗粒组成。它

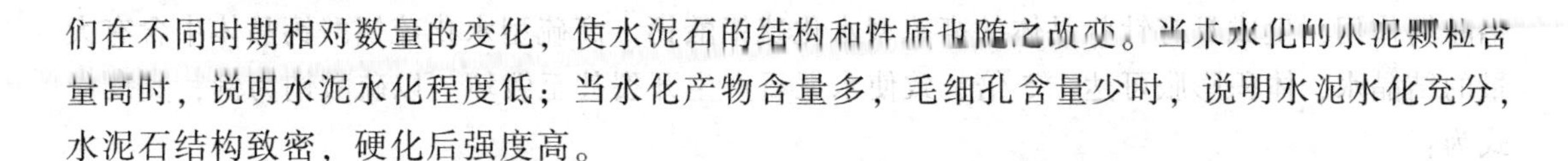
们在不同时期相对数量的变化，使水泥石的结构和性质也随之改变。当未水化的水泥颗粒含量高时，说明水泥水化程度低；当水化产物含量多，毛细孔含量少时，说明水泥水化充分，水泥石结构致密，硬化后强度高。

项目 2.2 通用硅酸盐水泥应用

【工作任务】 熟知水泥的验收内容，能结合工程环境条件与要求，合理选用通用硅酸盐水泥。

2.2.1 了解资讯

一、水泥石的腐蚀类型

水泥制品在正常的使用条件下，水泥石的强度会不断增长，具有较好的耐久性。但在某些腐蚀性介质的作用下，水泥石结构逐渐遭到破坏，强度降低，甚至引起整个工程结构的破坏，这种现象称为水泥石的腐蚀。常见的腐蚀类型有：

1. 软水侵蚀（溶出性侵蚀）

软水是指重碳酸盐含量较小的水。如雨水、雪水、蒸馏水、工厂冷凝水以及含重碳酸盐很少的河水与湖水等均属于软水。水泥石长期处于软水环境中，水化产物氢氧化钙会不断溶解，引起水泥石中其他水化产物发生分解，导致水泥石结构孔隙增大，强度降低，甚至破坏，故软水侵蚀又称为“溶出性侵蚀”。

2. 酸类腐蚀

当水中含有盐酸、氢氟酸、硫酸、硝酸等无机酸或醋酸、蚁酸和乳酸等有机酸时，这些酸性物质会与水泥石中的氢氧化钙发生中和反应，生成的化合物或者易溶于水，或者在水泥石孔隙内结晶膨胀，产生较大的膨胀压力，导致水泥石结构破坏。

例如，盐酸与水泥石中的氢氧化钙反应，生成的氯化钙易溶于水中。反应式为：

$$2HCl+Ca(OH)_2=CaCl_2+2H_2O$$

硫酸与水泥石中的氢氧化钙发生反应，生成体积膨胀性物质二水石膏，二水石膏再与水泥石中的水化铝酸钙作用，生成高硫型的水化硫铝酸钙，在水泥石内产生较大的膨胀压力，反应式为：

$$H_2SO_4+Ca(OH)_2=CaSO_4\cdot 2H_2O$$

$$3CaO\cdot Al_2O_3\cdot 6H_2O+3(CaSO_4\cdot 2H_2O)+19H_2O=3CaO\cdot Al_2O_3\cdot 3CaSO_4\cdot 31H_2O$$

在工业污水、地下水中，常溶解有较多的二氧化碳，它对水泥石的腐蚀作用是二氧化碳与水泥石中的氢氧化钙反应生成碳酸钙，碳酸钙再与含碳酸的水进一步作用，生成更易溶于水中的碳酸氢钙，从而导致水泥石中其他水化产物的分解，引起水泥石结构破坏。反应式为：

$$Ca(OH)_2+CO_2+H_2O=CaCO_3+2H_2O$$

$$CaCO_3+CO_2+H_2O=Ca(HCO_3)_2$$

3. 盐类腐蚀

在一些海水、沼泽水以及工业污水中，常含有钠、钾、铵等的硫酸盐。它们能与水泥石中的氢氧化钙发生化学反应，生成硫酸钙。硫酸钙进一步再与水泥石中的水化产物——水化铝酸钙作用，生成具有针状晶体的高硫型水化硫铝酸钙。高硫型水化硫铝酸钙晶体中含有大量的结晶水，体积膨胀可达1.5倍，致使水泥石产生开裂甚至毁坏。以硫酸钠为例，其反应式为：

$$Ca(OH)_2+Na_2SO_4 \cdot 10H_2O=CaSO_4 \cdot 2H_2O+2NaOH+8H_2O$$

$$3CaO \cdot Al_2O_3 \cdot 6H_2O+3(CaSO_4 \cdot 2H_2O)+19H_2O=3CaO \cdot Al_2O_3 \cdot 3CaSO_4 \cdot 31H_2O$$

在海水及地下水中，还常常含有大量的镁盐，主要是硫酸镁和氯化镁。它们与水泥石中的氢氧化钙作用，生成的氢氧化镁松软而无胶凝能力，氯化钙易溶于水，硫酸钙则会引起硫酸盐的破坏作用。反应式为：

$$MgSO_4+Ca(OH)_2+2H_2O=CaSO_4 \cdot 2H_2O+Mg(OH)_2$$

$$MgCl_2+Ca(OH)_2=CaCl_2+Mg(OH)_2$$

4. 强碱腐蚀

在一般情况下水泥石能够抵抗碱的腐蚀。如果水泥石结构长期处于较高浓度的碱溶液（如氢氧化钠溶液）中，也会产生腐蚀破坏。

二、水泥石腐蚀的防止措施

大量案例表明，引起水泥石腐蚀的根本原因为：一是水泥石中存在易被腐蚀的化学物质——如氢氧化钙和水化铝酸钙；其次是水泥石本身不密实，有很多毛细孔通道，腐蚀性介质易于通过毛细孔深入到水泥石内部，加速腐蚀的进程。

1. 根据工程所处的环境特点，合理选用水泥品种

在有腐蚀性介质存在的工程环境中，应选用水化产物氢氧化钙含量比较低的水泥，以提高水泥石的耐腐蚀性能。

2. 提高水泥石密实程度

水胶比较大时，多余的水在水泥石结构内部容易形成毛细孔或水囊，降低水泥石结构的密实度，腐蚀性介质容易渗入水泥石内部，加速水泥石的腐蚀。采用降低水胶比、掺入外加剂、改进施工工艺等技术手段，提高水泥石密实度，降低腐蚀性介质的渗入，提高水泥石的抗腐蚀能力。

3. 敷设保护层

当腐蚀性介质作用较强时，可以在结构表面覆盖耐腐蚀性能好并且不渗水的保护层，如防腐涂料、耐酸陶瓷、塑料、沥青等，以减少腐蚀性介质与水泥石的直接接触，提高水泥石的抗腐蚀性能。

2.2.2 组织实施

一、通用硅酸盐水泥的特性及应用

1. 硅酸盐水泥

由于硅酸盐水泥熟料中硅酸三钙和铝酸三钙的含量较高，因此硅酸盐水泥具有以下特点。

1）凝结硬化快、强度高，适用于早期强度要求高、重要结构的高强度混凝土和预应力混凝土工程。

2）抗冻性、耐磨性好，适用于冬期施工以及严寒地区遭受反复冻融作用的混凝土工程。

3）水化热大，不适用于大体积混凝土工程。

4）耐腐蚀性能较差，不适用于受软水、海水及其他腐蚀性介质作用的混凝土工程。

5）耐热性差。硅酸盐水泥受热到250~300℃时，水化物开始脱水，体积收缩，强度开始下降。当温度达400~600℃时，强度明显下降了700~1000℃时，强度降低更多，甚至完全破坏。因此硅酸盐水泥不适用于有耐热要求的混凝土工程。

2. 普通硅酸盐水泥

由于普通硅酸盐水泥中掺入的混合材料数量不多，因此，它的特性与硅酸盐水泥相近。与硅酸盐水泥相比，早期强度稍低，硬化速度稍慢，抗冻性与耐磨性略差。普通硅酸盐水泥的运用范围与硅酸盐水泥基本相同，广泛用于各种混凝土和钢筋混凝土工程。

3. 矿渣硅酸盐水泥、火山灰质硅酸盐水泥、粉煤灰硅酸盐水泥

矿渣硅酸盐水泥、火山灰质硅酸盐水泥、粉煤灰硅酸盐水泥都是在硅酸盐水泥熟料基础上掺入较多的活性混合材料共同磨细制成。由于活性混合材料的掺量较多，并且活性混合材料的活性成分基本相同，因此它们的特性大同小异。但与硅酸盐水泥、普通硅酸盐水泥相比，确有明显的不同。因不同混合材料结构上的不同，导致它们相互之间又具有一些不同的特性。

1）矿渣硅酸盐水泥、火山灰质硅酸盐水泥、粉煤灰硅酸盐水泥的共性。

① 凝结硬化慢，早期强度低，后期强度发展较快。三种水泥中掺加了大量的活性混合材料，相对减少了水泥熟料中矿物成分的含量。另外，三种水泥的水化反应是分两步进行的，首先是水泥熟料矿物成分的水化，随后是水泥的水化产物氢氧化钙与活性混合材料的活性成分发生二次水化反应，并且二次水化反应速度在常温下较慢。所以，这些水泥的凝结硬化慢，早期强度较低。但在硬化后期，随着水化产物的不断增多，水泥的后期强度发展较快。它们不适用于早期强度要求较高的混凝土工程。

② 水化热低。由于三种水泥中掺加了混合材料，水泥熟料含量相对减少，使水泥的水化反应速度放慢，水化热较低，适用于大体积混凝土工程。

③ 耐腐蚀性能好。由于水泥熟料含量少，水泥水化之后生成的水化产物——氢氧化钙含量较少，而且二次水化还要进一步消耗氢氧化钙，使水泥石结构中氢氧化钙的含量更低。因此，三种水泥抵抗海水、软水及硫酸盐腐蚀的能力较强，适用于有抗软水侵蚀和抗硫酸盐侵蚀要求的混凝土工程。如果火山灰质硅酸盐水泥中掺入的火山灰质混合材料中氧化铝的含量较高，水泥水化后生成的水化铝酸钙数量较多，则抵抗硫酸盐腐蚀的能力明显降低，应用时要合理选择水泥品种。

④ 抗冻性差，不适用于有抗冻要求的混凝土工程。

⑤ 抗碳化能力较差。这三种水泥的水化产物——氢氧化钙含量较低，很容易与空气中的二氧化碳发生碳化反应。当碳化深度达到钢筋表面时，容易引起钢筋锈蚀现象，降低结构的耐久性。所以，它们不适用于二氧化碳浓度较高的环境。

⑥ 温度敏感性强，适合蒸汽养护。水泥的水化温度降低时，水化速度明显减弱，强度发展慢。提高养护温度，不仅可以加快水泥熟料的水化，而且还能促进二次水化反应的进行，提高水泥的早期强度。

2）矿渣硅酸盐水泥、火山灰质硅酸盐水泥、粉煤灰硅酸盐水泥的特性。

① 矿渣硅酸盐水泥。由于矿渣经过高温，矿渣硅酸盐水泥硬化后氢氧化钙的含量又比

较少，所以，矿渣硅酸盐水泥的耐热性较好，适用于有耐热要求的混凝土结构工程。

粒化高炉矿渣棱角较多，拌和用水量较大，但矿渣保持水分的能力差，泌水性较大，在混凝土施工中由于泌水而形成毛细管通道或粗大孔隙，水分的蒸发又容易引起干缩，致使矿渣硅酸盐水泥的抗渗性、抗冻性较差，收缩量较大。

② 火山灰质硅酸盐水泥。火山灰质混合材料的结构特点是疏松并且多孔，在潮湿的条件下养护，可以形成较多的水化产物，水泥石结构比较致密，因而具有较高的抗渗性和耐水性。如处于干燥环境中，所吸收的水分会蒸发，引起体积收缩且收缩量较大，在干热条件下表面容易产生起粉现象，耐磨性能差。

火山灰质硅酸盐水泥不适用于长期处于干燥环境和水位变化范围内的混凝土工程以及有耐磨要求的混凝土工程。

③ 粉煤灰硅酸盐水泥。粉煤灰为球形颗粒，结构比较致密，内比表面积小，对水的吸附能力较弱，拌和时需水量较少，所以粉煤灰硅酸盐水泥干缩性比较小，抗裂性能好。粉煤灰硅酸盐水泥非常适用于有抗裂性能要求的混凝土工程；不适用于有耐磨要求的、长期处于干燥环境和水位变化范围内的混凝土工程。

4. 复合硅酸盐水泥

由于在复合硅酸盐水泥中掺用了两种以上混合材料，可以相互补充、取长补短，克服掺入单一混合材料水泥的一些弊病。如矿渣硅酸盐水泥中掺石灰石不仅能够改善矿渣硅酸盐水泥的泌水性，提高早期强度，而且还能保证水泥后期强度的增长。在需水性大的火山灰质硅酸盐水泥中掺入矿渣等，能有效减少水泥需水量。复合硅酸盐水泥的特性取决于所掺两种混合材料的种类、掺量及其相对比例。

使用复合硅酸盐水泥时，应根据掺入的混合材料种类，参照掺有混合材料的硅酸盐水泥的适用范围和工程经验合理选用。

硅酸盐水泥、普通硅酸盐水泥、矿渣硅酸盐水泥、火山灰质硅酸盐水泥、粉煤灰硅酸盐水泥和复合硅酸盐水泥是建设工程中使用量最大、应用范围最广的通用硅酸盐水泥，应根据工程所处环境条件、对工程的具体要求等因素，合理选用水泥品种。

二、水泥的验收与保管

1. 水泥的验收

水泥验收的主要内容包括：

（1）检查、核对水泥出厂的质量检验报告　水泥出厂的质量检验报告，不仅是验收水泥的技术保证依据，也是施工单位长期保存的技术资料，还可以作为工程质量验收时工程用料的技术凭证。要核对检测报告的编号与实收水泥的编号是否一致，检测项目是否齐全，检测值是否达到国家标准要求。水泥体积安定性仲裁检验时，应从水泥出厂之日起 10 天以内完成，如超过 10 天进行体积安定性检验不合格，则为不合格。

（2）核对包装及标志是否相符　水泥的包装及标志必须符合标准。水泥的包装可以采用袋装，也可以散装。袋装水泥每袋净含量 50kg，且不得少于标志质量的 98%，随机抽取 20 袋总质量（含包装袋）不应少于 1000kg。

水泥包装袋上应清楚标明：执行标准、水泥品种、代号、强度等级、生产者名称、生产许可证标志（QS）及编号、出厂编号、包装日期、净含量。包装袋两侧应根据水泥的品种采用不同的颜色印刷水泥名称和强度等级，硅酸盐水泥和普通硅酸盐水泥采用红色；矿渣硅酸盐水泥采用绿色；火山灰质硅酸盐水泥、粉煤灰硅酸盐水泥和复合硅酸盐水泥采用黑色或蓝色。

散装运输时应提交与袋装标志相同内容的卡片。

通过对水泥包装及标志的核对，不仅可以发现包装的完好程度，盘点和检验数量是否给足，还能核对所购水泥与到货的产品是否完全一致，及时发现和纠正可能出现的产品混杂现象。

(3) 填写水泥进场验收记录 检查、核对水泥出厂的质量检验报告、水泥包装与标志后，应及时填写水泥进场验收记录单。水泥进场验收记录单应包括水泥名称、生产厂家、强度等级、进场数量、有无质量证明书、外观质量是否合格、是否抽样送检、施工单位验收人等信息。信息填写要求规范、准确无误，可追溯水泥产品来源。

2. 水泥的保管

水泥在储存、保管时，应注意：

(1) 防水防潮 水泥在存放过程中很容易吸收空气中的水分产生水化作用，凝结成块，降低水泥强度，影响水泥的正常使用。所以，水泥应在干燥环境条件下存放。袋装水泥在存放时，应用木料垫高，高出地面 30cm，四周离墙 30cm，堆置高度一般不超过 10 袋。存放散装水泥时，应将水泥储存于专用的水泥罐中。对于受潮水泥可以根据受潮程度，按表 2-6 方法做适当处理。

表 2-6 受潮水泥的处理与使用

受潮情况	处理方法	使用场合
有粉块，用手可以捏成粉末，无硬块	压碎粉块	通过检测后，根据实际强度等级使用
部分结成硬块	筛除硬块压碎粉块	通过检测后，根据实际强度等级使用。用于受力较小的部位，也可配制砂浆
大部分结成硬块	将硬块粉碎磨细	不能作为水泥使用，可作为混合材料掺加到混凝土中

(2) 分类储存 不同品种、强度等级、生产厂家、出厂日期的水泥，应分别储存，并加以标志，不得混杂。

(3) 储存期不宜过长 水泥储存时间过长，水泥会吸收空气中的水分缓慢水化而降低强度。袋装水泥储存 3 个月后，强度约降低 10%~20%；6 个月后，约降低 15%~30%；1 年后约降低 25%~40%。因此，水泥储存期不宜超过 3 个月，使用时应做到先存先用，不可储存过久。

项目 2.3 其他品种水泥应用

【工作任务】 能结合工程环境条件与要求，合理选用其他品种水泥。

2.3.1 了解资讯

1. 快凝快硬硅酸盐水泥

以硅酸三钙、氟铝酸钙为主的水泥熟料，加入适量的硬石膏、粒化高炉矿渣、无水硫酸钠，经磨细制成的一种凝结快、小时强度增长快的水硬性胶凝材料，称为快凝快硬硅酸盐水泥（简称双快水泥）。

快凝快硬硅酸盐水泥提高了水泥熟料中硅酸三钙和铝酸三钙的含量，并适当增加了石膏的掺量，提高了水泥的细度。

行业标准《快凝快硬硅酸盐水泥》[JC 314—1982（1996）] 规定：快凝快硬硅酸盐水泥熟料中氧化镁含量不得超过 5.0%；三氧化硫含量不得超过 9.5%；水泥比表面积不得低于 $450m^2/kg$；初凝时间不得早于 10min，终凝时间不得迟于 60min；体积安定性用沸煮法检验必须合格。

根据 4h 的抗压强度和抗折强度大小，快凝快硬硅酸盐水泥分为双快—150 和双快—200 两个强度等级。各强度等级水泥在各龄期的强度值不得低于表 2-7 中的数值。

表 2-7 快凝快硬硅酸盐水泥各龄期的强度值 [JC 314—1982（1996）]

强度等级	抗压强度/MPa			抗折强度/MPa		
	4h	1d	28d	4h	1d	28d
双快—150	14.7	18.6	31.9	2.75	3.43	5.39
双快—200	19.6	24.5	41.7	3.33	4.51	6.27

2. 抗硫酸盐硅酸盐水泥

根据抵抗硫酸盐侵蚀的程度不同，抗硫酸盐硅酸盐水泥分为中抗硫酸盐硅酸盐水泥和高抗硫酸盐硅酸盐水泥两种。

凡以特定矿物组成的硅酸盐水泥熟料，加入适量石膏，磨细制成的具有抵抗中等浓度硫酸根离子侵蚀的水硬性胶凝材料，称为中抗硫酸盐硅酸盐水泥（简称中抗硫酸盐水泥），代号为 P·MSR。

凡以特定矿物组成的硅酸盐水泥熟料，加入适量石膏，磨细制成的具有抵抗较高浓度硫酸根离子侵蚀的水硬性胶凝材料，称为高抗硫酸盐硅酸盐水泥（简称高抗硫酸盐水泥），代号为 P·HSR。

硅酸盐水泥熟料中最容易被硫酸盐腐蚀的成分是铝酸三钙。因此，抗硫酸盐硅酸盐水泥熟料中铝酸三钙的含量比较低。由于在水泥熟料的烧成过程中，铝酸三钙数量与硅酸三钙数量之间存在一定的相关性，如果水泥熟料中铝酸三钙含量较低，则硅酸三钙的含量相应地也较低，不利于水泥强度的增长。

国家标准《抗硫酸盐硅酸盐水泥》（GB 748—2005）规定：抗硫酸盐硅酸盐水泥熟料中氧化镁含量不得超过 5.0%；三氧化硫含量不得超过 2.5%；水泥中不溶物不得超过 1.5%；烧失量不得超过 3.0%；水泥的比表面积不小于 $280m^2/kg$；初凝时间不得早于 45min，终凝时间不得迟于 10h；体积安定性用沸煮法检验必须合格。

根据 3d 和 28d 的抗压强度和抗折强度大小，抗硫酸盐硅酸盐水泥分为 32.5 级、42.5 级两个强度等级，各强度等级水泥在各龄期的强度值不得低于表 2-8 中的数值。

表 2-8 抗硫酸盐硅酸盐水泥各龄期的强度要求（GB 748—2005）

强度等级	抗压强度/MPa		抗折强度/MPa	
	3d	28d	3d	28d
32.5	10.0	32.5	2.5	6.0
42.5	15.0	42.5	3.0	6.5

3. 铝酸盐水泥

凡以铝酸钙为主的铝酸盐水泥熟料，磨细制成的水硬性胶凝材料，称为铝酸盐水泥，代号为 CA。

（1）铝酸盐水泥的矿物组成　铝酸盐水泥的矿物成分主要为铝酸一钙（$CaO \cdot Al_2O_3$，简写为 CA），其含量约占铝酸盐水泥质量的 70%，此外还有少量的硅酸二钙（$2CaO \cdot SiO_2$）与其他铝酸盐，如七铝酸十二钙（$12CaO \cdot 7Al_2O_3$，简写为 $C_{12}A_7$）、二铝酸一钙（$CaO \cdot 2Al_2O_3$，简写为 CA_2）和硅铝酸二钙（$2CaO \cdot Al_2O_3 \cdot SiO_2$，简写为 C_2AS）等。

（2）铝酸盐水泥的水化和硬化　铝酸盐水泥的水化和硬化主要是铝酸一钙的水化及其水化产物的结晶。其水化产物会随外界温度的不同而异。当温度低于 20℃时，水化产物为水化铝酸一钙（$CaO \cdot Al_2O_3 \cdot 10H_2O$，简写为 CAH_{10}）。水化反应式为：

$$CaO \cdot Al_2O_3+10H_2O=CaO \cdot Al_2O_3 \cdot 10H_2O$$

当温度为 20～30℃时，水化产物为水化铝酸二钙（$2CaO \cdot Al_2O_3 \cdot 8H_2O$，简写为 C_2AH_8）和氢氧化铝（$Al_2O_3 \cdot 3H_2O$，简写为 AH_3）。水化反应式为：

$$2(CaO \cdot Al_2O_3)+11H_2O=2CaO \cdot Al_2O_3 \cdot 8H_2O+Al_2O_3 \cdot 3H_2O$$

当温度高于 30℃时，水化产物为水化铝酸钙（$3CaO \cdot Al_2O_3 \cdot 6H_2O$，简写为 C_3AH_6）和氢氧化铝。水化反应式为：

$$3(CaO \cdot Al_2O_3)+12H_2O=3CaO \cdot Al_2O_3 \cdot 6H_2O+2(Al_2O_3 \cdot 3H_2O)$$

水化产物水化铝酸一钙和水化铝酸二钙为针状或板状结晶，能相互交织成坚固的结晶共生体，析出的氢氧化铝难溶于水，填充于晶体骨架的空隙中，形成比较致密的结构，使水泥石具有很高的强度。水化反应集中在早期，5～7d 后水化产物的数量很少增加。所以，铝酸盐水泥早期强度增长很快。

随硬化时间的延长，不稳定的水化铝酸一钙和水化铝酸二钙会逐渐转化为比较稳定的水化铝酸钙，转化过程会随着外界温度的升高而加快。转化结果使水泥石内部析出游离水，增大了孔隙体积，同时水化铝酸钙晶体本身缺陷较多，强度较低，因而水泥石后期强度明显降低。

（3）铝酸盐水泥的技术要求　铝酸盐水泥呈黄、褐或灰色。国家标准《铝酸盐水泥》（GB/T 201—2015）规定：铝酸盐水泥按 Al_2O_3 含量百分数分为 CA50、CA60、CA70、CA80 四种类型；水泥细度用比表面积法测定时不得低于 $300m^2/kg$，或者 45μm 筛余不得超过 20%，有争议时以比表面积为准；对于 CA50、CA60—Ⅰ（以铝酸一钙为主）、CA70、CA80 水泥初凝时间不得早于 30min，终凝时间不得迟于 6h；CA60—Ⅱ（以铝酸二钙为主）水泥初凝时间不得早于 60min，终凝时间不得迟于 18h；体积安定性检验必须合格。各类型水泥在各龄期的强度值不得低于表 2-9 中的数值。

表 2-9　铝酸盐水泥的 Al_2O_3 含量和各龄期的强度要求（GB/T 201—2015）

水泥类型		Al_2O_3 含(%)	抗压强度/(不小于,MPa)				抗折强度/(不小于,MPa)			
			6h	1d	3d	28d	6h	1d	3d	28d
CA50	CA50—Ⅰ	$50\leqslant Al_2O_3<60$	20	40	50	—	3.0	5.5	6.5	—
	CA50—Ⅱ			50	60	—		6.5	7.5	—
	CA50—Ⅲ			60	70	—		7.5	8.5	—
	CA50—Ⅳ			70	80	—		8.5	9.5	—
CA60	CA60—Ⅰ	$60\leqslant Al_2O_3<68$	—	65	85	—	—	7.0	10.0	—
	CA60—Ⅱ		—	20	45	85	—	2.5	5.0	10.0
CA70		$68\leqslant Al_2O_3<77$	—	30	40	—	—	5.0	6.0	—
CA80		$Al_2O_3\geqslant 77$	—	25	30	—	—	4.0	5.0	—

4. 砌筑水泥

由硅酸盐水泥熟料加入规定的混合材料和适量石膏，经磨细制成的保水性较好的水硬性胶凝材料，称为砌筑水泥，代号为 M。砌筑水泥中混合材料掺量按质量百分比计为不少于 50%。

国家标准《砌筑水泥》(GB/T 3183—2017) 规定：砌筑水泥熟料中三氧化硫含量（质量百分数）不得超过 3.5%；氯离子含量（质量百分数）不大于 0.06%；细度用 80μm 方孔筛，筛余量不得超过 10.0%；初凝时间不得早于 60min，终凝时间不得迟于 12h；保水率不低于 80%；体积安定性用沸煮法检验必须合格。

根据 3d、7d 和 28d 的抗压强度和抗折强度大小，砌筑水泥分为 12.5、22.5、32.5 三个强度等级。各强度等级水泥在各龄期的强度值不得低于表 2-10 中的数值。

表 2-10　砌筑水泥各龄期的强度要求（GB/T 3183—2017）

强度等级	抗压强度/(不小于,MPa)			抗折强度/(不小于,MPa)		
	3d	7d	28d	3d	7d	28d
12.5	—	7.0	12.5	—	1.5	3.0
22.5	—	10.0	22.5	—	2.0	4.0
32.5	10.0	—	32.5	2.5	—	5.5

5. 道路硅酸盐水泥

由道路硅酸盐水泥熟料（以硅酸钙和铁铝酸盐为主要成分）、0~10%活性混合材料和适量石膏磨细制成的水硬性胶凝材料，称为道路硅酸盐水泥（简称道路水泥），代号为 P·R。

道路硅酸盐水泥是为适应我国水泥混凝土路面的需要而发展起来的。为提高道路混凝土的抗折强度、耐磨性和耐久性，道路硅酸盐水泥熟料中铝酸三钙含量不得大于 5.0%；铁铝酸四钙含量不得小于 15.0%，游离氧化钙的含量不得大于 1.0%。

国家标准《道路硅酸盐水泥》(GB/T 13693—2017) 规定：道路硅酸盐水泥熟料中三氧化硫含量（质量分数）不得超过 3.5%；氧化镁含量（质量分数）不得超过 5.0%；氯离子含量（质量分数）不得大于 0.06%；烧失量不得大于 3.0%；细度用比表面积法测定时为 300~450m^2/kg；初凝时间不得早于 1.5h，终凝时间不得迟于 12h；体积安定性用沸煮法检验必须合格；28d 干缩率不得大于 0.10%；28d 磨耗量不得大于 3.0kg/m²。

根据 28d 抗折强度大小，道路硅酸盐水泥分为 7.5 级、8.5 级两个强度等级。各强度等级水泥在各龄期的强度值不得低于表 2-11 中的数值。

表 2-11 道路硅酸盐水泥各龄期的强度要求（GB/T 13693—2017）

强度等级	抗压强度/(不小于,MPa)		抗折强度/(不小于,MPa)	
	3d	28d	3d	28d
7.5	21.0	42.5	4.0	7.5
8.5	26.0	52.5	5.0	8.5

6. 白色硅酸盐水泥

由氧化铁含量少的硅酸盐水泥熟料、适量石膏及规定的混合材料，经磨细制成的水硬性胶凝材料称为白色硅酸盐水泥（简称白水泥），代号为 P·W。

一般硅酸盐水泥呈灰色或灰褐色，这主要是由于水泥熟料中的氧化铁所引起的。普通硅酸盐水泥的氧化铁含量大约 3%~4%，当氧化铁的含量在 0.5%以下时，水泥接近白色。生产白色硅酸盐水泥的原料应采用着色物质（氧化铁、氧化锰、氧化钛、氧化铬等）含量极少的矿物质，如纯净的石灰石、纯石英砂、高岭土。由于水泥原料中氧化铁的含量少，煅烧的温度要提高到 1550℃左右。为了保证白度，煅烧时应采用天然气、煤气或重油作为燃料。粉磨时不能直接用铸钢板和钢球，而应采用白色花岗石或高强陶瓷衬板，用烧结瓷球等作为研磨体。由于这些特殊的生产措施，使得白色硅酸盐水泥的生产成本较高，因此白色硅酸盐水泥的价格较贵。

国家标准《白色硅酸盐水泥》（GB/T 2015—2017）规定：白色硅酸盐水泥熟料中氧化镁含量不得超过 5.0%；三氧化硫含量不得超过 3.5%；氯离子含量（质量分数）不得大于 0.06%；初凝时间不得早于 45min，终凝时间不得迟于 10h；细度用 45μm 方孔筛，筛余量不得超过 30.0%；体积安定性用沸煮法检验必须合格。

根据 3d 和 28d 的抗压强度和抗折强度大小，白色硅酸盐水泥分为 32.5 级、42.5 级、52.5 级三个强度等级。各强度等级水泥在各龄期的强度值不得低于表 2-12 中的数值。

表 2-12 白色硅酸盐水泥各龄期的强度要求（GB/T 2015—2017）

强度等级	抗压强度/(不小于,MPa)		抗折强度/(不小于,MPa)	
	3d	28d	3d	28d
32.5	12.0	32.5	3.0	6.0
42.5	17.0	42.5	3.5	6.5
52.5	22.0	52.5	4.0	7.0

白度是白色硅酸盐水泥的一个重要技术指标。按照白度大小，白色硅酸盐水泥分为 1 级和 2 级，代号分别为 P·W—Ⅰ和 P·W—Ⅱ。1 级（P·W—Ⅰ）白度值不得低于 89，2 级（P·W—Ⅱ）白度值不得低于 87。

将白色硅酸盐水泥熟料、颜料和石膏共同磨细，可制成彩色硅酸盐水泥。所用的颜料要能耐碱，对水泥不能产生有害作用。常用的颜料有氧化铁（红、黄、褐、黑色）、二氧化锰（黑、褐色）、氧化铬（绿色）、赭石（赭色）和炭黑（黑色）等。也可将颜料直接与白水

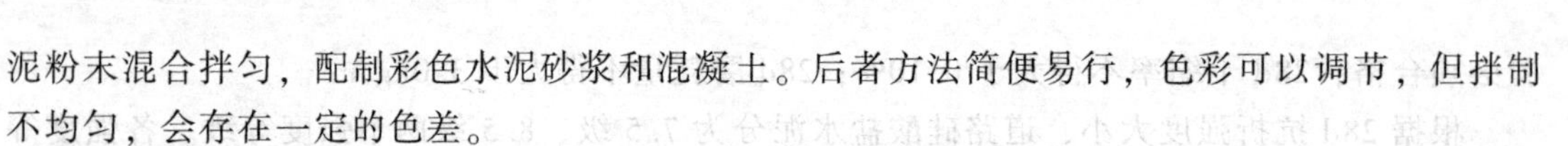

泥粉末混合拌匀，配制彩色水泥砂浆和混凝土。后者方法简便易行，色彩可以调节，但拌制不均匀，会存在一定的色差。

2.3.2 组织实施

1. 快凝快硬硅酸盐水泥

快凝快硬硅酸盐水泥具有凝结硬化快、早期强度增长快的特点，其1h抗压强度可达到相应的强度等级，后期强度仍有一定增长，适用于早期强度要求高的混凝土工程、军事工程、低温条件下施工和桥梁、隧道、涵洞等紧急抢修工程。由于快凝快硬硅酸盐水泥水化热大、放热集中迅速、耐腐蚀性能较差，因此，不宜用于大体积混凝土工程和有耐腐蚀要求的混凝土工程。

快凝快硬硅酸盐水泥在存放时易受潮变质，所以在运输和储存时，必须注意防潮，并应及时使用，不宜久存。出厂时间超过3个月后，应重新检验，合格后方可使用。快凝快硬硅酸盐水泥也不得与其他品种水泥混合使用。

2. 抗硫酸盐硅酸盐水泥

抗硫酸盐硅酸盐水泥具有较高的抗硫酸盐侵蚀能力，水化热较低，主要用于受硫酸盐侵蚀的海港、水利、地下隧道、引水、道路与桥梁基础等工程。

3. 铝酸盐水泥

(1) 铝酸盐水泥的特点与应用

1) 凝结硬化快，早期强度增长快，适用于紧急抢修工程和早期强度要求高的混凝土工程。

2) 硬化后的水泥石在高温下（900℃以上）仍能保持较高的强度，具有较高的耐热性能。如采用耐火的粗细骨料（如铬铁矿等），可制成使用温度达1300~1400℃的耐热混凝土，也可作为高炉炉衬材料。

3) 具有较好的抗渗性和抗硫酸盐侵蚀能力。这是因为铝酸盐水泥的水化产物主要为低钙铝酸盐，游离的氧化钙含量极少，硬化后的水泥石中没有氢氧化钙，并且水泥石结构比较致密，因此，铝酸盐水泥具有较高的抗渗性、抗冻性和抗硫酸盐侵蚀能力，适用于有抗渗、抗硫酸盐侵蚀要求的混凝土工程。但铝酸盐水泥不耐碱，不能用于与碱溶液接触的工程。

4) 水化热大，而且集中在早期放出。铝酸盐水泥的1d放热量约相当于硅酸盐水泥的7d放热量。因此，适用于混凝土的冬期施工，但不宜用于大体积混凝土工程。

(2) 铝酸盐水泥使用时注意事项

1) 由于铝酸盐水泥水化产物晶体易发生转换，导致铝酸盐水泥的后期强度会有所降低，尤其是在高于30℃的湿热环境下，强度下降更加明显，甚至会引起结构的破坏。因此，铝酸盐水泥不宜用于长期承受荷载作用的结构工程。

2) 铝酸盐水泥最适宜的硬化温度为15℃左右。一般施工时环境温度不宜超过30℃，否则，会产生晶体转换，水泥石强度降低。所以，铝酸盐水泥拌制的混凝土构件不能进行蒸汽养护。

3) 铝酸盐水泥使用时，严禁与硅酸盐水泥或石灰相混，也不得与尚未硬化的硅酸盐水泥接触，否则将产生瞬凝现象，以至无法施工，且强度很低。

4. 砌筑水泥

砌筑水泥凝结硬化慢，强度较低，在生产过程中以大量的工业废渣作为原材料，水泥的生产成本低，工作性较好。适用于配制砌筑砂浆、抹面砂浆、基础垫层混凝土。

5. 道路硅酸盐水泥

道路硅酸盐水泥具有早强和抗折强度高、干缩性小、耐磨性好、抗冲击性好、抗冻性和耐久性比较好、裂缝和磨耗病害少的特点，主要用于公路路面、机场跑道、城市广场、停车场等工程。

6. 白色硅酸盐水泥

白色硅酸盐水泥具有强度高，色泽洁白的特点，可用来配制彩色砂浆和涂料、彩色混凝土等，用于建筑物的内外装修，也是生产彩色硅酸盐水泥的主要原料。

学习情境3 混凝土性能检测及应用

【知识与能力目标】

了解混凝土外加剂的作用、混凝土的质量控制内容、其他品种混凝土的特点；掌握混凝土各组成材料的各项技术要求、混凝土的技术性能、混凝土配合比设计的方法；能按国家标准要求进行混凝土用砂石见证取样及送检、混凝土试件的制作；能正确使用检测仪器对混凝土用砂石各项技术指标、混凝土拌合物和易性、混凝土强度进行检测，并依据国家标准能对混凝土用砂石质量和混凝土强度等级作出准确评价；会运用国家标准确定混凝土配合比；能正确阅读混凝土用砂石、混凝土强度质量检测报告。

混凝土是由胶凝材料、骨料、外加剂和水等按适当比例配合，拌和制成具有一定可塑性的浆体，经一定时间凝结硬化而成的人造石材。

自1849年法国人朗波首次使用混凝土结构以来，经过一百多年的发展，混凝土已成为现代土木工程中用量最大、用途最广的建筑材料之一，在人类生产建设发展过程中起着巨大的作用，广泛应用于工业与民用建筑、铁路、公路、桥梁隧道、水工结构及海港、军事等土木工程。与其他材料相比，混凝土具有其他材料不可比拟的优点。如混凝土原材料来源广泛，价格低廉，可充分利用粉煤灰、矿渣、硅灰等工业废料作掺合料，不仅可以改善混凝土的性能，降低工程成本，而且还有利于环境保护；混凝土在凝结前具有良好的可塑性，可浇筑成任意形状和规格的构件，并且与钢筋有较高的粘结力；混凝土具有较高的强度和良好的耐久性，维修费用低。

混凝土自身也存在诸多缺点，如自重大、抗拉强度低、变形能力小、性脆易开裂、养护时间长、破损后不易修复、施工质量波动性较大等，这对混凝土的使用有一定的影响。

按表观密度不同，混凝土可分为重混凝土（表观密度大于2500kg/m^3）、普通混凝土（表观密度为1950~2500kg/m^3）和轻混凝土（表观密度小于1950kg/m^3）。

按用途不同，混凝土可分为结构混凝土、道路混凝土、防水混凝土、耐热混凝土、耐酸混凝土、防辐射混凝土、装饰混凝土等。

按所用胶凝材料不同，混凝土可分为水泥混凝土、石膏混凝土、水玻璃混凝土、沥青混凝土、聚合物水泥混凝土及树脂混凝土等。

按施工方法不同，混凝土可分为泵送混凝土、喷射混凝土、压力灌浆混凝土、挤压混凝土、离心混凝土及碾压混凝土等。

按搅拌（生产）方式不同，混凝土可分为预拌混凝土（即商品混凝土）和现场搅拌混凝土。

项目 3.1 混凝土组成材料技术性能检测

【工作任务】阅读混凝土用砂石质量检测报告；能正确使用检测仪器对混凝土用砂石各项技术指标进行检测；能准确填写混凝土用砂石质量检测报告。

3.1.1 了解资讯

一、水泥

水泥的品种和强度等级是影响混凝土强度、耐久性和经济性的重要因素。因此，合理地选择水泥的品种和强度等级，将直接关系到混凝土的耐久性和经济性。

1. 水泥品种的选择

应根据工程特点、所处的环境条件、施工条件等因素合理选择水泥品种。所用水泥的性能必须符合现行国家有关标准的规定。

2. 水泥强度等级的选择

水泥的强度等级应与所配制的混凝土强度等级相适应，原则上是高强度等级的水泥配制高强度等级的混凝土，低强度等级的水泥配制低强度等级的混凝土。如用高强度等级的水泥配制低强度等级混凝土，会使水泥用量偏少，影响混凝土和易性与耐久性。如用低强度等级的水泥配制高强度等级混凝土，势必会使水泥用量过多，不经济，同时还会影响混凝土的其他技术性质，如增大混凝土的干缩变形、徐变等。在一般情况下，水泥强度等级约为所配混凝土强度等级的 1.5~2.0 倍。

二、细骨料

粒径小于 4.75mm 的骨料称为细骨料。混凝土用细骨料主要为天然砂（图 3-1）和机制砂（人工砂，如图 3-2 所示）。天然砂根据产源不同，可分为河砂、湖砂、山砂和淡化海砂。山砂富有棱角，表面粗糙，与水泥浆粘结性好，但含泥量和有机杂质含量较多。海砂颗粒表面圆滑，比较洁净，与水泥浆粘结性差，常混有贝壳碎片，而且含盐分较多，对混凝土中的钢筋有锈蚀作用。河砂介于山砂和海砂之间，比较洁净，而且分布较广，是我国混凝土用砂的主要来源。机制砂（人工砂）是岩石轧碎筛选而成，富有棱角，比较洁净，但石粉和片状颗粒较多且成本较高。

图 3-1 天然砂

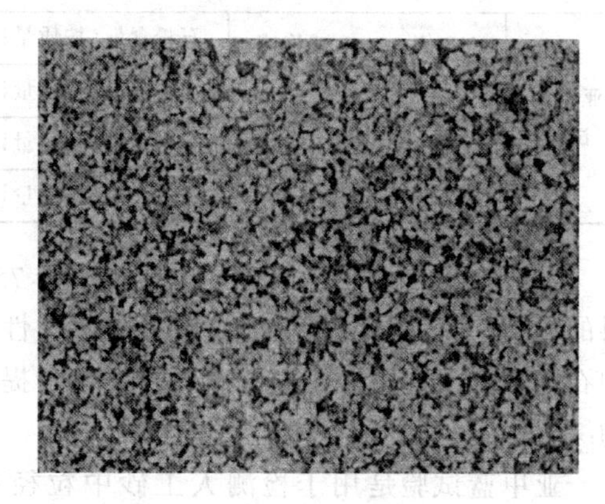
图 3-2 机制砂

砂按技术要求分为Ⅰ类、Ⅱ类、Ⅲ类。

混凝土用砂应尽量选用洁净、坚硬、表面粗糙、有棱角、有害杂质少的砂。

天然砂中常含有云母、轻物质、硫化物、硫酸盐、有机质、氯化物及草根等有害杂质，云母呈薄片状，表面光滑，与水泥石的粘结性差，影响界面强度，且易风化，会降低混凝土强度和耐久性；硫酸盐、硫化物将对硬化的水泥凝胶体产生硫酸盐侵蚀；有机物通常是植物腐烂的产物，妨碍、延缓水泥的正常水化，降低混凝土强度；氯盐引起混凝土中钢筋锈蚀，破坏钢筋与混凝土的粘结，使混凝土保护层开裂。密度小于 $2g/cm^3$ 的轻物质（如煤屑、炉渣），会降低混凝土的强度和耐久性。为了保证混凝土的质量，砂中有害物质应符合表 3-1 的规定。

表 3-1 砂中有害物质限量（GB/T 14684—2011）

项 目	Ⅰ类	Ⅱ类	Ⅲ类
云母含量(按质量计,%,不大于)	1.0	2.0	2.0
硫化物及硫酸盐含量(按 SO_3 质量计,%,不大于)	0.5	0.5	0.5
有机物含量(用比色法试验)	合格	合格	合格
氯化物含量(按氯离子质量计,%,不大于)	0.01	0.02	0.06
轻物质含量(按质量计,%,不大于)	1.0	1.0	1.0

天然砂的含泥量和泥块含量应符合表 3-2 的规定。砂的含泥量是指天然砂中粒径小于 75μm 的颗粒含量；砂的泥块含量是指砂中原粒径大于 1.18mm，经水浸洗、手捏后小于 600μm 的颗粒含量。

表 3-2 天然砂的含泥量和泥块含量（GB/T 14684—2011）

项 目	Ⅰ类	Ⅱ类	Ⅲ类
含泥量(按质量计,%,不大于)	1.0	3.0	5.0
泥块含量(按质量计,%,不大于)	0	1.0	2.0

人工砂的石粉含量和泥块含量应符合表 3-3 的规定。

表 3-3 人工砂的石粉含量和泥块含量（GB/T 14684—2011）

项 目			Ⅰ类	Ⅱ类	Ⅲ类
亚甲蓝试验	MB 值≤1.40 或快速法试验合格	石粉含量(按质量计,%,不大于)	10.0	10.0	10.0
		泥块含量(按质量计,%,不大于)	0	1.0	2.0
	MB 值>1.40 或不合格	石粉含量(按质量计,%,不大于)	1.0	3.0	5.0
		泥块含量(按质量计,%,不大于)	0	1.0	2.0

砂的石粉含量是指人工砂中粒径小于 75μm 的颗粒含量。过多的石粉会妨碍水泥石与骨料的粘结，从而导致混凝土的强度、耐久性降低。但研究和实践表明：在混凝土中掺入适量的石粉，对改善混凝土细骨料颗粒级配、提高混凝土密实性有很大的益处，进而提高混凝土的综合性能。

亚甲蓝试验是用于检测人工砂中粒径小于 75μm 的颗粒是泥土还是石粉的一种试验方法。

砂的坚固性是指砂在自然风化和其他外界物理化学因素作用下抵抗破裂的能力。根据国家标准《建筑用砂》(GB/T 14684—2011)规定，天然砂的坚固性用硫酸钠溶液法检验，砂样经5次干湿循环后的质量损失应符合表3-4的规定；人工砂采用压碎指标法进行试验，压碎指标应符合表3-4的规定。

表3-4 砂的坚固性指标（GB/T 14684—2011）

项目	Ⅰ类	Ⅱ类	Ⅲ类
天然砂的质量损失(%,不大于)	8	8	10
人工砂的单级最大压碎指标(%,不大于)	20	25	30

三、粗骨料

粒径大于4.75mm的骨料称为粗骨料。混凝土用粗骨料主要有卵石（图3-3）和碎石（图3-4）。卵石是岩石因自然条件作用而形成的，表面光滑，少棱角，与水泥石之间的胶结能力较低。碎石是将天然岩石或卵石经机械破碎、筛分而成，颗粒表面粗糙，富有棱角，与水泥浆的粘结力强，但流动性较差。

图3-3 卵石

图3-4 碎石

粗骨料按技术要求分为Ⅰ类、Ⅱ类、Ⅲ类。

在选用粗骨料时，应尽量选用洁净、坚硬、表面粗糙、有棱角、有害杂质少的卵石或碎石。粗骨料中常含有如淤泥、细屑、硫酸盐、硫化物、有机物质等有害杂质，为了保证混凝土的质量，粗骨料中有害物质应符合表3-5的规定。

表3-5 卵石或碎石中有害物质限量（GB/T 14685—2011）

项目	Ⅰ类	Ⅱ类	Ⅲ类
含泥量(按质量计,%,不大于)	0.5	1.0	1.5
泥块含量(按质量计,%,不大于)	0	0.2	0.5
硫化物及硫酸盐含量(按 SO_3 质量计,%,不大于)	0.5	1.0	1.0
有机物含量(用比色法试验)	合格	合格	合格
针、片状颗粒含量(按质量计,%,不大于)	5	10	15

含泥量是指卵石或碎石中粒径小于75μm的颗粒含量。泥块含量是指卵石、碎石中原粒径大于4.75mm，经水浸洗、手捏后小于2.36mm的颗粒含量。

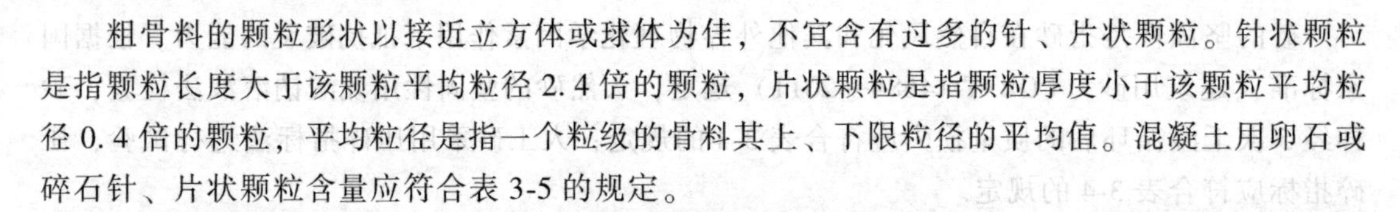

粗骨料的颗粒形状以接近立方体或球体为佳，不宜含有过多的针、片状颗粒。针状颗粒是指颗粒长度大于该颗粒平均粒径2.4倍的颗粒，片状颗粒是指颗粒厚度小于该颗粒平均粒径0.4倍的颗粒，平均粒径是指一个粒级的骨料其上、下限粒径的平均值。混凝土用卵石或碎石针、片状颗粒含量应符合表3-5的规定。

提示：

针、片状颗粒在外力作用下易折断，影响混凝土拌合物的和易性、强度和耐久性。

粗骨料公称粒级的上限称为该粒级的最大粒径。最大粒径增大，骨料总表面积随之减小，从而使包裹骨料表面的水泥浆的数量相应减少，不仅可以节约水泥，还能提高混凝土的和易性。但在施工过程中，粗骨料的最大粒径往往要受到结构物的截面尺寸、钢筋疏密与施工条件的制约，因此，混凝土用粗骨料最大粒径不得超过构件截面最小尺寸的1/4，同时不得超过钢筋最小净距的3/4；在两层或多层密布钢筋结构中，粗骨料最大粒径不得超过钢筋最小净距的1/2，并且不得超过100mm；对于混凝土实心板，粗骨料的最大粒径不宜超过板厚的1/3且不得超过40mm。对于泵送混凝土，骨料最大粒径与输送管道内径之比，碎石不宜大于1∶3，卵石不宜大于1∶2.5。配制强度等级C50及以上预应力混凝土时，粗骨料最大粒径不应大于20mm。

提示：

骨料的最大粒径反映了粗骨料总体的粗细程度，影响着骨料的总表面积。

为保证混凝土的耐久性，作为混凝土骨架的石子应具有足够的坚固性。坚固性是指碎石及卵石在气候、外力、环境变化或其他物理化学因素作用下抵抗破裂的能力。用硫酸钠溶液进行试验，经5次干湿循环后其质量损失应符合表3-6的规定。

表3-6 坚固性指标（GB/T 14685—2011）

项　目	指　标		
	Ⅰ类	Ⅱ类	Ⅲ类
质量损失(%,不大于)	5	8	12

四、水

混凝土用水包括拌和用水与养护用水。凡可供饮用的自来水或清洁的天然水，一般均可用来拌制和养护混凝土。

混凝土用水的水质必须符合行业标准《混凝土用水标准》（JGJ 63—2006）的规定，不能含有影响水泥正常凝结与硬化的有害杂质；不得有损于混凝土强度发展；不得降低混凝土的耐久性；不得加快钢筋腐蚀及导致预应力钢筋脆断；不得污染混凝土表面；混凝土用水所含物质的含量限值应符合表3-7的要求。

处理后的工业废水经检验合格后方可使用；海水中含有硫酸盐、镁盐和氯化物，会锈蚀钢筋，且会引起混凝土表面潮湿和盐霜，因此不得用于拌制和养护钢筋混凝土、预应力混凝土和有饰面要求的混凝土。

五、混凝土外加剂

混凝土外加剂是指在拌制混凝土时掺入的，并且掺量不超过水泥质量5%的物质。

表 3-7 混凝土拌合用水水质要求（JGJ 63—2006）

项目	预应力混凝土	钢筋混凝土	素混凝土
pH 值(不小于)	5.0	4.5	4.5
不溶物(mg/L,不大于)	2000	2000	5000
可溶物(mg/L,不大于)	2000	5000	10000
氯化物(以 Cl^- 计,mg/L,不大于)	500	1000	3500
硫酸盐(以 SO_4^{2-} 计,mg/L,不大于)	600	2000	2700
碱含量(mg/L,不大于)	1500	1500	1500

注：碱含量按 $Na_2O+0.658K_2O$ 计算值来表示。

混凝土外加剂掺入量虽小，但效果显著。掺入混凝土外加剂，已成为改善混凝土的技术性能、提高混凝土施工质量、节约原材料、缩短施工周期及满足工程各种特殊要求的一项重要技术措施。

（一）混凝土外加剂的分类

按其主要使用功能，可分为以下五类。

1）改善混凝土拌合物流动性能的外加剂：减水剂、引气剂、泵送剂等。

2）调节混凝土凝结时间、硬化速度的外加剂：缓凝剂、早强剂、速凝剂等。

3）改善混凝土耐久性的外加剂：防冻剂、引气剂、阻锈剂、减水剂、抗渗剂等。

4）调节混凝土内部含气量的外加剂：引气剂、加气剂、泡沫剂等。

5）为混凝土提供特殊性能的外加剂：膨胀剂、防冻剂、着色剂、碱-骨料反应抑制剂等。

在众多外加剂中，应用最为广泛的混凝土外加剂主要有以下几种：

① 普通减水剂：在混凝土坍落度基本相同的条件下，能减少拌和用水量的外加剂。

② 高效减水剂：在混凝土坍落度基本相同的条件下，能大幅度减少拌和用水量的外加剂。

③ 引气剂：能使混凝土在搅拌过程中引入大量均匀分布、稳定而封闭的微小气泡的外加剂。

④ 早强剂：能加速混凝土早期强度发展的外加剂。

⑤ 缓凝剂：能延长混凝土拌合物凝结硬化时间的外加剂。

⑥ 速凝剂：能使混凝土迅速凝结硬化的外加剂。

⑦ 膨胀剂：能使混凝土产生一定体积膨胀的外加剂。

⑧ 防冻剂：能使混凝土在负温下硬化，并在规定时间内达到足够防冻强度的外加剂。

（二）混凝土外加剂的功能与选用

混凝土外加剂的选用，包括混凝土外加剂品种的选择、外加剂掺量的确定和外加剂掺加的方法。各种混凝土外加剂的主要功能、选用材料及适用范围见表 3-8。

提示：

混凝土外加剂品种繁多，功能效果各异，在选用外加剂时，应根据实际工程的具体要求、施工现场的材料和施工条件，并参考外加剂产品说明书及有关资料综合考虑，如有条件应进行检测。

表 3-8 混凝土外加剂主要功能、选用材料及适用范围

外加剂类型	主要功能	选用材料	适用范围
普通减水剂	(1)在混凝土和易性及强度不变的条件下,可节约水泥用量,降低成本 (2)在和易性及水泥用量不变条件下,可减少用水量,提高混凝土耐久性和强度 (3)在拌和用水量及水泥用量不变条件下,可提高混凝土拌合物的流动性	(1)木质素磺酸盐类(木钙、木钠、木镁) (2)腐殖酸盐类	(1)日最低气温5℃以上的混凝土施工 (2)大模板施工、滑模施工、大体积混凝土、泵送混凝土以及流动性混凝土 (3)钢筋混凝土及预应力混凝土
高效减水剂	(1)在混凝土拌合物和易性及水泥用量不变的条件下,可大幅减少拌和用水量 (2)在混凝土用水量及水泥用量保持不变的条件下,可明显提高混凝土拌合物的流动性	(1)多环芳香族磺酸盐类(萘系磺化物与甲醛缩合的盐类) (2)水溶性树脂磺酸盐类(磺化三聚氰胺树脂等) (3)脂肪族类	(1)日最低气温0℃以上混凝土施工 (2)钢筋密集、截面复杂、空间窄小、混凝土不易振捣的部位 (3)制备早强、高强混凝土以及大流动性混凝土
引气剂	(1)提高混凝土拌合物和易性,减少混凝土泌水离析 (2)提高混凝土耐久性和抗渗性	(1)松香类(松香热聚物、松香皂) (2)烷基和烷基芳烃磺酸盐类 (3)脂肪醇磺酸盐类 (4)皂甙类	(1)有抗冻要求的混凝土 (2)轻骨料混凝土、泵送混凝土 (3)泌水严重的混凝土及有抗渗要求的混凝土 (4)高性能混凝土及有饰面要求的混凝土
早强剂	(1)提高混凝土的早期强度 (2)缩短混凝土的养护时间	(1)氯盐类(氯化钠和氯化钙) (2)硫酸盐类 (3)有机胺类(三乙醇胺) (4)复合类早强剂	(1)用于早期强度要求高的混凝土工程,如抢修工程 (2)严寒地区混凝土冬期施工
缓凝剂	(1)延长混凝土的凝结硬化时间 (2)降低水泥初期水化热	(1)糖类(糖蜜) (2)木质素磺酸盐类 (3)其他(酒石酸、柠檬酸、磷酸盐、硼砂)	(1)大体积混凝土 (2)高温季节混凝土施工 (3)长时间、长距离运输混凝土 (4)泵送混凝土、预拌混凝土及滑模施工
速凝剂	(1)加快混凝土的凝结硬化 (2)提高混凝土的早期强度	(1)铝氧熟料加碳酸盐类 (2)铝酸盐类 (3)水玻璃类	(1)喷射混凝土、灌浆止水混凝土及抢修补强混凝土 (2)隧道、涵洞、地下工程等需要速凝的混凝土
膨胀剂	(1)使混凝土在硬化过程中产生一定膨胀量 (2)减少混凝土干缩裂缝 (3)提高混凝土抗裂性和抗渗性	(1)硫铝酸盐类 (2)石灰类 (3)硫铝酸钙-氧化钙类	(1)补偿收缩混凝土 (2)自应力混凝土 (3)结构自防水混凝土
防冻剂	显著降低混凝土的冰点,在负温条件下混凝土拌合物中仍有液相自由水,以保证水泥水化,使混凝土达到预期强度	(1)强电解质无机盐类 (2)水溶性有机化合物类 (3)有机化合物与无机盐复合类 (4)复合型防冻剂	环境气温低于0℃时的混凝土施工

六、混凝土矿物掺合料

矿物掺合料是指在混凝土拌制过程中直接加入以天然矿物质或工业废渣为材料的粉状矿物质，其作用是改善混凝土性能，提高混凝土强度和耐久性；取代部分水泥，降低混凝土工程成本；有利于环境保护。常用的混凝土矿物掺合料主要有粉煤灰、硅灰、沸石粉、粒化高炉矿渣粉等。

1. 粉煤灰

粉煤灰是从燃烧煤粉的锅炉烟气中收集到的细粉末，主要成分是硅、铝和铁的氧化物，其颗粒多呈球形，表面光滑。

提示：

按国家标准《用于水泥和混凝土中的粉煤灰》（GB/T 1596—2017）的规定，根据细度、需水量、烧失量、含水量及三氧化硫含量等主要技术指标，将粉煤灰分为Ⅰ、Ⅱ、Ⅲ三个等级。

粉煤灰由于其本身的化学成分、结构和颗粒形状特征，在混凝土中产生下列三种效应：

1）活性效应（火山灰效应）。粉煤灰中的活性 SiO_2 及 Al_2O_3，与水泥水化生成的 $Ca(OH)_2$ 发生反应，生成具有水硬性的低碱度水化硅酸钙和水化铝酸钙，增加了混凝土的强度，同时消耗了水泥石中的氢氧化钙，提高了混凝土的耐久性，降低了抗碳化性能。

2）形态效应。粉煤灰颗粒大部分为玻璃体微珠，掺入混凝土中，可减小混凝土拌合物的内摩擦阻力，提高混凝土拌合物流动性。

3）微骨料效应。粉煤灰中的微细颗粒均匀分布在水泥浆内，填充空隙和毛细孔，改善了混凝土的孔隙结构，提高密实度。

因此，掺入粉煤灰后，可以改善混凝土拌合物的和易性，降低混凝土水化热，提高抗硫酸盐腐蚀能力，抑制碱-骨料反应，也使混凝土的早期强度和抗碳化能力有所降低。

2. 硅灰

硅灰也称为硅粉，是从生产硅铁合金或硅钢等所排放烟气中收集到的颗粒极细的烟尘，其颗粒呈玻璃球体。由于硅灰颗粒极细，平均粒径为 0.1~0.2μm，能充分填充在水泥凝胶体的毛细孔中，可使混凝土结构更加密实。硅灰具有很高的火山灰活性，能提高混凝土的早期强度。

硅灰需水量很大，掺入过多硅灰将使水泥浆体变得十分黏稠，因此，硅灰作为混凝土矿物掺合料掺入时必须配以减水剂，以保证混凝土拌合物的和易性。

3. 沸石粉

沸石粉是由天然的沸石岩磨细而成，含有活性的 SiO_2 和 Al_2O_3，具有很大的内表面积，可作为吸附高效减水剂与拌和水的载体，在运输和浇筑过程中缓慢释放出来，以减小混凝土拌合物的坍落度损失，改善混凝土拌合物的和易性，提高混凝土强度和耐久性。

4. 粒化高炉矿渣粉

粒化高炉矿渣粉是将粒化高炉矿渣经干燥、磨细达到相当细度且符合相应活性指数的粉状材料。其活性比粉煤灰高，掺入混凝土中可减少泌水性，改善孔隙结构，增加混凝土密实度，提高混凝土强度。

3.1.2 制订计划

1. 阅读混凝土用砂、石质量检测报告

混凝土用砂、石试验报告形式如下：

砂试验报告

报告日期 ×××× 年 × 月××日

委托单位	×××××××××	委托日期	×-××	委托编号	××	报告编号	××××-××	
品种规格	河砂	代表数量	600t	产地或厂家	××××××	见证人	×××	
试验依据	GB/T 14684—2011	试验日期	×-××	工程名称部位	×××××××××工程			
项目		指标		检测结果		项目	指标	检测结果
颗粒级配	筛孔尺寸 /mm	分计筛余（%）	累计筛余（%）	分计筛余（%）	累计筛余（%）	含泥量（%）	≤3.0	0.9
	9.50		0	0	0	泥块含量（%）	≤1.0	0
	4.75		10~0	4.5	4.5	表观密度/(kg/m³)	≥2500	2640
	2.36		25~5	12.9	17.4	堆积密度/(kg/m³)	≥1400	1520
	1.18		50~10	17.5	34.9	空隙率（%）	≤44	42.4
	0.60		70~41	22.3	57.2			
	0.30		92~70	32.0	89.2			
	0.15		100~90	8.7	97.9			
	0.00			2.1	100			
级配区属		2 区		2 区				
细度模数		3.0~2.3		2.86				
结论：符合 GB/T 14684—2011 2 区 中砂 Ⅱ类。 只对来样负责。								
备注：								

试验单位：××××××××× 技术负责人：××× 审核：××× 试验：×××

碎石或卵石试验报告

报告日期 ×××× 年 × 月××日

委托单位	×××××××××	委托日期	×-××	委托编号	××	报告编号	××××-××	
品种规格	碎石	代表数量	600t	产地或厂家	××××××	见 证 人	×××	
试验依据	GB/T 14685—2011	试验日期	×-××	工程名称部位	×××××××××工程			
项目		指标		检测结果		项目	指标	检测结果
颗粒级配	筛孔尺寸 /mm	分计筛余（%）	累计筛余（%）	分计筛余（%）	累计筛余（%）	含泥量（%）	≤1.0	0.4
	63.0					泥块含量（%）	≤0.2	0
	53.0					压碎指标（%）	≤20	13.2
	37.5		0	0	0	针片状含量（%）	≤10	9.4
	31.5		0~5	4.2	4.2	表观密度/(kg/m³)	≥2600	2620
	26.5		—			堆积密度/(kg/m³)	—	1520
	19.0		15~45	18.5	22.7	空隙率（%）	≤45	42.0
	16.0		—					
	9.50		70~90	50.5	73.2			
	4.75		90~100	20.2	93.4			
	2.36		95~100	6.1	99.5			
结论：符合 GB/T 14685—2011 5~31.5 连续粒级 Ⅱ类。只对来样负责。								
备注：								

试验单位：××××××××× 技术负责人：××× 审核：××× 试验：×××

2. 确定混凝土用砂石质量检测项目

1）表观密度、堆积密度、空隙率。

2）含泥量。

3）泥块含量。

4）石粉含量。

5）粗细程度。

6）颗粒级配。

7）针片状颗粒含量。

8）强度。

3. 制订混凝土用砂石质量检测流程

1）混凝土用砂石取样。

2）砂石表观密度、堆积密度、空隙率检测。

3）砂石含泥量检测。

4）砂石泥块含量检测。

5）人工砂石粉含量检测。

6）砂粗细程度检测。

7）砂石颗粒级配检测。

8）石子针片状颗粒含量检测。

9）石子强度检测。

3.1.3 组织实施

一、混凝土用砂石取样

混凝土用砂石取样，按如下规定方法进行。

1）在料堆上取砂样时，取样部位应均匀分布。取样前先将取样部位表层铲除，然后从不同部位抽取大致等量的砂8份，组成一组样品；从火车、汽车、货船上取样时，从不同部位和深度随机抽取大致等量的砂8份，组成一组样品。将所取试样置于平板上，在潮湿状态下拌和均匀，并堆成厚度约为20mm的圆饼，然后沿互相垂直的两条直径把圆饼分成大致相等的4份，取其中对角线的2份重新拌匀，再堆成圆饼。重复上述过程，直至把样品缩分到试验所需的数量为止。砂各单项试验的最少取样数量应符合表3-9的规定。

表3-9 混凝土用砂单项检测取样数量

序　号	检测项目	最少取样数量/kg
1	颗粒级配	4.4
2	含泥量	4.4
3	泥块含量	20.0
4	表观密度	2.6
5	堆积密度与空隙率	5.0

2）在料堆上取石样时，取样部位应均匀分布。取样前先将取样部位表层铲除，然后从不同部位抽取大致等量的石子15份（在料堆的顶部、中部和底部均匀分布的15个不同部位

取得）组成一组样品；从火车、汽车、货船上取样时，从不同部位和深度随机抽取大致等量的石子16份，组成一组样品。将所取试样置于平板上，在自然状态下拌和均匀，并堆成锥体，然后沿互相垂直的两条直径把锥体分成大致相等的4份，取其中对角线的2份重新拌匀，再堆成锥体。重复上述过程，直至把样品缩分到试验所需的数量为止。石子各单项试验的最少取样数量应符合表3-10的规定。

表3-10 混凝土用碎石或卵石单项检测取样数量

序号	检测项目	不同最大粒径/mm下的最少取样数量/kg							
		9.5	16.0	19.0	26.5	31.5	37.5	63.0	75.0
1	颗粒级配	9.5	16.0	19.0	25.0	31.5	37.5	63.0	80.0
2	含泥量	8.0	8.0	24.0	24.0	40.0	40.0	80.0	80.0
3	泥块含量	8.0	8.0	24.0	24.0	40.0	40.0	80.0	80.0
4	表观密度	8.0	8.0	8.0	8.0	12.0	16.0	24.0	24.0
5	针、片状颗粒含量	1.2	4.0	8.0	12.0	20.0	40.0	40.0	40.0
6	堆积密度与空隙率	40.0	40.0	40.0	40.0	80.0	80.0	120.0	120.0
7	压碎指标	按检测要求的粒级和数量取样							

二、砂的表观密度检测

砂的表观密度是指砂在自然状态下单位体积内砂的质量。砂在自然状态下的体积，是指包括砂粒内部封闭孔隙体积在内的体积。国家标准《建筑用砂》（GB/T 14684—2011）中规定，砂的表观密度不小于2500kg/m^3。

（一）主要仪器设备

1）天平：称量1000g，感量0.1g。

2）容量瓶：容积为500mL。

3）烘箱：能使温度控制在（105±5）℃。

4）干燥器、浅盘、铝制料勺、滴管、毛刷、温度计等。

（二）检测步骤

1）按规定取样，并将试样用四分法缩分至约660g左右，放在烘箱中于（105±5）℃下烘干至恒重，并在干燥器内冷却至室温，分成两份备用。

2）称取烘干试样300g，精确至0.1g，将试样装入盛有部分（15~25）℃冷开水的容量瓶中，随后再注入冷开水至接近500mL的刻度处，用手旋转摇动容量瓶，使试样在水中充分搅动以排除气泡，塞紧瓶塞，静置24h。

提示：

排除气泡后静置24h的目的是使砂吸水达饱和，水完全填充砂粒之间空隙。

3）用滴管小心加水至容量瓶500mL刻度处，使水面与瓶颈刻度线平齐，再塞紧瓶塞，擦干瓶外水分，称出其质量m_1，精确至1g。

提示：

用滴管加水的目的是补充因排气造成的液面（水面）下降；使用滴管加水时，注意视线应与瓶颈刻度线平行，不能仰视或俯视。

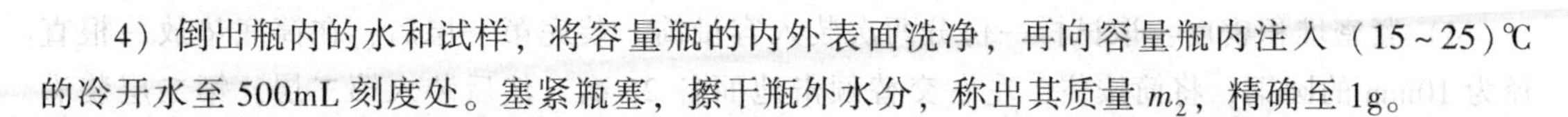

4）倒出瓶内的水和试样，将容量瓶的内外表面洗净，再向容量瓶内注入（15～25）℃的冷开水至500mL刻度处。塞紧瓶塞，擦干瓶外水分，称出其质量 m_2，精确至1g。

提示：
在检测过程中应测量并控制水的温度，检测期间水的温差不应超过2℃。

（三）检测结果

按下式计算砂的表观密度，精确到10kg/m³，并以两次检测结果的算术平均值作为最终检测结果，如两次检测结果之差大于20kg/m³，应重新取样进行检测。

$$\rho_0=\frac{m}{m+m_2-m_1}\times\rho_{水}$$

式中 ρ_0——砂的表观密度（kg/m³）；

$\rho_{水}$——水的密度（取1000kg/m³）；

m——烘干试样的质量（g）；

m_1——试样、水及容量瓶的总质量（g）；

m_2——水及容量瓶的总质量（g）。

三、砂的堆积密度检测

堆积密度是指散粒或粉状材料在自然堆积状态下单位体积内物质的质量，自然堆积体积为颗粒的体积和颗粒之间空隙体积之和。国家标准《建筑用砂》（GB/T 14684—2011）中规定，砂的松散堆积密度不小于1400kg/m³。

（一）主要仪器设备

1）天平：称量10kg，感量1g。

砂的堆积密度检测

2）容量筒：圆柱形金属筒，内径为108mm，净高为109mm，筒壁厚为2mm，容积约为1L。

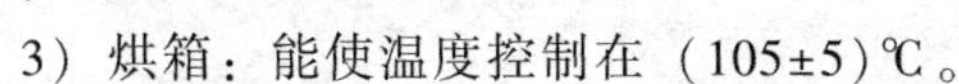

3）烘箱：能使温度控制在（105±5）℃。

4）方孔筛：孔径为4.75mm的标准筛一只。

5）垫棒：直径为10mm，长为500mm的圆钢。

6）直尺、漏斗或料勺、搪瓷盘、毛刷等。

（二）检测步骤

1）按规定取样，用搪瓷盘取样品约3L，放在烘箱中于（105±5）℃下烘干至恒重，取出冷却至室温，用4.75mm筛过筛，筛除大于4.75mm的颗粒，分成两份备用（若出现结块，检测前先予以捏碎）。

2）称取容量筒质量 m_1，将容量筒置于不受振动的搪瓷盘中。

3）松散堆积密度：取试样一份，用漏斗或料勺将试样从容量筒中心上方50mm处徐徐倒入容量筒内，让试样以自由落体落下，当容量筒上部试样呈锥体，且容量筒四周溢满时停止加料。然后用钢直尺垂直于筒中心线，沿容器上口边缘向两边刮平。称出试样和容量筒的总质量 m_2，精确至1g。

提示：
装砂时料勺边缘至容量筒中心上方的距离为50mm；在检测过程中不得磕碰容量筒，以免影响检测结果；刮平时用钢直尺垂直于容量筒先从筒中心线切下去，然后再向两边刮平。

4）紧密堆积密度：取试样一份分两次装入容量筒。装完第一层后，在筒底垫放一根直径为10mm的圆钢，将筒按住，左右交替颠击地面各25次。然后装入第二层，第二层装满后用同样方法颠实（但筒底所垫钢筋的方向与第一层时的方向垂直），并添加试样直至超过筒口。然后用钢直尺垂直于筒中心线，沿容器上口边缘向两边刮平。称出试样和容量筒的总质量 m_2，精确至1g。

（三）检测结果

按下式计算砂的松散或紧密堆积密度，精确到 $10kg/m^3$，并以两次检测结果的算术平均值作为最终检测结果。

$$\rho_0'=\frac{m_2-m_1}{V_0'}\times 1000$$

式中 ρ_0'——砂的松散堆积密度或紧密堆积密度（kg/m^3）；

m_1——容量筒的质量（kg）；

m_2——容量筒和试样的总质量（kg）；

V_0'——容量筒的容积（L）。

按下式计算砂的空隙率，精确至1%，并以两次检测结果的算术平均值作为最终检测结果。

$$P=\left(1-\frac{\rho_0'}{\rho_0}\right)\times 100\%$$

式中 P——砂的空隙率（%）；

ρ_0'——砂的堆积密度（kg/m^3）；

ρ_0——砂的表观密度（kg/m^3）。

四、砂的含泥量检测

提示：

细小泥土颗粒包裹在砂粒表面，将阻碍水泥凝胶体与骨料的粘结，同时这些细小颗粒的存在，还增大了骨料的表面积与拌和用水量，使混凝土的强度和耐久性降低，干缩量增加。

（一）主要仪器设备

1）天平：称量1kg，感量0.1g。

2）标准筛：孔径为75μm及1.18mm的方孔筛各一只。

3）烘箱：能使温度控制在（105±5）℃。

4）淘洗容器、浅盘等：要求淘洗试样时，保证试样不溅出（深度大于250mm）。

（二）检测步骤

1）按规定取样，用四分法将试样缩分到约1100g，放在烘箱中于（105±5）℃下烘干至恒重，待冷却至室温分成两份备用。

2）称取试样500g，精确至0.1g。将试样倒入淘洗容器中，注入清水，使水面高出试样面约150mm，充分搅拌均匀后浸泡2h，然后用手在水中淘洗试样，使尘屑、淤泥、黏土与砂粒分离，把浑水慢慢倒入1.18mm及75μm的套筛上（1.18mm筛放在75μm筛上面），滤去小于75μm的颗粒。

提示：

检测前筛子的两面应先用水润湿，在整个检测过程中应细心操作，以防止试样流失。

3）再次向容器中加入清水，重复上述操作，直至容器内的水目测清澈为止。

4）用水冲洗剩余在筛上的细粒，并将 75μm 筛放在水中来回摇动，以充分洗掉小于 75μm 的颗粒，然后将两只筛上筛余的颗粒和清洁容器中已经洗净的试样一并倒入浅盘中，置于烘箱中在（105±5）℃下烘干至恒重，待冷却至室温后，称出试样的质量 m_2，精确至 1g。

（三）检测结果

按下式计算砂的含泥量，精确到 0.1%，并以两次检测结果的算术平均值作为最终检测结果。若两次检测结果相差大于 0.5%，须重新进行检测。

$$Q_a=\frac{m_1-m_2}{m_1}\times100\%$$

式中　Q_a——砂的含泥量（%）；

m_1——检测冲洗前烘干试样的质量（g）；

m_2——检测冲洗后烘干试样的质量（g）。

五、砂的泥块含量检测

提示：

砂中泥块包裹在骨料表面，将阻碍水泥石与骨料的粘结，降低混凝土的强度和耐久性。同时，体积不稳定的泥块，自身强度很低，浸水溃散且干燥收缩，降低混凝土施工质量。

（一）主要仪器设备

1）天平：称量 1kg，感量 0.1g。

2）标准筛：孔径为 600μm 和 1.18mm 的方孔筛各一只。

3）烘箱：能使温度控制在（105±5）℃。

4）筒、浅盘等容器：要求淘洗试样时，保证试样不溅出。

（二）检测步骤

1）按规定取样，用四分法将试样缩分至 5000g，放在烘箱内于（105±5）℃下烘干至恒重，冷却至室温，筛除小于 1.18mm 的颗粒，分成两份备用。

2）称取试样 200g，精确至 0.1g。将试样倒入淘洗容器中，注入清水，使水面高出试样面约 150mm，充分搅拌均匀后浸泡 24h。用手在水中碾碎泥块，再把试样放在 600μm 筛上，用水淘洗，直至容器内的水目测清澈为止。

3）将保留下来的试样小心地从筛中取出，装入浅盘后，放在烘箱中于（105±5）℃下烘干至恒重，冷却至室温称其质量 m_2，精确至 0.1g。

（三）检测结果

按下式计算砂中泥块含量，精确至 0.1%，并以两次检测结果的算术平均值作为最终检测结果。若两次检测结果之差大于 0.15%，须重新进行检测。

$$Q_b=\frac{m_1-m_2}{m_1}\times100\%$$

式中 Q_b——砂中泥块含量（%）；

m_1——1.18mm 筛筛余试样的质量（g）；

m_2——检测后烘干试样的质量（g）。

六、砂的粗细程度和颗粒级配检测

砂的颗粒级配微课

砂的粗细程度是指不同粒径的砂混合在一起后的总体粗细程度，砂的粗细程度用细度模数来表示。细度模数越大，说明砂越粗。按细度模数大小将砂分为粗砂 $M_x=3.7\sim3.1$；中砂 $M_x=3.0\sim2.3$；细砂 $M_x=2.2\sim1.6$。

提示：

砂的粗细程度将直接影响骨料总表面积大小。砂颗粒越细，骨料总表面积越大；颗粒越粗，骨料总表面积越小。

砂的颗粒级配是指粒径大小不同的颗粒互相搭配的情况，砂的颗粒级配用级配区表示。

提示：

颗粒级配优劣直接影响骨料内部的密实程度。级配良好，骨料内部空隙率小。

根据国家标准《建筑用砂》（GB/T 14684—2011）的规定，砂的颗粒级配应符合表 3-11 的规定，表中所列的累计筛余率，除 4.75mm 和 600μm 筛外，允许有超出分区界线，但其总量不应大于 5%，否则级配为不合格。砂的级配类别应符合表 3-12 的规定。

表 3-11 砂的颗粒级配（GB/T 14684—2011）

砂的分类	天然砂			机制砂（人工砂）		
级配区	1 区	2 区	3 区	1 区	2 区	3 区
筛孔尺寸（方孔筛）	累计筛余百分率（%）					
4.75mm	10~0	10~0	10~0	10~0	10~0	10~0
2.36mm	35~5	25~0	15~0	35~5	25~0	15~0
1.18mm	65~35	50~10	25~0	65~35	50~10	25~0
600μm	85~71	70~41	40~16	85~71	70~41	40~16
300μm	95~80	92~70	85~55	95~80	92~70	85~55
150μm	100~90	100~90	100~90	97~85	94~80	94~75

表 3-12 砂的级配类别（GB/T 14684—2011）

类　别	Ⅰ	Ⅱ	Ⅲ
级配区	2 区	1、2、3 区	

以累计筛余百分率为纵坐标，以筛孔尺寸为横坐标，根据表 3-11 的规定，可画出三个级配区的筛分曲线，如图 3-5 所示。当砂的筛分曲线落在三个级配区之一的上下线界限之间时，即认为砂的级配合格。

Ⅰ区砂粗粒较多，保水性较差，宜于配制水泥用量较多或流动性较小的普通混凝土。Ⅱ区砂颗粒粗细程度适中，级配最好。Ⅲ区砂颗粒偏细，用它配制的普通混凝土拌合物便于施工，易插捣，但干缩性较大，表面容易产生细小裂纹。

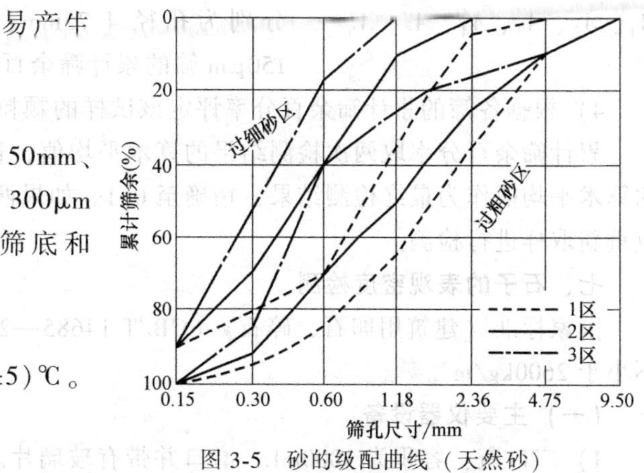

图3-5 砂的级配曲线（天然砂）

（一）主要仪器设备

1）标准筛：包括孔径为 9.50mm、4.75mm、2.36mm、1.18mm、600μm、300μm 和 150μm 的方孔筛各一只，并附有筛底和筛盖。

2）天平：称量 1000g，感量 1g。

3）烘箱：能使温度控制在（105±5）℃。

4）摇筛机、浅盘和毛刷等。

（二）检测步骤

1）按规定取样，并将试样缩分至 1100g，置于（105±5）℃的烘箱中烘至恒重，冷却至室温，筛除大于 9.50mm 的颗粒，分成两份备用。

2）称取烘干试样 500g，精确至 1g。

3）将试样倒入按孔径大小从上到下组合的套筛上（即 4.75mm 方孔筛），然后进行筛分。

4）将套筛装入摇筛机内固紧，摇筛 10min 左右。若无摇筛机，也可手筛。取下套筛，按筛孔大小顺序再逐个进行手筛，直至每分钟的筛出量不超过试样总量的 0.1%为止。通过的试样并入下一号筛中，并和下一号筛中的试样一起过筛，按这样顺序进行，直到各号筛全部筛完为止。

提示：

手筛时应根据浅盘的大小调整手筛的幅度，以免砂样遗失。

5）称量各号筛的筛余量，精确至 1g。

提示：

在称量时，要用毛刷把卡在筛孔中的砂粒尽量扫出，不能用指甲或其他硬物刮划筛网，以免损坏筛网，也不要忘记称量浅盘上的砂样质量。筛分后，各号筛的筛余量与浅盘的剩余量之和同试样总量之差超过 1%时，应重新进行检测。

（三）检测结果

1）计算分计筛余百分率：各号筛的筛余量与试样总量之比，精确至 0.1%。

2）计算累计筛余百分率：该号筛的筛余百分率与该号筛以上各筛余百分率之和，精确至 0.1%。

3）按下式计算砂的细度模数，精确至 0.01。

$$M_x = \frac{A_2 + A_3 + A_4 + A_5 + A_6 - 5A_1}{100 - A_1}$$

式中 M_x——砂的细度模数；

A_1、A_2、A_3、A_4、A_5、A_6——分别为孔径 4.75mm、2.36mm、1.18mm、600μm、300μm、150μm 筛的累计筛余百分率。

4）根据各筛的累计筛余百分率评定该试样的颗粒级配情况。

累计筛余百分率取两次检测结果的算术平均值，精确至 1%；细度模数取两次检测结果的算术平均值作为最终检测结果，精确至 0.1。如果两次检测所得的细度模数之差大于 0.2，应重新取样进行检测。

七、石子的表观密度检测

国家标准《建筑用卵石、碎石》（GB/T 14685—2011）中规定，卵石、碎石的表观密度不小于 $2600kg/m^3$。

（一）主要仪器设备

1）广口瓶：容积为 1000mL，磨口并带有玻璃片。

2）天平：称量 2kg，感量 1g。

3）烘箱：能使温度控制在（105±5）℃。

4）标准筛：孔径为 4.75mm 的方孔筛一只。

5）毛巾、毛刷、浅盘等。

（二）检测步骤

1）按规定取样，并缩分至略大于表 3-13 中规定的数量，风干后筛除小于 4.75mm 的颗粒，然后洗刷干净，分成两份备用。

表 3-13 石子表观密度检测所需试样数量

最大粒径/mm	<26.5	31.5	37.5	63.0	75.0
最少试样质量/kg	2.0	3.0	4.0	6.0	6.0

2）将试样浸水饱和，然后装入广口瓶中。装试样时，广口瓶应倾斜放置，注入饮用水，用玻璃片覆盖瓶口，以上下左右摇晃的方法排除气泡。

3）气泡排尽后，向瓶中添加饮用水，直至水面凸出瓶口边缘，然后用玻璃片沿瓶口迅速滑行，使其紧贴瓶口水面。擦干瓶外水分后，称出试样、水、瓶和玻璃片总质量 m_1，精确至 1g。

4）将瓶中试样倒入浅盘中，放在烘箱中于（105±5）℃下烘干至恒重。待冷却至室温后，称出其质量 m，精确至 1g。

5）将瓶洗净并重新注入饮用水，用玻璃片紧贴瓶口水面，擦干瓶外水分后，称出水、瓶和玻璃片总质量 m_2，精确至 1g。

提示：

检测时各项称量可以在（15~25）℃范围内进行，检测期间水的温差不应超过 2℃。

（三）检测结果

按下式计算石子的表观密度，精确至 $10kg/m^3$，并以两次检测结果的算术平均值作为最终检测结果。如两次检测结果之差大于 $20kg/m^3$ 时，应重新取样进行检测。对颗粒材质不均匀的试样，如两次检测结果之差超过 $20kg/m^3$ 时，可取四次检测结果的算术平均值作为最终检测结果。

$$\rho_0 = \frac{m}{m+m_2-m_1}\rho_{水}$$

式中 ρ_0——石子的表观密度（kg/m^3）；

$\rho_{水}$——水的密度，取 $1000kg/m^3$；

m——烘干后试样的质量（g）；

m_1——试样、水、瓶和玻璃片的总质量（g）；

m_2——水、瓶和玻璃片的总质量（g）。

八、石子的堆积密度检测

（一）主要仪器设备

1）台秤：称量 10kg，感量 10g。

2）磅秤：称量 50kg，感量 50g。

3）容量筒：金属制，其规格符合表 3-14 的要求。

表 3-14 容量筒的规格要求

石子的最大粒径/mm	容量筒容积/L	容量筒规格/mm		
		内径	净高	壁厚
9.5、16.0、19.0、26.5	10	208	294	2
31.5、37.5	20	294	294	3
53.0、63.0、75.0	30	360	294	4

4）烘箱：能使温度控制在（105±5）℃。

5）垫棒：直径为 16mm，长为 600mm 的圆钢。

6）小铲、浅盘、钢直尺等。

（二）检测步骤

1）按规定将试样放入浅盘内，在温度为（105±5）℃的烘箱中烘干，也可以摊在清洁的地面上风干，拌匀后将试样分成两份备用。

2）称出容量筒质量 m_1。

3）松散堆积密度：将容量筒置于平整干净的地面或钢板上，取试样一份，用小铲将试样从容量筒口中心上方 50mm 处徐徐倒入，让试样以自由落体落入容量筒内。当容量筒上部试样呈锥体，且容量筒四周溢满时，即停止加料。除去凸出容量筒口表面的颗粒，并以合适的颗粒填入凹陷部分，使表面稍凸起部分和凹陷部分的体积大致相等，称取试样和容量筒的总质量 m_2，精确至 10g。

提示：

装石子时小铲边缘至容量筒中心上方的距离为 50mm；在检测过程中不得磕碰容量筒，以免影响检测结果。

4）紧密堆积密度：取试样一份分三次装入容量筒。装完第一层后，在筒底垫放一根直径为 16mm 的圆钢，将筒按住，左右交替颠击地面各 25 次，再装入第二层。第二层装满后用同样方法颠实（但筒底所垫钢筋的方向与第一层时的方向垂直），然后装入第三层，装满后采用同样方法颠实。试样装填完毕，再加试样直至超过筒口。用钢直尺沿筒口边缘刮去高出的试样，并用适合的颗粒填平凹处，使表面稍凸起部分和凹陷部分的体积大致相等。称取试样和容量筒的总质量 m_2，精确至 10g。

（三）检测结果

按下式计算石子的松散或紧密堆积密度，精确至 10kg/m³，并以两次检测结果的算术平均值作为最终检测结果。

$$\rho_0' = \frac{m_2 - m_1}{V_0'} \times 1000$$

式中 ρ_0'——石子的松散或堆积密度（kg/m³）；

m_1——容量筒的质量（kg）；

m_2——容量筒和试样的总质量（kg）；

V_0'——容量筒的容积（L）。

按下式计算碎石或卵石的空隙率，精确至 1%，并以两次试验结果的算术平均值作为最终试验结果。

$$P = \left(1 - \frac{\rho_0'}{\rho_0}\right) \times 100\%$$

式中 P——碎石或卵石的空隙率（%）；

ρ_0'——碎石或卵石的堆积密度（kg/m³）；

ρ_0——碎石或卵石的表观密度（kg/m³）。

九、石子的含泥量检测

提示：

在石子表面附着过多的泥土，将影响水泥石与粗骨料的粘结，降低混凝土的强度和耐久性。

（一）主要仪器设备

1）天平：称量 10kg，感量 1g。

2）标准筛：孔径为 75μm 及 1.18mm 标准筛各一只。

3）烘箱：能使温度控制在（105±5）℃。

4）筒、浅盘等容器：要求淘洗试样时，保持试样不溅出。

5）毛刷、搪瓷盘等。

（二）检测步骤

1）按规定取样，并将试样缩分至略大于表 3-15 规定的 2 倍数量，放在烘箱中于（105±5）℃下烘干至恒重，冷却至室温，分成两份备用。

表 3-15 含泥量、泥块含量检测所需试样数量

石子最大粒径/mm	9.5	16.0	19.0	26.5	31.5	37.5	63.0	75.0
最少试样质量/kg	2.0	2.0	6.0	6.0	10.0	10.0	20.0	20.0

2）按表3-15规定的数量称取试样一份，精确至1g。将试样放入淘洗容器中，注入清水，使水面高出试样表面150mm，充分搅拌均匀后，浸泡2h，然后用手在水中淘洗试样，使尘屑、淤泥、黏土与石子颗粒分离，把浑水缓缓倒入1.18mm及75μm套筛上（1.18mm筛放在75μm筛上面），滤去小于75μm的颗粒。

提示：

检测前筛子的两面应先用水润湿，在整个检测过程中应细心操作，以防止试样流失。

3）再次向容器中加入清水，重复上述操作，直至容器内的水目测清澈为止。

4）用水冲洗剩余在筛上的细粒，并将75μm筛放在水中（使水面略高出筛中石子颗粒的表面）来回摇动，以充分洗掉小于75μm的颗粒，然后将两只筛上筛余的颗粒和清洗容器中已经洗净的试样一并倒入搪瓷盘中，置于烘箱中在（105±5）℃下烘干至恒重，待冷却至室温后，称出试样的质量，精确至1g。

（三）检测结果

按下式计算石子的含泥量，精确至0.1%，并取两次检测结果的算术平均值作为最终检测结果。两次检测结果相差应小于0.2%，否则须重新进行检测。

$$Q_a = \frac{m_1 - m_2}{m_1} \times 100\%$$

式中 Q_a——石子含泥量（%）；

m_1——检测前烘干试样的质量（g）；

m_2——检测后烘干试样的质量（g）。

十、石子的泥块含量检测

提示：

泥块包裹在石子表面，影响水泥石与粗骨料的粘结，降低混凝土的强度和耐久性；另外，体积不稳定的泥块，自身强度很低，浸水溃散且干燥收缩，降低混凝土的施工质量。

（一）主要仪器设备

1）天平：称量10kg，感量1g。

2）标准筛：孔径为2.36mm及4.75mm方孔筛各一只。

3）烘箱：能使温度控制在（105±5）℃。

4）筒、浅盘等容器：要求淘洗试样时，保持试样不溅出。

5）毛刷、搪瓷盘等。

（二）检测步骤

1）按规定取样，并将试样缩分至略大于表3-15规定的2倍数量，放在烘箱中于（105±5）℃下烘干至恒重，冷却至室温后，筛除小于4.75mm的颗粒，分成两份备用。

2）按表3-15规定的数量称取试样一份，精确至1g。将试样倒入淘洗容器中，注入清水，使水面高出试样表面。充分搅拌均匀后，浸泡24h。然后用手在水中碾碎泥块，再把试样放在2.36mm筛上，用水淘洗，直至容器内的水目测清澈为止。

3）将保留下来的试样小心地从筛中取出，装入搪瓷盘后，放在烘箱中于（105±5）℃下

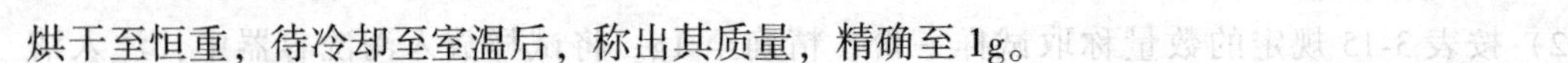

烘干至恒重，待冷却至室温后，称出其质量，精确至1g。

（三）检测结果

按下式计算石子的泥块含量，精确至0.1%，并取两次检测结果的算术平均值作为最终检测结果。两次检测结果相差应小于0.1%，否则须重新进行检测。

$$Q_b=\frac{m_1-m_2}{m_1}\times100\%$$

式中　Q_b——石子泥块含量（%）；

m_1——4.75mm筛筛余试样的质量（g）；

m_2——检测后烘干试样的质量（g）。

十一、石子的针片状颗粒含量检测

（一）主要仪器设备

1）天平：称量10kg，感量1g。

2）标准筛：孔径为4.75mm、9.50mm、16.0mm、19.0mm、26.5mm、31.5mm和37.5mm的标准筛各一只，并附有筛底和筛盖。

3）针状规准仪与片状规准仪，如图3-6所示。

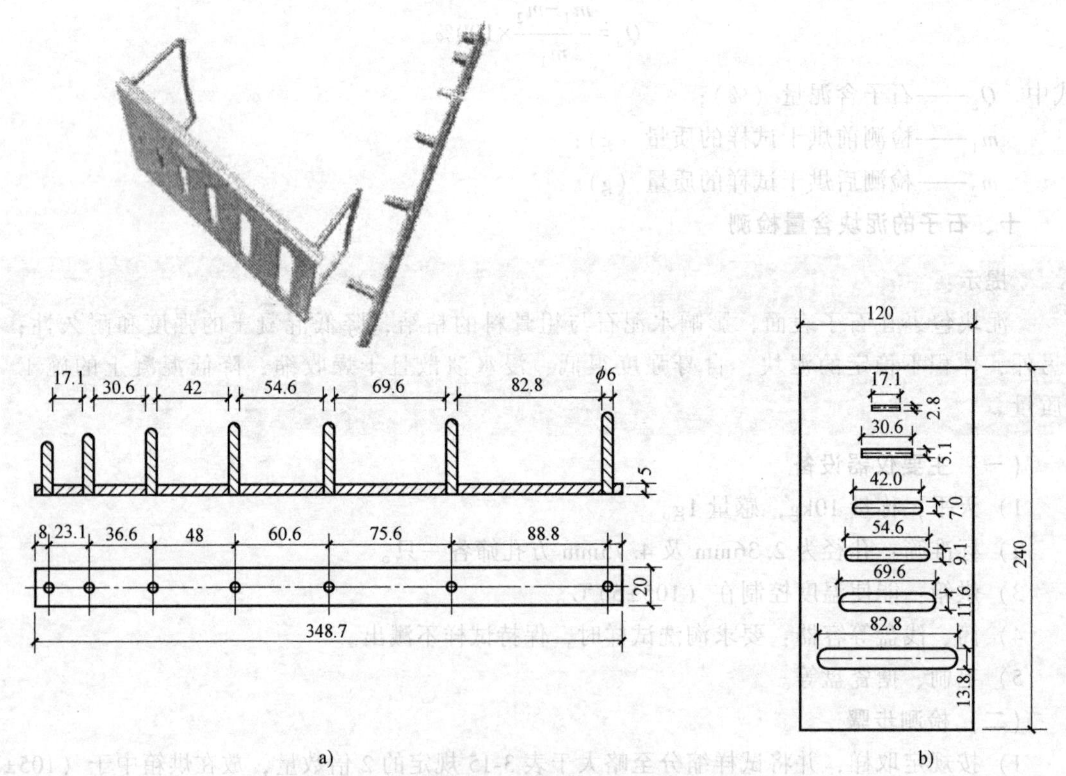

图3-6　针状规准仪与片状规准仪（单位：mm）

a）针状规准仪　b）片状规准仪

（二）检测步骤

1）按规定取样，并将试样缩分至略大于表3-16规定的数量，烘干或风干后分成两份备用。

表 3-16 针片状颗粒含量检测所需试样数量

最大粒径/mm	9.50	16.0	19.0	26.5	31.5	37.5	63.0	75.0
最少试样质量/kg	0.3	1.0	2.0	3.0	5.0	10.0	10.0	10.0

2）按表 3-16 规定的数量称取试样一份，精确至1g。将试样倒入按孔径大小从上到下组合的套筛上进行筛分。

3）按表 3-17 规定的粒级分别用针状规准仪与片状规准仪逐粒检测。凡颗粒长度大于针状规准仪上相应间距者，即为针状颗粒；凡颗粒厚度小于片状规准仪上相应孔宽者，即为片状颗粒。

表 3-17 针、片状颗粒含量检测的粒级划分及其相应的规准仪孔宽或间距

石子粒级/mm	4.75~9.50	9.50~16.0	16.0~19.0	19.0~26.5	26.5~31.5	31.5~37.5
片状规准仪相对应孔宽/mm	2.8	5.1	7.0	9.1	11.6	13.8
针状规准仪相对应间距/mm	17.1	30.6	42.0	54.6	69.6	82.8

4）石子粒径大于 37.5mm 的碎石或卵石，可用卡尺检测针、片状颗粒。卡尺卡口的设定宽度应符合表 3-18 的规定。

表 3-18 大于 37.5mm 颗粒针、片状颗粒含量检测的粒级划分及其相应的卡尺卡口设定宽度

石子粒级/mm	37.5~53.0	53.0~63.0	63.0~75.0	75.0~90.0
检测片状颗粒的卡尺卡口设定宽度/mm	18.1	23.2	27.6	33.0
检测针状颗粒的卡尺卡口设定宽度/mm	108.6	139.2	165.6	198.0

5）称出针、片状颗粒的质量，精确至1g。

（三）检测结果

按下式计算针、片状颗粒含量，精确至1%。

$$Q_c = \frac{G_2}{G_1} \times 100\%$$

式中 Q_c——石子针、片状颗粒含量（%）；

G_1——试样的质量（g）；

G_2——试样中所含针片状颗粒的总质量（g）。

十二、石子颗粒级配检测

石子颗粒级配的原理与砂基本相同，级配良好的石子，内部空隙率小，用来包裹并填充骨料间空隙的水泥砂浆数量减少，不仅可以节约水泥，还可以提高混凝土的质量。

提示：

石子颗粒级配的优劣直接影响骨料内部空隙的多少。

石子的级配按粒径尺寸可分为连续粒级和单粒粒级两种。连续粒级是石子颗粒由大到小连续分级，每一级骨料都占有一定的比例。由于连续粒级是大小颗粒骨料互相搭配，能形成比较稳定的骨架，配制的混凝土拌合物和易性较好，不易发生分层离析现象，混凝土施工质量易于得到保证。

单粒粒级是人为地剔除石子中的某些粒级，造成颗粒粒级的间断，大颗粒间的空隙由比它小得多的小颗粒来填充，从而降低骨料间空隙率，提高密实度，可以节约水泥，但是小粒径石子容易从大空隙中分离出来，使混凝土拌合物产生离析分层现象，导致施工难度增大。对于低流动性或干硬性混凝土，如果采用机械强力振捣施工，可采用单粒粒级。混凝土用碎石或卵石的颗粒级配应符合表 3-19 的规定。

表 3-19　混凝土用碎石和卵石的颗粒级配范围（GB/T 14685—2011）

	公称粒级/mm	累计筛余/(按质量计,%)											
		筛孔尺寸/(方孔筛,mm)											
		2.36	4.75	9.50	16.0	19.0	26.5	31.5	37.5	53.0	63.0	75.0	90.0
连续粒级	5~16	95~100	85~100	30~60	0~10	0							
	5~20	95~100	90~100	40~80	—	0~10	0						
	5~25	95~100	90~100	—	30~70	—	0~5	0					
	5~31.5	95~100	90~100	70~90	—	15~45	—	0~5	0				
	5~40	—	95~100	70~90	—	30~65	—	—	0~5	0			
单粒粒级	5~10	95~100	80~100	0~15	0								
	10~16		95~100	80~100	0~15								
	10~20		95~100	85~100		0~15	0						
	16~25			95~100	55~70	25~40	0~10						
	16~31.5		95~100		85~100			0~10	0				
	20~40			95~100		80~100			0~10	0			
	40~80					95~100			70~100		30~60	0~10	0

（一）主要仪器设备

1）天平：称量 10kg，感量 1g。

2）标准筛：孔径为 90.0mm、75.0mm、63.0mm、53.0mm、37.5mm、31.5mm、26.5mm、19.0mm、16.0mm、9.5mm、4.75mm 及 2.36mm 的方孔筛各一只，并附有筛底和筛盖。

混凝土用石筛分检测

3）烘箱：能使温度控制在（105±5)℃。

4）摇筛机：电动振动筛，振幅为（0.5±0.1）mm，频率为（50±3）Hz。

5）搪瓷盘、毛刷等。

（二）检测步骤

1）按规定取样，并将试样缩分至略大于表 3-20 规定的数量，放入烘箱内烘干或风干后备用。

表 3-20 颗粒级配检测所需试样数量

最大粒径/mm	9.5	16.0	19.0	26.5	31.5	37.5	63.0	75.0
最少试样数量/kg	1.9	3.2	3.8	5.0	6.3	7.5	12.6	16.0

2）根据试样的最大粒径，按表 3-20 的规定数量称取试样一份，精确至 1g。

3）将试样倒入按孔径大小从上到下组合的套筛（附筛底）上，进行筛分。

4）将套筛置于摇筛机上摇 10min，取下套筛，按筛孔径大小顺序再逐个用手筛，筛至每分钟通过量小于试样总量 0.1%为止。通过的颗粒并入下一号筛中，并和下一号筛中的试样一起过筛，按此顺序进行，直至各号筛全部筛完为止。

提示：

当筛余颗粒的粒径大于 19.0mm 时，在筛分过程中允许用手指轻轻拨动颗粒，但不能逐粒塞过筛孔。

5）称出各号筛上的筛余量，精确至 1g。

提示：

筛分后，各号筛的筛余量与筛底的筛余量之和同原试样总量之差超过 1%时，须重新进行检测。

（三）检测结果

1）计算分计筛余百分率：即各号筛的筛余量与试样总质量之比，精确至 0.1%。

2）计算累计筛余百分率：该号筛的筛余百分率与该号筛以上各分计筛余百分率之和，精确至 1%。

3）根据各号筛的累计筛余百分率，评定石子的颗粒级配。

十三、石子强度检测

粗骨料在混凝土中起骨架作用，粗骨料自身强度的高低将直接影响混凝土的强度，因此混凝土用卵石或碎石必须具有一定的强度。粗骨料强度可以用岩石的抗压强度或压碎指标值来表示。

岩石抗压强度是将生产碎石的母岩制成 50mm×50mm×50mm 的立方体试件或 ϕ50mm×50mm 的圆柱体试件，在水中浸泡 48 h，使其达到吸水饱和状态后进行抗压强度检测。要求岩石抗压强度与所采用的混凝土强度等级之比不应小于 1.5，并且在吸水饱和状态下火成岩的抗压强度不应小于 80MPa，变质岩的抗压强度不应小于 60MPa，水成岩的抗压强度不应小于 50MPa。

以岩石抗压强度来表示粗骨料强度不能反映石子在混凝土中的真实强度，并且试件加工较困难，因此，常采用压碎指标来衡量粗骨料强度。不同强度等级的混凝土，卵石或碎石的压碎指标值应符合表 3-21 的规定。

表 3-21 压碎指标值（GB/T 14685—2011）

项　目	指标		
	Ⅰ类	Ⅱ类	Ⅲ类
碎石压碎指标(%,小于)	10	20	30
卵石压碎指标(%,小于)	12	16	16

提示：

压碎指标是通过直接测定堆积状态下的石子抵抗破碎的能力，间接反映石子强度大小。压碎指标值越小，说明石子抵抗破碎的能力越强，石子的强度越高。

（一）主要仪器设备

1）压碎指标值测定仪：组成与结构如图 3-7 所示。

2）压力试验机：量程 400kN 以上。

3）标准筛：孔径分别为 2.36mm、9.5mm 和 19.0mm 的方孔筛各一只。

4）天平：称量 10kg，感量 1g。

5）垫棒：直径为 10mm，长为 500mm 的圆钢。

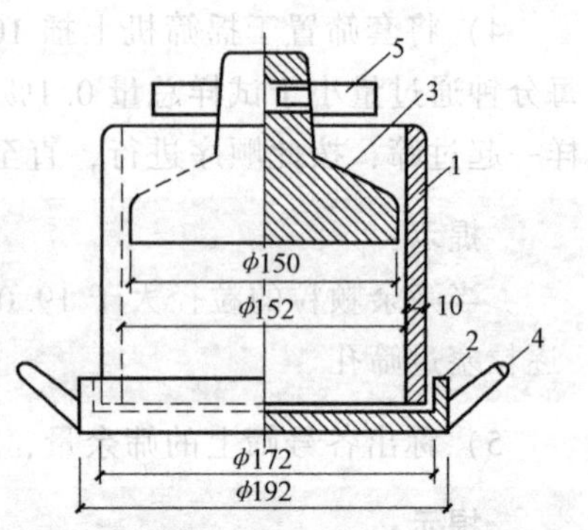

图 3-7 压碎指标值测定仪（单位：mm）
1—圆模 2—底盘 3—加压头
4—手把 5—把手

（二）检测步骤

1）按规定取样，风干后筛除大于 19.0mm 及小于 9.5mm 的颗粒，并除去针片状颗粒，分成三份备用。

2）称取试样 3000g，精确至 1g。将试样分两层装入圆模（置于底盘上）内，每装完一层试样后，在底盘下面垫放一直径为 10mm 的圆钢，将圆模按住，左右交替颠击地面各 25 次，两层颠实后，平整模内试样表面，盖上压头。

3）将装有试样的圆模置于压力试验机上，开动压力试验机，按 1kN/s 速度均匀加荷至 200kN 并稳荷 5s，然后卸荷。取下加压头，倒出试样，用孔径为 2.36 mm 的筛筛除被压碎的细粒，称出留在筛上的试样质量，精确至 1g。

（三）检测结果

按下式计算碎石或卵石的压碎指标值，精确至 0.1%，并以三次检测结果的算术平均值作为最终检测结果。

$$Q_e=\frac{m_1-m_2}{m_1}\times100\%$$

式中 Q_e——碎石或卵石的压碎指标值（%）；

m_1——试样的质量（g）；

m_2——经压碎筛分后筛余的试样质量（g）。

3.1.4 知识拓展

一、砂筛分析

某工地用 500g 烘干河砂试样做砂的粗细程度和颗粒级配检测，筛分结果见表 3-22，试判断该河砂的粗细程度和颗粒级配情况。

表 3-22 砂样筛分结果

筛孔尺寸	分计筛余量/g	分计筛余率(%)	累计筛余率(%)
4.75mm	30	6.0	6.0

（续）

筛孔尺寸	分计筛余量/g	分计筛余率(%)	累计筛余率(%)
2.36mm	45	9.0	15.0
1.18mm	151	30.2	45.2
600μm	90	18.0	63.2
300μm	76	15.2	78.4
150μm	88	17.6	96.0
筛底	20	4.0	100.0

1. 计算砂样细度模数

$$M_x=\frac{A_2+A_3+A_4+A_5+A_6-5A_1}{100-A_1}=\frac{15.0+45.2+63.2+78.4+96.0-5\times6.0}{100-6.0}=2.8$$

2. 判断砂样粗细程度和级配情况

因为 $M_x=2.8$，在3.0~2.3之间，所以该河砂为中砂，属于2区。将计算的各累计筛余值与2区标准逐一对照，由于各 A 值均落入2区内，因此该河砂的级配良好。

二、混凝土外加剂

1. 混凝土外加剂的选择

部分混凝土外加剂内含有氯、硫和其他杂质，对混凝土的耐久性有影响，使用时应加以限制，具体情况如下：

（1）氯盐、含氯盐的早强剂和含氯盐的早强减水剂　不得使用氯盐、含氯盐的早强剂和含氯盐的早强减水剂的混凝土工程主要有：在高湿度空气环境中使用的结构（排出大量蒸汽的）；露天结构或经常受水淋的结构；处于水位升降部位的结构；预应力混凝土结构、蒸养混凝土构件；薄壁结构；使用过程中经常处于环境温度在60℃以上的结构；与含有酸、碱或硫酸盐等侵蚀性介质相接触的结构；有镀锌钢材的结构或铝铁相接触部位的结构；有外露钢筋预埋件而无防护措施的结构；使用冷拉钢筋、冷轧或冷拔钢丝的结构。

（2）硫酸盐及其复合剂　不得使用硫酸盐及其复合剂的混凝土工程主要有：有活性骨料的混凝土结构；有镀锌钢材的结构或铝铁相接触部位的结构；有外露钢筋预埋件而无防护措施的结构。

2. 混凝土外加剂掺量的确定

在使用混凝土外加剂时，应认真确定外加剂的掺量。掺量太小，将达不到所期望的效果；掺量过大，不仅造成材料浪费，还可能影响混凝土质量，造成事故。一般外加剂产品说明书都列出推荐的掺量范围，可参照其选定外加剂掺量。若没有可靠的资料为参考依据时，应尽可能通过试验来确定外加剂最佳掺量。

3. 混凝土外加剂掺加方法

在掺加混凝土外加剂时，必须保证其均匀分散。一般不能直接加入混凝土搅拌机内。对于可溶于水的外加剂，则应先配制成一定浓度的溶液，然后同拌和水一起加入混凝土搅拌机内；对于不溶于水的外加剂，则先与适量水泥或砂混合拌匀后，再加入混凝土搅拌机内。

项目 3.2 混凝土技术性能检测

【工作任务】 阅读混凝土质量检测报告；能按国家标准要求进行混凝土拌合物取样和试件的制作；能正确使用检测仪器对混凝土各项技术指标进行检测；能准确填写混凝土质量检测报告。

要想配制质量优良的混凝土，不仅要选用质量合格的组成材料，还要求混凝土拌合物应具有良好的和易性，以便于混凝土的施工操作，混凝土硬化后内部结构均匀密实；具有足够的强度，以保证建筑物能够安全可靠地承受各种荷载；具有良好的耐久性，以保证结构物在所处环境中能够经久耐用。

3.2.1 了解资讯

一、混凝土拌合物的和易性

（一）混凝土拌合物和易性的概念及其包含内容

混凝土拌合物的和易性微课

混凝土拌合物和易性是指混凝土拌合物易于施工操作（如拌和、运输、浇筑、捣实），并能获得质量均匀、成型密实的综合技术性能，包括流动性、黏聚性和保水性三个方面。

提示：

混凝土各组成材料拌和后，在未凝结硬化之前称为混凝土拌合物。混凝土拌合物和易性的优劣是影响混凝土施工质量的一个重要因素。

流动性是指混凝土拌合物在本身自重或施工机械振捣作用下，能够产生流动并均匀、密实地填满模板的性能。流动性的大小反映了混凝土拌合物的稀稠，直接影响混凝土拌合物浇捣施工的难易程度和施工质量。

混凝土拌合物流动性大小以坍落度或维勃稠度表示，坍落度越大或维勃稠度越小，表明混凝土拌合物的流动性越大。

根据坍落度或维勃稠度的大小，可将混凝土拌合物分为低塑性混凝土（坍落度为 10~40mm）、塑性混凝土（坍落度为 50~90mm）、流动性混凝土（坍落度为 100~150mm）、大流动性混凝土（坍落度大于或等于 160mm）、半干硬性混凝土（维勃稠度为 5~10s）、干硬性混凝土（维勃稠度为 11~20s）、特干硬性混凝土（维勃稠度为 21~30s）、超干硬性混凝土（维勃稠度大于或等于 31s）。

混凝土拌合物坍落度的选择，应根据结构物的截面尺寸、钢筋疏密和施工方法等因素确定，在便于施工操作的条件下，应尽可能选择较小的坍落度，以节约水泥并获得质量较高的混凝土。

黏聚性是指混凝土拌合物在施工过程中，能保持各组成材料组分均匀，不发生分层离析现象的性能。黏聚性差，会使混凝土硬化后产生蜂窝、麻面、薄弱夹层等缺陷，影响混凝土的强度和耐久性。

保水性是指混凝土拌合物具有保持水分不易析出的能力。保水性差，混凝土拌合物在施工过程中出现泌水现象，使硬化后的混凝土内部存在许多孔隙，降低混凝土的抗渗性、抗冻性。另外，上浮的水分还会聚积在石子或钢筋的下方形成较大孔隙（水囊），削弱了水泥浆与石子、钢筋间的粘结力，影响混凝土的质量。

（二）影响混凝土拌合物和易性的因素

1. 水泥浆数量

水泥浆填充于骨料之间的空隙并包裹骨料，在骨料表面形成水泥浆润滑层。润滑层的厚度越大，骨料颗粒之间产生相对移动的阻力就越小，所以，混凝土中水泥浆数量越多，混凝土拌合物的流动性越大。但如果水泥浆数量过多，骨料则相对减少，将出现流浆现象，混凝土拌合物的黏聚性和保水性变差，不仅浪费水泥，而且还会降低混凝土的强度和耐久性，因此，水泥浆的数量应以使混凝土拌合物达到要求的流动性为宜。

2. 水泥浆稠度

水泥浆的稠度取决于水胶比，水胶比是指在混凝土拌合物中水的用量与胶凝材料用量之比（W/B）。水胶比增大，混凝土拌合物的流动性提高，但黏聚性和保水性降低；若水胶比减小，则会使混凝土拌合物过于干涩，流动性降低，影响施工质量。因此，水胶比的大小应根据混凝土强度和耐久性要求合理选用。

3. 砂率

砂率是指混凝土拌合物中砂的质量占砂石总质量的百分率。实践证明，砂率对混凝土拌合物的和易性影响很大，一方面是砂形成的砂浆在粗骨料间起润滑作用，在一定砂率范围内随砂率的增大，润滑作用越明显，流动性将提高；另一方面，在砂率增大的同时，骨料的总表面积随之增大，需要润滑的水分增多，在用水量一定的条件下，拌合物流动性降低，所以当砂率超过一定范围后，流动性反而随砂率的增大而降低；另外如果砂率过小，砂浆数量不足，会使混凝土拌合物的黏聚性和保水性降低，产生离析和流浆现象。所以，为保证混凝土拌合物和易性，应采用合理砂率。

合理砂率是指在水胶比不变的条件下能使混凝土拌合物能获得最大的流动性，并且具有良好的黏聚性和保水性的砂率；或是指在混凝土拌合物获得所要求的和易性条件下水泥用量为最小的砂率，如图 3-8 所示。

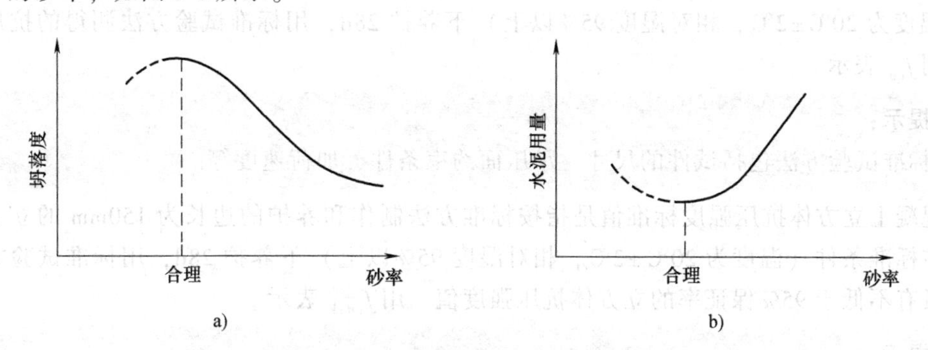

图 3-8　砂率对混凝土拌合物流动性和水泥用量影响关系图
a）水胶比不变　b）坍落度不变

4. 水泥品种及细度

不同品种的水泥，因需水量不同，使所拌制混凝土拌合物的流动性也不尽相同。使用硅酸盐水泥和普通硅酸盐水泥拌制的混凝土，流动性较大，保水性较好；使用矿渣硅酸盐水泥及火山灰质硅酸盐水泥拌制的混凝土，流动性较小，保水性较差；使用粉煤灰硅酸盐水泥拌制的混凝土比普通硅酸盐水泥流动性更好，且保水性及黏聚性也很好。

水泥细度越大，则混凝土拌合物的流动性越小，黏聚性和保水性越好。

5. 骨料的级配、粒形及粒径

使用级配良好的骨料，由于填补骨料空隙所需的水泥浆数量较少，包裹骨料表面的水泥浆厚，所以流动性较大，黏聚性与保水性较好；表面光滑的骨料如河砂、卵石等，由于流动阻力小，因此流动性较大；骨料的粒径增大，则总表面积减小，流动性增大。

6. 外加剂

在拌制混凝土时，加入少量的外加剂，如减水剂、引气剂等，能改善混凝土拌合物的和易性，提高混凝土的耐久性。

7. 施工方法、温度和时间

用机械搅拌和捣实时，水泥浆在振动中变稀，可使混凝土拌合物流动性增强；同时搅拌时间的长短也会影响混凝土拌合物的和易性。

温度升高时，由于水泥水化加快，且水分蒸发较多，将使混凝土拌合物的流动性降低。搅拌后的混凝土拌合物，随着时间的延长将逐渐变得干稠，坍落度降低，流动性下降。

（三）改善混凝土拌合物和易性的技术措施

1）采用合理砂率，有利于和易性的改善，同时可以节约水泥，提高混凝土强度。

2）采用级配良好的骨料，特别是粗骨料的级配，并尽量采用较粗的砂、石。

3）当混凝土拌合物坍落度太小时，保持水胶比不变，适当增加水泥浆用量；坍落度太大时，保持砂率不变，适当增加砂、石骨料用量。

4）掺入外加剂如减水剂，可提高混凝土拌合物的流动性。

二、混凝土强度及影响因素

（一）混凝土强度

1. 立方体抗压强度

混凝土立方体抗压强度是指按标准方法制作的边长为 150 mm 的立方体试件，在标准条件（温度为 20℃±2℃，相对湿度 95%以上）下养护 28d，用标准试验方法测得的抗压强度值，用 f_{cu} 表示。

> **提示：**
> 标准试验方法包括试件的尺寸、承压面约束条件、加荷速度等。

混凝土立方体抗压强度标准值是指按标准方法制作和养护的边长为 150mm 的立方体试件，在标准条件（温度为 20℃±2℃，相对湿度 95%以上）下养护 28d，用标准试验方法测得的具有不低于 95%保证率的立方体抗压强度值，用 $f_{cu,k}$ 表示。

> **提示：**
> 混凝土强度等级是按混凝土立方体抗压强度的标准值确定。

混凝土强度等级采用符号 C 与立方体抗压强度标准值表示，分为 C15、C20、C25、C30、C35、C40、C45、C50、C55、C60、C65、C70、C75、C80 十四个等级。例如 C35 表示混凝土立方体抗压强度标准值为 35MPa。

2. 轴心抗压强度（棱柱体抗压强度）

提示：

在实际结构物中，混凝土受压构件大多数为棱柱体（或圆柱体），所以采用棱柱体试件比用立方体试件更能反映混凝土的实际受压情况。

混凝土轴心抗压强度是指按标准方法制作的边长为150mm×150mm×300mm的棱柱体试件，在标准条件下养护28d，用标准试验方法测得的抗压强度值，用f_{cp}表示。

3. 劈裂抗拉强度

混凝土的抗拉强度很低，一般只有抗压强度的1/10~1/20，所以在结构设计中，一般不考虑混凝土承受拉力。但混凝土的抗拉强度对于混凝土抵抗裂缝的产生有着重要的意义，作为确定构件抗裂程度的重要指标。

通常用劈裂法测定混凝土抗拉强度。

（二）影响混凝土强度的因素

提示：

混凝土的破坏有骨料与水泥石的界面破坏、水泥石本身破坏和骨料破坏三种形式。

1. 水泥强度和水胶比

水泥强度和水胶比是影响混凝土强度最主要的因素。水泥是混凝土中的活性组分，其水化活性大小直接影响水泥石自身强度及其与骨料之间的界面强度。在混凝土配合比相同的条件下，水泥强度等级越高，混凝土强度越高。

水胶比较大时，混凝土硬化后，多余的水分就残留在混凝土中形成水泡或蒸发后形成气孔，混凝土密实度下降，降低了水泥石与骨料的粘结强度。但是，如果水胶比太小，混凝土拌合物过于干稠，很难保证浇筑、振实的质量，混凝土中将出现较多的孔洞与蜂窝，也会导致混凝土强度降低。

大量试验表明，混凝土强度和水泥强度、水胶比三者之间的关系，可用鲍罗米公式表述为：

$$f_{cu}=\alpha_a f_b\left(\frac{W}{B}-\alpha_b\right)$$

式中　f_{cu}——混凝土28d抗压强度值（MPa）；

f_b——胶凝材料28d胶砂抗压强度实测值（MPa）；

$\frac{W}{B}$——水胶比；

α_a，α_b——回归系数，其值与骨料品种和水泥品种有关，可按下列经验系数采用：对于碎石混凝土，$\alpha_a=0.53$，$\alpha_b=0.20$；对于卵石混凝土，$\alpha_a=0.49$，$\alpha_b=0.13$。

2. 骨料

骨料中如含有大量有害物质、泥块、针片状颗粒、风化的岩石，则会降低混凝土的强度。同时，骨料的表面特征也会影响混凝土强度，骨料表面粗糙，能够增加骨料与水泥石之间的粘结力，提高混凝土强度。

3. 龄期

在正常养护条件下，混凝土强度随着硬化龄期的延长而逐渐提高，最初的3~7d强度增长速度较快，以后逐渐减慢，28d之后强度基本趋于稳定。

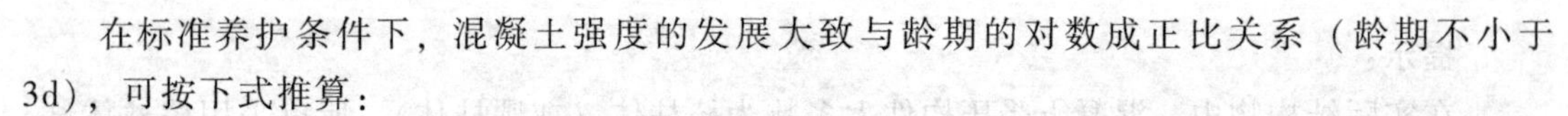

在标准养护条件下，混凝土强度的发展大致与龄期的对数成正比关系（龄期不小于3d），可按下式推算：

$$f_n = f_{28} \frac{\lg n}{\lg 28}$$

式中 f_n——n 天龄期的混凝土抗压强度（MPa）；

f_{28}——28 天龄期的混凝土抗压强度（MPa）；

n——养护龄期（d）。

4. 养护条件

提示：

养护条件包括养护时的温度和湿度。保持适当的温度和湿度，是水泥水化反应顺利进行、混凝土强度不断增长的重要保证。

养护时的温度是影响水泥水化反应速度的重要因素。温度较高时，水化速度较快，混凝土强度增长也较快；当温度低于0℃时，水泥的水化反应将停止，混凝土强度不仅会停止增长，而且还会因冰冻降低混凝土的强度，因此，在冬期施工时必须采取适当的保暖措施。

养护中如果缺乏水分，水泥的水化反应不能顺利进行，不仅使混凝土强度增长受到影响，而且导致混凝土结构疏松，产生干缩裂缝，降低混凝土的耐久性。

提示：

混凝土浇筑完毕后的12h之内，采用草袋、麻袋、塑料布等物对混凝土表面覆盖并进行保湿养护。

不同品种水泥，所要求的保湿养护时间也有所不同。采用硅酸盐水泥、普通硅酸盐水泥和矿渣硅酸盐水泥配制的混凝土，保湿养护时间不得少于7d；采用火山灰质硅酸盐水泥、粉煤灰硅酸盐水泥、掺有缓凝剂或有抗渗要求的混凝土，保湿养护时间不得少于14d。

5. 施工工艺

混凝土在施工过程中，应搅拌均匀、振捣密实。振捣方法分人工振捣与机械振捣。采用机械振捣比人工振捣更加密实，混凝土强度得到提高。

（三）提高混凝土强度的技术措施

1）使用高强度等级水泥。

2）降低水胶比，增加混凝土密实度。

3）掺加外加剂。

4）改善养护条件。

5）改进施工工艺，采用机械化施工。

三、混凝土的变形

混凝土在硬化和使用过程中，由于受物理、化学及外力等因素作用会产生变形。混凝土发生较大变形后，能够引起混凝土开裂，降低混凝土强度和耐久性。

提示：

混凝土的变形分非荷载作用下的变形（如温度变形、干缩变形）和荷载作用下的变形。

1. 温度变形

混凝土在凝结硬化过程中随着温度的变化而发生的变形称为温度变形。为了减少温度变形，抑制裂缝的产生，在施工时应减少水泥用量，降低水胶比，改善养护条件，合理设置温度缝等。

2. 干缩变形

混凝土因周围环境湿度的变化而发生的变形称为干缩变形。

提示：

干缩变形是因混凝土中水分的变化所引起的，其危害是失水收缩，是引起混凝土开裂的主要原因。

为减少混凝土的干缩变形，施工时应合理选择水泥品种，减少水泥用量，降低水胶比，选用级配良好的骨料，加强混凝土的早期养护。

3. 徐变

徐变是指混凝土在长期荷载作用下，随荷载作用时间的延长而增大的变形。

混凝土的徐变主要是水泥凝胶体发生缓慢的黏性流动、迁移的结果。徐变在加荷初期增长较快，随后逐渐减慢，持续几年之后才逐渐趋于稳定。

徐变可以增加结构物的变形量，减少钢筋混凝土内部的应力集中，引起预应力混凝土结构的预应力损失。

四、混凝土耐久性

混凝土的耐久性是指混凝土结构物在使用过程中，抵抗周围环境各种因素作用而不发生破坏的性能。

提示：

混凝土耐久性是一项综合性能，包含内容较多，耐久性的优劣已影响到结构物的安全性、使用寿命和工程成本。如何提高混凝土耐久性，已成为各界学者十分关注的热点问题。

1. 抗渗性

混凝土抵抗压力水渗透的能力称为抗渗性。

混凝土的抗渗性主要取决于混凝土的孔隙率和孔隙特征，混凝土越密实，连通型孔隙越少，混凝土抗渗性能越好。混凝土的抗渗性用抗渗等级表示，根据《普通混凝土长期性能和耐久性能试验方法标准》（GB/T 50082—2009）规定，抗渗等级可分为P4、P6、P8、P10和P12五个等级，相应表示混凝土抵抗0.4MPa、0.6MPa、0.8MPa、1.0MPa和1.2MPa的水压力作用而不发生渗透。

2. 抗冻性

抗冻性是指混凝土在吸水达饱和状态下经受多次冻融循环作用而不破坏，同时也不严重降低强度的性能。冻融破坏的原因是混凝土中的水结成冰后，体积发生膨胀，当冰胀应力超过混凝土的抗拉强度时，使混凝土内部产生微细裂缝，反复冻融使裂缝不断扩大，导致混凝土强度降低直至破坏。

混凝土的抗冻性用抗冻等级表示。根据《普通混凝土长期性能和耐久性能试验方法标准》（GB/T 50082—2009）规定，混凝土的抗冻等级分为D25、D50、D100、D150、D200、

D250 和 D300 七个等级。

提示：

抗冻等级是指混凝土经多次冻融循环后，强度损失≤25%且质量损失≤5%时，所能承受的最大冻融循环次数。

3. 抗化学侵蚀性

当混凝土所处使用环境中有侵蚀性介质时，混凝土很可能遭受侵蚀，如硫酸盐侵蚀、镁盐侵蚀等。

混凝土被侵蚀的原因是由于混凝土内部不密实，外界侵蚀性介质可以通过开口连通的孔隙或毛细管通路，侵入到混凝土内部与水泥石中的某些成分进行化学反应，从而引起混凝土的腐蚀破坏。

提示：

提高混凝土抗侵蚀性的核心在于选用耐腐蚀性能良好的水泥、提高混凝土内部的密实度和改善孔隙结构。

4. 混凝土的碳化

混凝土的碳化是指水泥石中的氢氧化钙与空气中的二氧化碳在湿度适宜的条件下发生化学反应，生成碳酸钙和水，使混凝土碱度降低的过程。

提示：

碳化反应只在潮湿的环境中进行，水中和干燥环境下一般不会发生。

混凝土碳化会引起钢筋锈蚀，也可使混凝土表层产生碳化收缩，从而导致微细裂缝的产生，降低混凝土强度；混凝土的碳化也存在有利一面，即表层混凝土碳化时生成的碳酸钙，可填充水泥石的孔隙，提高密实度，防止有害物质的侵入。

影响混凝土碳化的因素主要有水泥品种、水胶比、空气中的二氧化碳浓度及湿度。提高混凝土抗碳化的措施是降低水胶比、掺入减水剂或引气剂等。

5. 碱-骨料反应

碱-骨料反应是指骨料中的活性成分（活性 SiO_2）与混凝土内部的碱性氧化物（Na_2O 及 K_2O）发生化学反应，生成碱-硅酸凝胶，吸水后产生体积膨胀，从而使混凝土受到膨胀压力而开裂的现象。

碱-骨料反应已经使许多处于潮湿环境中的结构物受到破坏，包括桥梁、大坝和堤岸。发生碱-骨料反应必须具备三个条件：①水泥中含有较高的碱量；②骨料中存在活性 SiO_2 且超过一定数量；③有水存在。

为防止碱-骨料反应所产生的危害，可采取以下措施：使用的水泥含碱量小于 0.6%；采用火山灰质硅酸盐水泥，或在硅酸盐水泥中掺加沸石岩或凝灰岩等火山灰质材料，以便于吸收钠离子和钾离子；适当掺入引气剂，以降低由于碱-骨料反应时膨胀带来的破坏作用。

6. 提高混凝土耐久性的措施

1）根据工程所处环境条件及要求，合理选用水泥的品种。

2）严格控制水胶比和水泥用量。

3）选用质量较好的砂石，并采用级配较好的骨料，以提高混凝土的密实度。

4）掺入减水剂和引气剂，以改善混凝土内部组织结构和孔隙结构。

5）在混凝土施工中，应搅拌均匀、振捣密实、加强养护，提高混凝土施工质量。

3.2.2　制订计划

1. 阅读混凝土强度检测报告

混凝土试件抗压强度试验报告形式如下：

混凝土试件抗压强度检测报告

报告日期 ×××× 年 × 月××日

委托单位	×××××××××	委托日期	×-××	报告编号	××××-××
代表数量/m^3	100	委托编号	××××	试验日期	×-××
工程名称	×××××××××工程		工程部位	××××××××	
强度等级	C35	试件尺寸	150mm×150mm×150mm	制作日期	×-××
混凝土拌和及试件捣实方法	××××	养护方法	××××	养护温度	××℃
取样地点	现场	依据标准	GB 50081—2019	见证人	×××
理论配合比	1：××：××		水胶比	××	
使用材料名称	产地与规格	报告编号	拌合材料使用量/kg		
普通硅酸盐水泥	蒙西 P. O 42. 5R	××××-××			
细骨料	河砂，中砂	××××-××			
粗骨料	碎石，最大粒径 25mm	××××-××			
水	自来水	××××-××			
粉煤灰	××热电厂Ⅱ级粉煤灰	××××-××			
外加剂	KW 缓凝减水剂	××××-××			

试件编号	试验日期	龄期/d	试件尺寸/mm	破坏荷载/kN	抗压强度/MPa		备注
					单块值	平均值	
1	×-××	28	150×150×150	923	41	40. 3	
2	×-××	28	150×150×150	890	39. 6		
3	×-××	28	150×150×150	908	40. 4		
结论	合格						

试验单位：××××××　　技术负责人：×××　　复核：×××　　试验：×××

2. 确定混凝土技术性能检测项目

1）混凝土拌合物和易性检测。

2）混凝土强度检测。

3. 制订混凝土拌合物和易性检测流程

1）混凝土拌合物的取样。

2）混凝土拌合物的拌和。

3）混凝土拌合物和易性的检测。

4. 制订混凝土强度检测流程

1）混凝土取样。

2）混凝土试件的制作与养护。

3）混凝土强度检测。

3.2.3 组织实施

一、混凝土拌合物和易性检测

（一）混凝土拌合物的取样

1）同一组混凝土拌合物应从同一盘混凝土或同一车混凝土中的 1/4 处、1/2 处和 3/4 处之间分别取样，然后人工拌和均匀，从第一次取样到最后一次取样不宜超过 15min。取样量应多于检测所需量的 1.5 倍且不小于 20L。

提示：

混凝土拌合物的取样应具有代表性，采用多次采样的方法。

2）从取样完毕到开始做各项性能检测不宜超过 5min。

（二）混凝土拌合物的拌和

1）在实验室制备混凝土拌合物时，拌和时实验室的温度应保持在（20±5）℃，所用原材料应与施工实际用料相同。

2）各材料称量精度：水泥、混合材料、水和外加剂为±0.2%；骨料为±0.5%，砂石骨料以干燥状态为准。

3）混凝土拌合物最小拌和数量：骨料最大粒径不大于 31.5mm 时，最小拌和数量为 15L；骨料最大粒径不小于 40mm 时，最小拌和数量为 25L；采用机械搅拌时，搅拌量不应小于搅拌机公称容量的 1/4，且不应少于 20L。

提示：

混凝土拌合物的拌和方法分人工拌和与机械拌和两种方法。

4）人工拌和。

① 测定砂、石含水率，按所确定混凝土配合比称取各材料用量。

② 用湿布把拌板与拌铲润湿后，将砂倒在拌板上，然后加入水泥，用拌铲自拌板一端翻拌至另一端，如此反复，直至充分混合，颜色均匀为止。再放入称好的粗骨料与之拌和，继续翻拌，直至混合均匀。

③ 把干拌合料堆成堆，中间作一凹槽，将已称量好的水倒入一半左右在凹槽中（注意勿使水流出），然后仔细翻拌。在翻拌过程中，徐徐加入剩余的水。每翻拌一次，用铲在拌合物上铲切一次，直至拌和均匀为止。拌和时力求动作敏捷，拌和时间从加水时算起，应大致符合下列规定：拌合物体积为 30L 以下时，4~5min；拌合物体积为 30~50L 时，5~9min。

提示：

在进行人工拌和时要注意投料顺序与拌和要求，从加水时开始计时，要求全部操作必须在30min内完成。

5）机械搅拌。

① 按所确定混凝土配合比称取各材料用量。

② 按配合比称量的水泥、砂和水组成的砂浆及少量石子，在搅拌机中进行涮膛（即预拌），然后倒出预拌混合料并刮去多余的砂浆。

提示：

涮膛的目的是先让水泥砂浆薄薄粘附在搅拌机的内壁和叶片上，以防止正式拌和时因水泥浆遗失而影响混凝土拌合物的配合比。

③ 开动搅拌机，将称好的石子、砂、水泥按顺序依次倒入搅拌机内，干拌均匀。再将水徐徐倒入搅拌机内一起拌和，全部加料时间不得超过2min，水全部加入后，继续拌和2min。

④ 将混凝土拌合物从搅拌机中卸出，倾倒在拌板上，再人工拌和1~2min，拌和均匀即可。

提示：

从加水时开始计时，要求全部操作必须在30min内完成。

（三）混凝土拌合物和易性检测

混凝土拌合物和易性是一项综合的技术性能，到目前为止还没有一个科学的测试方法和定量指标能够比较全面地反映和易性。通常使用仪器检测混凝土拌合物的流动性，辅以对黏聚性和保水性的目测观察，再根据检测和观察的结果，综合评判混凝土拌合物的和易性是否符合要求。

提示：

混凝土拌合物的流动性大小以坍落度或维勃稠度表示，检测方法有坍落筒法和工作度法。

1. 主要仪器设备

混凝土和易性检测

1）坍落度筒：由薄钢板制成的截圆锥体形筒，应符合《混凝土坍落度仪》（JG 3021—1994）的要求。其内壁应光滑，无凹凸部位，底面和顶面应互相平行并与锥体的轴线垂直。在坍落度筒外距底面三分之二高度处安有两个手把，下端焊有脚踏板。筒内部尺寸及允许偏差如下：底部直径为（200±2）mm，顶部直径为（100±2）mm，高度为（300±2）mm，筒壁厚度≥1.5mm。坍落度筒形状与结构如图3-9所示。

2）维勃稠度仪：应符合《维勃稠度仪》（JG 3043—1997）的要求，其形状与结构如图3-10所示。

3）弹头形捣棒：直径为16mm，长为600mm的金属棒，端部应磨圆。

4）搅拌机：容积为75~100L，转速为18~22r/min。

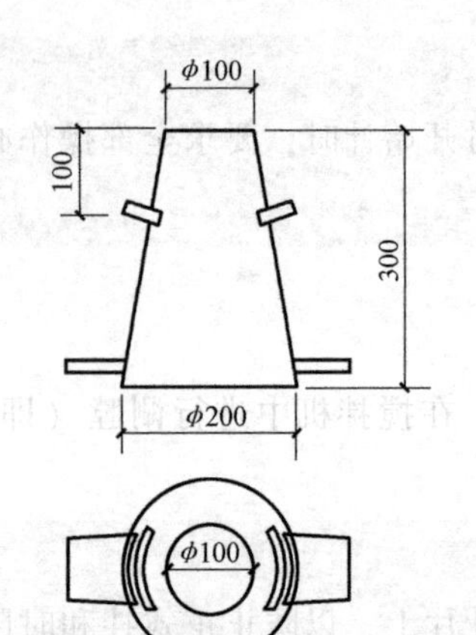

图 3-9 坍落度筒（单位：mm）

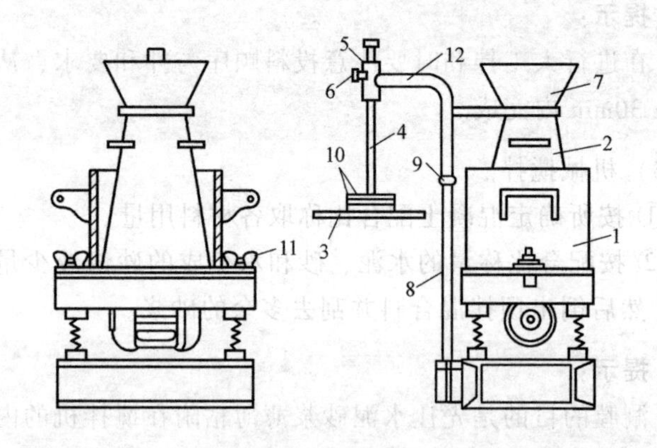

图 3-10 维勃稠度仪

1—容器 2—坍落度筒 3—透明圆盘 4—测杆 5—套筒 6—测杆螺钉 7—漏斗 8—支柱 9—定位螺钉 10—荷重 11—元宝螺钉 12—旋转架

5）磅秤：称量 50kg，感量 50g。

6）天平：称量 5kg，感量 1g。

7）量筒、铁板、钢抹子、小铁铲、钢直尺等。

2. 检测步骤

（1）坍落筒法

提示：

坍落筒法适用于骨料最大粒径≤40mm，坍落度值≥10mm 的塑性混凝土流动性检测。

1）用湿布润湿坍落度筒及其他用具，将坍落筒放在铁板中心，用脚踩住两边的脚踏板，使坍落度筒在装料时保持固定的位置。

2）把按要求拌和好的混凝土拌合物试样用小铁铲分三层均匀地装入坍落度筒内，使捣实后每层高度约为筒高的 1/3。每层用捣棒沿螺旋方向由外边缘向中心插捣 25 次，各次插捣应在截面上均匀分布。插捣筒边混凝土时，捣棒可以稍稍倾斜。插捣底层时，捣棒应贯穿整个深度。插捣第二层和顶层时，捣棒应插透本层至下一层的表面。浇灌顶面时，混凝土拌合物应灌到高出筒口。插捣过程中，如混凝土拌合物沉落到低于筒口，则应随时添加。顶层捣完后，刮去多余的混凝土拌合物，并用抹刀抹平。

3）清除筒边底板上的混凝土拌合物后，在 3～7s 内垂直平稳地提起坍落度筒，并将其放在混凝土拌合物锥体一旁。从开始装料到提起坍落度筒的整个过程应不间断地进行，并应在 150s 内完成。

提示：

在整个操作过程中应保证坍落度筒稳固，不能移动坍落度筒，以免影响检测结果。

4）当试样不再继续坍落或坍落时间达 30s 时，用钢直尺测量筒顶与坍落后混凝土拌合物最高点之间的垂直距离，即为该混凝土拌合物的坍落度值，精确至 1mm，结果应修约至 5mm，如图 3-11 所示。坍落度筒提离后，如混凝土发生崩塌或一边剪坏现象，则应重新取样另行测定。如第二次试验仍出现上述现象，则表示该混凝土的和易性不好，应予以记录备查。

5）观察、评定混凝土拌合物的黏聚性及保水性。在测量坍落度值之后，应目测观察混凝土试体的黏聚性及保水性。黏聚性的检查方法是用捣棒轻轻敲打已坍落的混凝土拌合物锥体侧面，如果锥体逐渐下沉，则表示黏聚性良好，如果锥体倒塌、部分崩裂或出现离析现象，则表示黏聚性差。保水性是以混凝土拌合物中水泥浆析出的程度来评定。提起坍落度筒后如有较多的水泥浆从底部析出，锥体部分的混凝土拌合物因失浆而骨料外露，则表明此混凝土拌合物的保水性差；如无水泥浆或仅有少量水泥浆自底部析出，则表示此混凝土拌合物保水性良好。

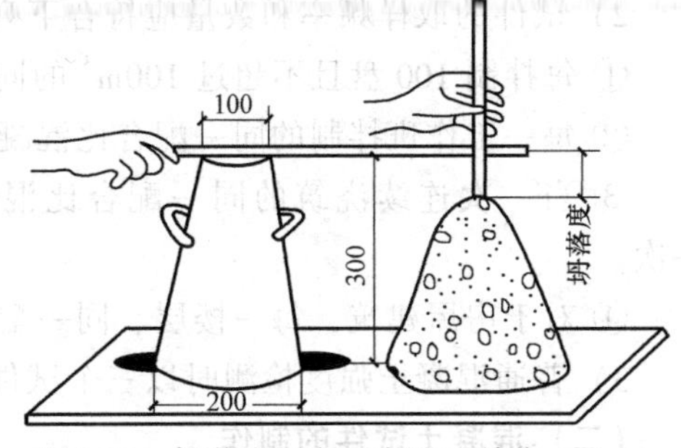

图 3-11 坍落度测定示意图（单位：mm）

（2）工作度法

提示：

工作度法适用于骨料最大粒径≤40mm，维勃稠度在5~30s之间的干硬性混凝土稠度检测。

1）将维勃稠度仪放置在坚实的水平面上，并用湿布把容器、坍落度筒、喂料斗内壁及其他用具润湿。

2）将喂料斗提到坍落度筒上方扣紧，校正容器位置，使其中心与喂料斗中心重合，然后拧紧固定螺钉。

3）把按要求取样或拌制的混凝土拌合物试样用小铁铲分三层经喂料斗均匀地装入坍落度筒内，装料及插捣的方法与坍落筒法相同。

4）把喂料斗转离，垂直地提起坍落度筒。

提示：

在提起坍落度筒过程中不能使混凝土试件产生横向的扭动，以免影响检测结果。

5）把透明圆盘转到混凝土圆台体顶面，放松测杆螺钉，降下圆盘，使其轻轻接触到混凝土顶面。拧紧定位螺钉，并检查测杆螺钉是否已经完全放松。

6）开启振动台，并且同时用秒表计时，振动到透明圆盘的底面被水泥浆布满的瞬间停止计时，并关闭振动台。

7）由秒表读出的时间即为该混凝土拌合物的维勃稠度值，精确至1s。

3. 检测结果

1）坍落筒法：筒顶与坍落后混凝土拌合物最高点之间的垂直距离为该混凝土拌合物的坍落度值，测量精确至1mm，结果表达修约至5mm，并以一次检测结果的测定值作为最终检测结果。

2）工作度法：由秒表读出的时间即为该混凝土拌合物的维勃稠度值，精确至1s，并以一次检测结果的测定值作为最终检测结果。

二、混凝土强度检测

（一）混凝土取样

1）每组试件所用的混凝土拌合物应从同一盘混凝土或同一车混凝土中取样。

2）试件的取样频率和数量应符合下列规定：

① 每拌制 100 盘且不超过 100m^3 的同配合比混凝土，取样次数不少于一次。

② 每一工作班拌制的同一配合比混凝土不足 100 盘和 100m^3 时，取样次数不少于一次。

③ 当一次连续浇筑的同一配合比混凝土超过 1000m^3 时，每 200m^3 取样次数不少于一次。

④ 对于房屋建筑，每一楼层、同一配合比的混凝土，取样次数不少于一次。

3）普通混凝土强度检测时以三个试件为一组。

（二）混凝土试件的制作

1. 试件的尺寸、形状和尺寸公差

试件的尺寸应根据混凝土中骨料的最大粒径，按表 3-23 选定。

表 3-23 混凝土试件尺寸选用（GB/T 50081—2019）

骨料最大粒径/mm		试件最小横截面尺寸/mm
劈裂抗拉强度检测	其他检测	
19.0	31.5	100×100
37.5	37.5	150×150
—	63.0	200×200

混凝土抗压强度和劈裂抗拉强度检测时，是以边长为 150mm 的立方体试件作为标准试件；边长为 100mm 和 200mm 的立方体试件为非标准试件。

混凝土轴心抗压强度检测时，是以边长为 150mm×150mm×300mm 的棱柱体试件作为标准试件；边长为 100mm×100mm×300mm 和 200mm×200mm×400mm 的棱柱体试件为非标准试件。

试件的承压面的平整度公差不得超过 0.0005d（d 为边长）；试件的相邻面间的夹角应为 90°，其公差不得超过 0.5°；试件各边长、直径和高的尺寸公差不得超过 1mm。

2. 混凝土试件的制作

1）检查试模尺寸是否符合要求，预先在试模内表面涂一薄层矿物油或其他不与混凝土发生反应的脱模剂。

2）将已拌和好的混凝土拌合物至少再用铁锹来回拌和三次。

3）根据混凝土拌合物的稠度确定试件的成型方法。坍落度不大于 70mm 的混凝土采用振动台振实成型；坍落度大于 70mm 的混凝土采用捣棒人工捣实成型。试件成型方法应与施工现场实际采用的成型方法相同。

4）采用振动台振实成型时，首先将混凝土拌合物一次装入试模，装料时应用抹刀沿各试模壁插捣，并使混凝土拌合物高出试模口。然后将试模放在振动台上振动，直至表面出浆。

提示：

在整个振动过程中要求试模在振动台不得有任何跳动现象，并且不得过振。

5）采用人工捣实成型时，将混凝土拌合物分两层装入试模，每层的装料厚度大致相

等。插捣应按螺旋方向从边缘向中心均匀进行。在插捣底层混凝土时，捣棒应达到试模底部；插捣上层时，捣棒应贯穿上层后插入下层20~30mm；插捣时捣棒应保持垂直，不得倾斜。然后再用抹刀沿试模内壁插拔数次，每层插捣次数按在10000mm^{2}截面面积内不得少于12次。插捣后应用橡皮锤轻轻敲击试模四周，直至插捣棒孔留下的空洞消失为止。

6）刮除试模上口多余的混凝土，待混凝土临近初凝时，用抹刀抹平。

提示：

取样或拌和好的混凝土应尽快成型，一般不应超过15min。

（三）混凝土试件的养护

1）试件成型后应立即用不透水的薄膜覆盖表面，以防止水分蒸发。

2）采用标准养护的试件，应在温度为（20±5）℃的环境中静置1~2d，试件静置期间应避免受到振动与冲击。静置后进行试件的编号与拆模。拆模后应立即放入温度为（20±2）℃、相对湿度为95%以上的标准养护室中养护，或在温度为（20±2）℃并且不流动的$Ca(OH)_2$饱和溶液中养护。标准养护室内的试件应放在支架上，彼此间隔10~20mm，试件表面应保持潮湿，并应避免水直接冲淋混凝土试件。

3）同条件养护试件的拆模时间可与实际构件的拆模时间相同，拆模后，试件仍需保持同条件养护。

4）标准养护龄期为28d（从搅拌加水开始计时）。

（四）混凝土立方体抗压强度检测

1. 主要仪器设备

混凝土强度检测

压力试验机：应符合《液压式压力试验机》（GB/T 3722—1992）的要求。测量精度为±1%，试件破坏荷载应大于压力机全量程的20%且小于压力机全量程的80%；应具有加荷速度指示装置或加荷速度控制装置，能够均匀、连续地加荷；试验机上、下压板之间可垫以钢垫板。

2. 检测步骤

1）试件养护到规定龄期后，从养护室取出，将试件表面擦拭干净，检查其外观，测量试件尺寸，精确至1mm，并据此计算试件的承压面积，如实际尺寸与公称尺寸之差不超过1mm，可按公称尺寸进行计算。

提示：

试件从养护室取出后应及时进行强度检测，以免试件内部的温度与湿度发生显著变化影响检测结果。

2）将试件安放在试验机的下压板或钢垫板中心，以试件成型时的侧面为承压面。开动试验机，当上压板与试件或钢垫板接近时，调整球座，使接触均衡。

3）连续均匀地加荷。混凝土强度等级低于C30时，加荷速度取0.3~0.5MPa/s；混凝土强度等级不低于C30且低于C60时，加荷速度取0.5~0.8MPa/s；混凝土强度等级不低于C60时，加荷速度取0.8~1.0MPa/s。

4）当试件接近破坏开始急剧变形时，应停止调整试验机油门，直至试件破坏，并记录破坏荷载。

提示：

试件承压面均为其侧面；加荷应连续均匀；当试件接近破坏时，应停止调整试验机油门，直至试件破坏。

3. 检测结果

按下式计算混凝土立方体试件的抗压强度，精确至0.1MPa。

$$f_{cu}=\frac{F}{A}$$

式中 f_{cu}——混凝土立方体试件的抗压强度（MPa）；

F——试件破坏荷载（N）；

A——试件承压面积（mm^2）。

抗压强度检测结果的确定：以三个试件检测结果的算术平均值作为该组试件的最终检测结果，精确至0.1MPa。如果三个检测值中的最大值或最小值中有一个与中间值的差值超过中间值的15%时，应把最大值及最小值一并舍去，取中间值作为该组试件的抗压强度值。如果最大值和最小值与中间值的差值均超过中间值的15%，则该组试件的检测结果无效。

当混凝土强度等级<C60时，如采用非标准试件测得的强度值，均应乘以表3-24规定的尺寸换算系数。当混凝土强度等级≥C60时，宜采用标准试件；使用非标准试件时，尺寸换算系数应由试验确定。

表3-24 混凝土立方体试件抗压强度换算系数

试件尺寸/mm	换算系数
100×100×100	0.95
150×150×150	1.0
200×200×200	1.05

（五）混凝土劈裂抗拉强度检测

1. 主要仪器设备

1）压力试验机：应符合《液压式压力试验机》（GB/T 3722—1992）的要求。

2）垫块：采用直径为150mm的钢制弧形垫块，其横截面尺寸如图3-12所示。垫块的长度与试件相同。

3）垫条：采用普通胶合板或硬质纤维板制成，垫条宽度为20mm，厚度为3~4mm，长度不应小于试件长度，垫条不得重复使用。

4）支架：为钢支架，其结构形式如图3-13所示。

2. 检测步骤

1）试件养护到规定龄期后，从养护室取出，将试件表面擦拭干净，检查其外观，测量试件尺寸，精确至1mm，据此计算试件的劈裂面积，并在试件中部画线定出劈裂面的位置。

2）将试件放在试验机下压板的中心位置，在上、下压板与试件之间垫以圆弧形垫块及垫条各一条，垫块与垫条应与试件上、下面的中心线对准，并与成型时的顶面垂直。为了保证上、下垫条对准及提高检测效率，可以把垫条及试件安装在定位架上使用。

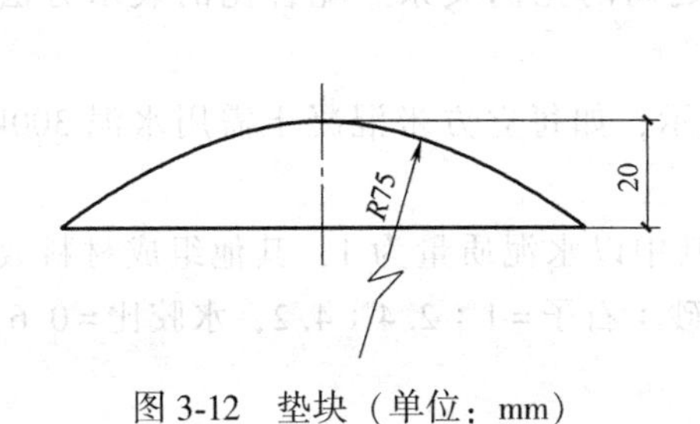

图 3-12　垫块（单位：mm）

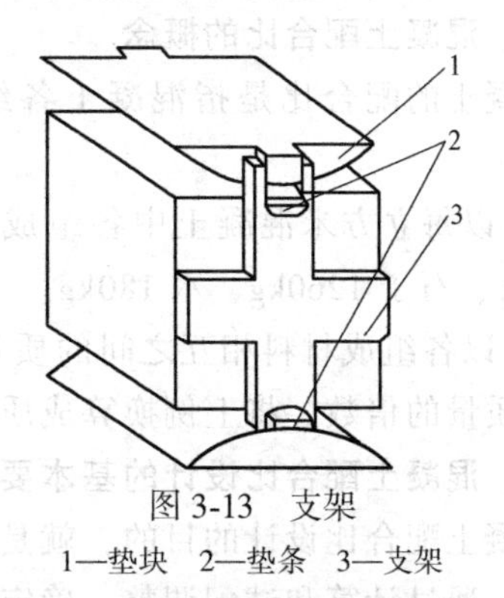

图 3-13　支架

1—垫块　2—垫条　3—支架

提示：

劈裂承压面和劈裂面应与试件成型时的顶面垂直。

3）开动试验机，当上压板与圆弧形垫块接近时，调整球座，使接触均衡。在整个检测过程中加荷应连续均匀。当混凝土强度等级低于 C30 时，加荷速度取 0.02~0.05MPa/s；当混凝土强度等级不低于 C30 且低于 C60 时，加荷速度取 0.05~0.08MPa/s；当混凝土强度等级不低于 C60 时，加荷速度取 0.08~0.10MPa/s。当试件接近破坏时，应停止调整试验机油门，直至试件破坏，记录破坏荷载。

3. 检测结果

按下式计算混凝土的劈裂抗拉强度，精确至 0.01MPa。

$$f_{ts}=\frac{2F}{\pi A}=0.637\frac{F}{A}$$

式中　f_{ts}——混凝土劈裂抗拉强度（MPa）；

F——试件破坏荷载（N）；

A——试件劈裂面面积（mm^2）。

劈裂抗拉强度检测结果的确定：以三个试件检测结果的算术平均值作为该组试件的劈裂抗拉强度值，精确至 0.01MPa。如果三个检测值中的最大值或最小值中有一个与中间值的差值超过中间值的 15%时，应把最大值及最小值一并舍去，取中间值作为该组试件的劈裂抗拉强度值。如最大值和最小值与中间值的差值均超过中间值的 15%，则该组试件的检测结果无效。

采用 100mm×100mm×100mm 非标准试件测得的劈裂抗拉强度值，应乘以尺寸换算系数 0.85。当混凝土强度等级≥C60 时，宜采用标准试件；使用非标准试件时，尺寸换算系数应由试验确定。

项目 3.3　混凝土配合比应用

【工作任务】　阅读混凝土配合比；能运用行业标准《普通混凝土配合比设计规程》（JGJ 55—2011）确定混凝土配合比。

3.3.1 了解资讯

一、混凝土配合比的概念

混凝土的配合比是指混凝土各组成材料数量之间的比例关系。配合比的表示方法有两种。

1）以每立方米混凝土中各组成材料的质量表示，如每立方米混凝土需用水泥 300kg、砂 720kg、石子 1260kg、水 180kg。

2）以各组成材料相互之间的质量比来表示，其中以水泥质量为 1，其他组成材料数量为水泥质量的倍数。将上例换算成质量比为水泥：砂：石子=1：2.4：4.2，水胶比=0.6。

二、混凝土配合比设计的基本要求

混凝土配合比设计的目的，就是根据原材料性能、结构形式、施工条件和对混凝土的技术要求，通过计算和试配调整，确定出满足工程技术经济指标的各组成材料的用量。混凝土的配合比设计应满足下列四项基本要求：

1）满足混凝土拌合物施工的和易性要求，以便于混凝土的施工操作和保证混凝土的施工质量。

2）满足混凝土结构设计的强度要求，以保证达到工程结构设计或施工进度所要求的强度。

3）满足与工程所处环境和使用条件相适应的混凝土耐久性要求。

4）符合经济性原则，在保证质量的前提下，应尽量节约水泥、降低成本。

三、混凝土配合比设计的三个重要参数

提示：

混凝土配合比设计的核心内容是确定三个基本参数，即水胶比、砂率和单位用水量，它们与混凝土配合比设计的基本要求密切相关。

1. 水胶比

水胶比的大小对混凝土拌合物的和易性、强度、耐久性和经济性都有较大影响。水胶比较小时，可以提高混凝土强度和耐久性；在满足强度和耐久性要求时，选用较大水胶比，可以节约水泥，降低生产成本。

2. 砂率

砂率的大小能够影响混凝土拌合物的和易性。砂率的选用应合理，在保证混凝土拌合物和易性要求的前提下，选用较小值可节约水泥。

3. 单位用水量

在水胶比不变的条件下，单位用水量如果确定，那么水泥用量和骨料的总用量也随之确定。因此单位用水量反映了水泥浆与骨料之间的比例关系。为节约水泥和改善混凝土耐久性，在满足流动性条件下，应尽可能取较小的单位用水量。

3.3.2 制订计划

1. 阅读混凝土配合比通知书

混凝土配合比通知书形式如下：

混凝土配合比通知书

报告日期 ××××年×月××日

<table>
<tr><td>申请单位</td><td>×××××××××</td><td>申请日期</td><td colspan="2">x-××</td><td colspan="2">配合比编号</td><td>××××-××</td></tr>
<tr><td>工程项目</td><td>×××××××</td><td>结构名称</td><td colspan="2">××××</td><td colspan="2">要求强度等级</td><td>C35</td></tr>
<tr><td>施工坍落度(稠度)</td><td>35~50mm</td><td>施工方法</td><td colspan="2">机械</td><td colspan="2">混凝土用量/m^3</td><td>×××</td></tr>
<tr><td>施工日期</td><td>××××</td><td>成型试块数量</td><td>3</td><td>养护方法</td><td>标养</td><td>取样见证人</td><td>×××</td></tr>
<tr><td colspan="8">所用材料名称、规格、数量</td></tr>
<tr><td colspan="2">材　料</td><td colspan="2">材料产地、规格</td><td colspan="2">每立方米用量/kg</td><td colspan="2">每25L用量/kg</td></tr>
<tr><td colspan="2">水</td><td colspan="2">自来水</td><td colspan="2">175</td><td colspan="2">4.375</td></tr>
<tr><td colspan="2">水泥</td><td colspan="2">P.O 42.5</td><td colspan="2">427</td><td colspan="2">10.675</td></tr>
<tr><td colspan="2">砂</td><td colspan="2">中砂</td><td colspan="2">554</td><td colspan="2">13.85</td></tr>
<tr><td colspan="2">碎石</td><td colspan="2">5~40</td><td colspan="2">1294</td><td colspan="2">32.35</td></tr>
<tr><td colspan="2">掺合料</td><td colspan="2"></td><td colspan="2"></td><td colspan="2"></td></tr>
<tr><td colspan="2">外加剂</td><td colspan="2"></td><td colspan="2"></td><td colspan="2"></td></tr>
<tr><td colspan="2">其他</td><td colspan="2"></td><td colspan="2"></td><td colspan="2"></td></tr>
<tr><td colspan="2">说　明</td><td colspan="6">1. 所用原材料须经检验合格后使用。
2. 本配合比使用时需换算其砂石含水率;并扣除用水量,调整砂、石用量。
3. 该配合比搅拌时间为____。
4. 如需调整此配合比,请与实验室协商。
5. 依据 JGJ 55—2011。</td></tr>
<tr><td colspan="2">施工注意事项
及需说明的问题</td><td colspan="6"></td></tr>
</table>

试验单位：×××××××××　　技术负责人：×××　　复核：×××　　设计：×××

2. 制订混凝土配合比设计流程

1）混凝土配合比设计的相关资料准备。

2）混凝土配合比设计步骤。

3.3.3　组织实施

一、相关资料准备

1）熟知工程设计要求的混凝土强度等级、施工单位生产质量水平。

2）了解工程结构所处环境和使用条件对混凝土耐久性要求。

3）了解结构物截面尺寸、配筋设置情况，熟知混凝土施工方法及和易性要求。

4）熟知混凝土各项组成材料的性能指标，如水泥的品种、密度、实测强度；骨料的粒径、表观密度、堆积密度、含水率；拌和用水的来源、水质；外加剂的品种、掺量等。

二、混凝土配合比设计步骤

完整的混凝土配合比设计，应包括初步配合比、实验室配合比和施工配合比三部分。

（一）初步配合比的确定

根据混凝土所选原材料的性能和混凝土配合比设计的基本要求，借助于经验公式和经验参数，计算出混凝土各组成材料的用量，以得出供试配用的初步配合比。

1. 确定混凝土配制强度 $f_{cu,o}$

根据《普通混凝土配合比设计规程》（JGJ 55—2011）规定，如果混凝土的设计强度等级小于 C60 时，混凝土配制强度可按下式计算：

$$f_{cu,o} \geqslant f_{cu,k} + 1.645\sigma$$

式中 $f_{cu,o}$——混凝土配制强度（MPa）；

$f_{cu,k}$——混凝土立方体抗压强度标准值，可取混凝土设计强度等级值（MPa）；

σ——混凝土强度标准差（MPa）。

如果混凝土的设计强度等级不小于 C60 时，混凝土配制强度可按下式计算：

$$f_{cu,o} \geqslant 1.15 f_{cu,k}$$

混凝土强度标准差，可根据生产单位近期同一品种混凝土（是指混凝土强度等级相同且配合比和生产工艺条件基本相同的混凝土）28d 抗压强度统计资料、且试件组数不小于 30 组时，按下式计算：

$$\sigma = \sqrt{\frac{\sum_{i=1}^{n} f_{cu,i}^{2} - n m_{fcu}^{2}}{n-1}}$$

式中 $f_{cu,i}$——统计周期内同一品种混凝土第 i 组试件的立方体抗压强度值（MPa）；

m_{fcu}——统计周期内同一品种混凝土 n 组试件的立方体抗压强度平均值（MPa）；

n——统计周期内同一品种混凝土试件的总组数，$n \geqslant 30$。

对预拌混凝土厂和预制混凝土构件厂，统计周期可取为一个月；对现场预拌混凝土的施工单位，统计周期不宜超过三个月。对于强度等级不大于 C30 的混凝土，若计算的混凝土强度标准差 $\sigma < 3.0$MPa，则取 $\sigma = 3.0$MPa；对于强度等级大于 C30 且小于 C60 的混凝土，若计算的混凝土强度标准差 $\sigma < 4.0$MPa，则取 $\sigma = 4.0$MPa。

当施工单位没有混凝土强度历史统计资料时，混凝土强度标准差可根据混凝土强度等级，按表 3-25 选用。

表 3-25 强度标准差 σ 值的选用

混凝土强度标准值	不大于 C20	C25～C45	C50～C55
σ/MPa	4.0	5.0	6.0

2. 计算水胶比 W/B

当混凝土强度等级小于 C60 时，水胶比可按下式计算：

$$\frac{W}{B} = \frac{\alpha_a \times f_b}{f_{cu,o} + \alpha_a \times \alpha_b \times f_b}$$

式中 $\frac{W}{B}$——混凝土水胶比；

$f_{cu,o}$——混凝土配制强度（MPa）；

f_b——胶凝材料 28d 胶砂抗压强度实测值（MPa）；

α_a、α_b——回归系数。

回归系数 α_a 和 α_b 应根据工程所使用的水泥、骨料种类，通过试验由建立的水胶比与混凝土强度关系式确定。当不具备上述试验统计资料时，其回归系数可按表 3-26 采用。

表 3-26 回归系数选用（JGJ 55—2011）

回归系数	碎石	卵石
α_a	0.53	0.49
α_b	0.20	0.13

当胶凝材料 28d 胶砂抗压强度实测值无法得到时，可采用下式计算：

$$f_b=\gamma_f\gamma_s f_{ce}$$

式中 f_b——胶凝材料 28d 胶砂抗压强度实测值（MPa）；

γ_f、γ_s——粉煤灰、粒化高炉矿渣粉影响系数，可按表 3-27 采用；

f_{ce}——水泥 28d 胶砂抗压强度实测值（MPa）。

表 3-27 粉煤灰影响系数、粒化高炉矿渣粉影响系数选用（JGJ 55—2011）

掺量(%)	粉煤灰影响系数 γ_f	粒化高炉矿渣粉影响系数 γ_s
0	1.00	1.00
10	0.85~0.95	1.00
20	0.75~0.85	0.95~1.00
30	0.65~0.75	0.90~1.00
40	0.55~0.65	0.80~0.90
50	—	0.70~0.85

注：1. 采用Ⅰ级、Ⅱ级粉煤灰宜取上限值。

2. 采用 S75 级粒化高炉矿渣粉宜取下限值，采用 S95 级粒化高炉矿渣粉宜取上限值，采用 S105 级粒化高炉矿渣粉宜取上限值加 0.05。

3. 当超出表中的掺量时，粉煤灰和粒化高炉矿渣粉影响系数应经试验确定。

当水泥 28d 胶砂抗压强度实测值无法得到时，可采用下式计算：

$$f_{ce}=\gamma_c f_{ce,g}$$

式中 f_{ce}——水泥 28d 胶砂抗压强度实测值（MPa）；

$f_{ce,g}$——水泥强度等级值（MPa）；

γ_c——水泥强度等级值的富余系数，应按各地区实际统计资料确定；当没有统计资料时，可按表 3-28 采用。

表 3-28 水泥强度等级值的富余系数选用

水泥强度等级值	32.5	42.5	52.5
富余系数	1.12	1.16	1.10

根据不同结构物的暴露条件、结构部位和气候条件等，表 3-29 对混凝土的最大水胶比做出了规定。根据混凝土所处的环境条件，水胶比值应满足混凝土耐久性对最大水胶比的要求，即：按强度计算得出的水胶比不得超过表 3-29 规定的最大水胶比限值。如果计算得出的水胶比大于表 3-29 规定的最大水胶比限值，则采用规定的最大水胶比限值。

表 3-29 混凝土的最大水胶比和最小胶凝材料用量（JGJ 55—2011）

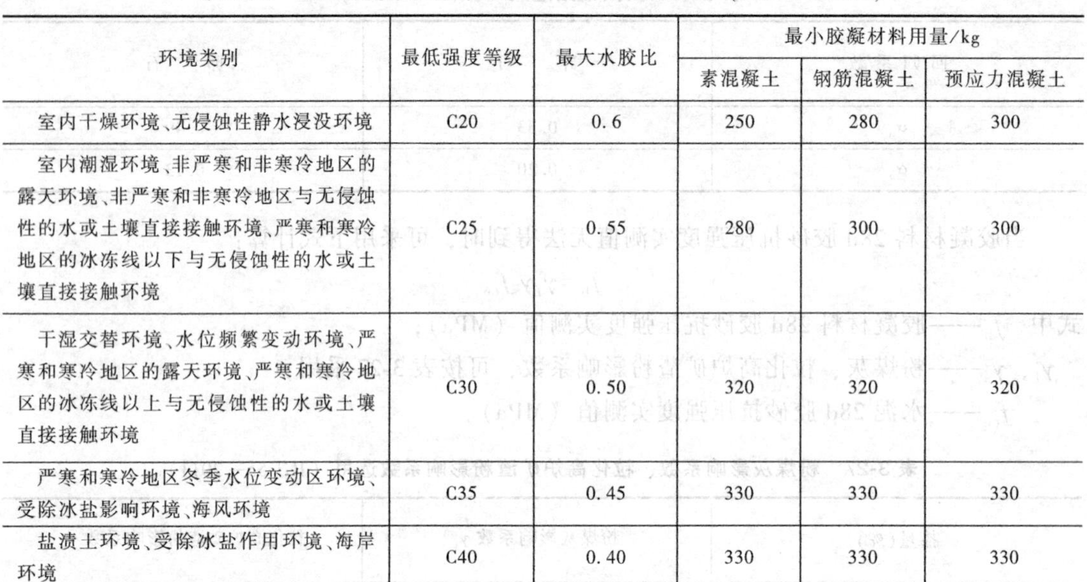

环境类别	最低强度等级	最大水胶比	最小胶凝材料用量/kg		
			素混凝土	钢筋混凝土	预应力混凝土
室内干燥环境、无侵蚀性静水浸没环境	C20	0.6	250	280	300
室内潮湿环境、非严寒和非寒冷地区的露天环境、非严寒和非寒冷地区与无侵蚀性的水或土壤直接接触环境、严寒和寒冷地区的冰冻线以下与无侵蚀性的水或土壤直接接触环境	C25	0.55	280	300	300
干湿交替环境、水位频繁变动环境、严寒和寒冷地区的露天环境、严寒和寒冷地区的冰冻线以上与无侵蚀性的水或土壤直接接触环境	C30	0.50	320	320	320
严寒和寒冷地区冬季水位变动区环境、受除冰盐影响环境、海风环境	C35	0.45	330	330	330
盐渍土环境、受除冰盐作用环境、海岸环境	C40	0.40	330	330	330

3. 确定单位用水量 m_{wo}

1）干硬性混凝土和塑性混凝土用水量的确定。当水胶比在 0.40~0.80 范围内时，应根据粗骨料的品种、最大粒径及施工要求的混凝土拌合物稠度，按表 3-30、表 3-31 选取单位用水量 m_{wo}。

表 3-30 干硬性混凝土的用水量（JGJ 55—2011）（单位：kg/m³）

拌合物稠度		卵石最大粒径/mm			碎石最大粒径/mm		
项目	指标	10.0	20.0	40.0	16.0	20.0	40.0
维勃稠度/s	16~20	175	160	145	180	170	155
	11~15	180	165	150	185	175	160
	5~10	185	170	155	190	180	165

表 3-31 塑性混凝土的用水量（JGJ 55—2011）（单位：kg/m³）

拌合物稠度		卵石最大粒径/mm				碎石最大粒径/mm			
项目	指标	10.0	20.0	31.5	40.0	16.0	20.0	31.5	40.0
坍落度/mm	10~30	190	170	160	150	200	185	175	165
	35~50	200	180	170	160	210	195	185	175
	55~70	210	190	180	170	220	205	195	185
	75~90	215	195	185	175	230	215	205	195

注：1. 本表用水量系采用中砂时的取值。采用细砂时，每立方米混凝土用水量可增加 5~10kg；采用粗砂时，可减少 5~10kg。

2. 掺用各种外加剂或掺合料时，用水量应相应调整。

水胶比小于 0.40 的混凝土以及采用特殊成型工艺的混凝土用水量，应通过试验确定。

2）掺外加剂时，流动性和大流动性混凝土用水量的确定。掺外加剂时流动性和大流动性混凝土用水量，可按下式计算：

$$m_{wo}=m'_{wo}(1-\beta)$$

式中　m_{wo}——每立方米混凝土的用水量（kg）；

m'_{wo}——未掺外加剂混凝土每立方米混凝土的用水量（kg），以表3-31中坍落度为90mm时的用水量为基础，按坍落度每增大20mm用水量增加5kg来计算；

β——外加剂的减水率（%），应根据试验确定。

4. 计算胶凝材料用量 m_{bo} 和水泥用量 m_{co}

根据已确定的单位用水量 m_{wo} 和水胶比 W/B，可按下式计算每立方米混凝土胶凝材料用量和水泥用量。

$$m_{bo}=\frac{m_{wo}}{W/B}$$

$$m_{fo}=m_{bo}\beta_f$$

$$m_{co}=m_{bo}-m_{fo}$$

式中　m_{bo}——每立方米混凝土胶凝材料用量（kg）；

m_{wo}——每立方米混凝土的用水量（kg）；

W/B——混凝土水胶比；

m_{fo}——每立方米混凝土中矿物掺合料用量（kg）；

β_f——矿物掺合料掺量，%；

m_{co}——每立方米混凝土中水泥用量（kg）。

胶凝材料用量不仅影响混凝土的强度，而且还影响混凝土的耐久性，因此计算得出的胶凝材料用量还要满足表3-29中所规定的最小胶凝材料用量的要求。如果计算得出的胶凝材料用量小于表3-29规定的最小胶凝材料用量限值，则应选取规定的最小胶凝材料用量。

提示：

对计算所得水胶比和胶凝材料用量进行复核，其目的是为了满足混凝土耐久性要求。

5. 确定砂率 β_s

合理的砂率值，应使砂浆的用量除能填满石子颗粒间的空隙外还稍有富余，借以拨开石子颗粒，以满足混凝土拌合物的和易性要求。当无历史资料可参考时，混凝土的砂率应按下列方法选用：

1）坍落度为10~60mm的混凝土，可根据粗骨料的品种、最大公称粒径和水胶比大小，按表3-32选用。

表3-32　混凝土的砂率（JGJ 55—2011）

水胶比	卵石最大公称粒径/mm			碎石最大公称粒径/mm		
	10.0	20.0	40.0	16.0	20.0	40.0
0.40	26~32	25~31	24~30	30~35	29~34	27~32
0.50	30~35	29~34	28~33	33~38	32~37	30~35
0.60	33~38	32~37	31~36	36~41	35~40	33~38
0.70	36~41	35~40	34~39	39~44	38~43	36~41

注：1. 本表数值系中砂的选用砂率，对细砂或粗砂，可相应地减小或增大砂率。

2. 只用一个单粒级粗骨料配制混凝土时，砂率值应适当增大。

3. 采用人工砂配制混凝土时，砂率可适当增大。

2）坍落度大于 60mm 的混凝土，砂率可由试验确定，也可在表 3-30 的基础上，按坍落度每增大 20mm，砂率增大 1%的幅度予以调整。

3）坍落度小于 10mm 的混凝土，其砂率应由试验确定。

6. 计算砂用量 m_{so} 和石子用量 m_{go}

提示：

可采用质量法和绝对体积法确定砂、石子数量，但二者的计算原理不同。

（1）质量法　计算原理：认为 $1m^3$ 混凝土的质量（即混凝土的表观密度）等于各组成材料质量之和。

根据经验，如果原材料情况比较稳定，所配制的混凝土拌合物的表观密度将接近一个固定值，这样就可以先假定一个混凝土拌合物的表观密度。在砂率已知的条件下，砂用量 m_{so} 和石子用量 m_{go} 可按下式计算：

$$\begin{cases} m_{fo}+m_{co}+m_{so}+m_{go}+m_{wo}=\rho_{cp} \\ \beta_s=\dfrac{m_{so}}{m_{so}+m_{go}}\times100\% \end{cases}$$

式中　m_{fo}、m_{co}、m_{so}、m_{go}、m_{wo}——每立方米混凝土中矿物掺合料、水泥、砂、石子和水的用量（kg）；

β_s——混凝土的砂率（%）；

ρ_{cp}——每立方米混凝土拌合物的表观密度，即每立方米混凝土拌合物的假定质量。其值可根据施工单位积累的试验资料确定。当缺乏资料时，可根据骨料粒径、混凝土强度等级在 2350～2450kg/m^3 范围内选用。

（2）绝对体积法　计算原理：认为混凝土拌合物的体积等于各组成材料的绝对体积与混凝土所含空气体积之和。

砂用量 m_{so} 和石子用量 m_{go} 可按下式计算：

$$\begin{cases} \dfrac{m_{co}}{\rho_c}+\dfrac{m_{fo}}{\rho_f}+\dfrac{m_{so}}{\rho_s}+\dfrac{m_{go}}{\rho_g}+\dfrac{m_{wo}}{\rho_w}+0.01\alpha=1 \\ \beta_s=\dfrac{m_{so}}{m_{so}+m_{go}}\times100\% \end{cases}$$

式中　ρ_c——水泥密度，可取 2900～3100kg/m^3；

ρ_f——矿物掺合料密度（kg/m^3）；

ρ_s——砂的表观密度（kg/m^3）；

ρ_g——石子的表观密度（kg/m^3）；

ρ_w——水的密度，可取 1000kg/m^3；

α——混凝土的含气量百分数，在不使用引气型外加剂时，可取 $\alpha=1$。

通过上述步骤的计算，得混凝土的初步配合比（质量比）为：

水泥：砂：石子 $=m_{co}:m_{so}:m_{go}=1:\dfrac{m_{so}}{m_{co}}:\dfrac{m_{go}}{m_{co}}$；水胶比 $=\dfrac{m_{wo}}{m_{bo}}$。

(二) 实验室配合比的确定

混凝土的初步配合比是利用经验公式或经验资料获得的，由此配成的混凝土有可能不符合实际要求，所以应对配合比进行试配和调整。

混凝土试配时，应采用强制式搅拌机进行搅拌。试拌时每盘混凝土的最小搅拌量为：骨料最大粒径在 31.5mm 及以下时，拌和物数量取 20L；骨料最大粒径为 40mm 及以上时，拌和物数量取 25L。拌和物数量不应小于搅拌机额定搅拌量的 1/4。

1. 和易性调整

按初步配合比称取各材料数量进行试拌，混凝土拌合物搅拌均匀后测定其坍落度，同时观察拌和物的黏聚性和保水性。当不符合要求时，应进行调整。调整的基本原则为：若流动性太大，可在砂率不变的条件下，适当增加砂、石子的用量；若流动性太小，应在保持水胶比不变的情况下，适当增加水和水泥数量（增加 2%~5%的水泥浆，可提高混凝土拌合物坍落度 10mm）；若黏聚性和保水性不良时，实质上是混凝土拌合物中砂浆不足或砂浆过多，可适当增大砂率或适当降低砂率。每次调整后再进行试拌、检测，直至符合要求为止。这种调整和易性满足要求时的配合比，即是供混凝土强度试验用的基准配合比，同时可得到符合和易性要求的实拌用量 $m_{c拌}$、$m_{f拌}$、$m_{s拌}$、$m_{g拌}$、$m_{w拌}$。

当试拌、调整工作完成后，即可测出混凝土拌合物的实测表观密度 $\rho_{c,t}$。

由于理论计算的各材料用量之和与实测表观密度不一定相同，且用料量在试拌过程中又可能发生了改变，因此应对上述试拌用料结合实测表观密度进行调整。

试拌时混凝土拌合物表观密度理论值可按下式计算：$\rho_{c,c}=m_{c拌}+m_{f拌}+m_{s拌}+m_{g拌}+m_{w拌}$

则每立方米混凝土各材料用量调整为：

$$m_{c1}=\frac{m_{c拌}}{\rho_{c,c}}\times\rho_{c,t}$$

$$m_{f1}=\frac{m_{f拌}}{\rho_{c,c}}\times\rho_{c,t}$$

$$m_{s1}=\frac{m_{s拌}}{\rho_{c,c}}\times\rho_{c,t}$$

$$m_{g1}=\frac{m_{g拌}}{\rho_{c,c}}\times\rho_{c,t}$$

$$m_{w1}=\frac{m_{w拌}}{\rho_{c,c}}\times\rho_{c,t}$$

混凝土基准配合比为 $m_{c1}:m_{s1}:m_{g1}=m_{c拌}:m_{s拌}:m_{g拌}$；水胶比$=\frac{m_{w1}}{m_{f1}}$。

2. 强度检测

经过和易性调整得出的混凝土基准配合比，混凝土的强度不一定符合要求，所以应对混凝土强度进行检测。检测混凝土强度时采用三个不同的配合比。其中一个是基准配合比；另外两个配合比的水胶比值，应在基准配合比的基础上分别增加或减少 0.05，用水量保持不变，砂率也相应增加或减少 1%，由此相应调整水泥和砂石用量。

每组配合比制作一组标准试块，在标准条件下养护 28d，测其抗压强度。用作图法把不同水胶比值的立方体抗压强度标在以强度为纵轴、水胶比为横轴的坐标系上，便可得到混凝土立方体抗压强度—水胶比的线性关系，从而计算出与混凝土配制强度 $f_{cu,o}$ 相对应的水胶

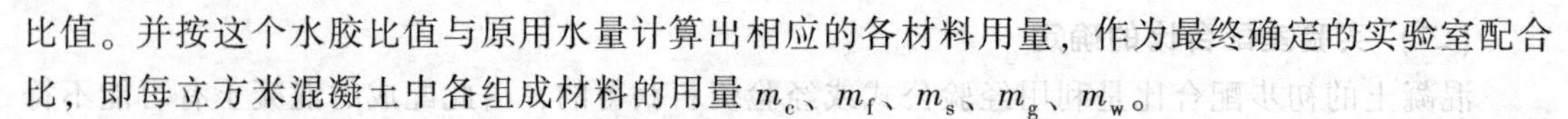

比值。并按这个水胶比值与原用水量计算出相应的各材料用量，作为最终确定的实验室配合比，即每立方米混凝土中各组成材料的用量 m_c、m_f、m_s、m_g、m_w。

（三）施工配合比的确定

混凝土的初步配合比和实验室配合比，都是以骨料处于干燥状态为基准的，但施工现场存放的砂、石材料都会含有一定的水分，因此，施工现场各材料的实际称量，应按施工现场砂、石子的含水情况进行修正，并调整相应的用水量，修正后的混凝土配合比即为施工配合比。施工配合比修正的原则是：水泥不变，补充砂石，扣除水量。

假设施工现场砂的含水率为 $a\%$、石子的含水率为 $b\%$，矿物掺合料的含水率为 $c\%$，则各材料用量分别为：

$$m'_c = m_c$$

$$m'_s = m_s(1+a\%)$$

$$m'_g = m_g(1+b\%)$$

$$m'_f = m_f(1+c\%)$$

$$m'_w = m_w - m_s \times a\% - m_g \times b\% - m_f \times c\%$$

式中 m'_c、m'_f、m'_s、m'_g、m'_w——施工配合比中每立方米混凝土水泥、矿物掺合料、砂、石子和水的用量（kg）；

m_c、m_f、m_s、m_g、m_w——实验室配合比中每立方米混凝土水泥、矿物掺合料、砂、石子和水的用量（kg）。

三、混凝土配合比设计计算实例

［例1］ 某室内现浇钢筋混凝土梁，混凝土设计强度等级为C25，无强度历史统计资料。原材料情况：水泥为42.5级普通硅酸盐水泥，密度为3.10g/cm³，水泥强度等级富余系数为1.08；砂为中砂，表观密度为2650kg/m³；粗骨料采用碎石，最大粒径为40mm，表观密度为2700kg/m³；水为自来水。混凝土施工采用机械搅拌，机械振捣，坍落度要求35~50mm，施工现场砂含水率为3%，石子含水率为1%，试设计该混凝土配合比。

解：1. 计算初步配合比

（1）确定配制强度 $f_{cu,o}$

由题意可知，设计要求混凝土强度等级为C25，且施工单位没有历史统计资料，查表3-25可得 $\sigma=5.0$ MPa。

$$f_{cu,o}=f_{cu,k}+1.645\sigma=(25+1.645\times5.0)\text{MPa}=33.2\text{MPa}$$

（2）计算水胶比 W/B

由于混凝土强度等级低于C60，且采用碎石，所以

$$\frac{W}{B}=\frac{0.53f_b}{f_{cu,o}+0.53\times0.2f_b}=\frac{0.53\times42.5\times1.08}{33.2+0.53\times0.2\times42.5\times1.08}=0.64$$

由于混凝土所处的环境属于室内环境，查表3-29可知，按强度计算所得水胶比 $W/B=0.64$ 不满足混凝土耐久性要求，因此，$W/B=0.6$。

（3）确定单位用水量 m_{wo}

查表3-31可知，骨料采用碎石，最大粒径为40mm，混凝土拌合物坍落度为35~50mm时，每立方米混凝土的用水量 $m_{wo}=175$kg。

（4）计算水泥用量 m_{co}

$$m_{co}=\frac{m_{wo}}{W/B}=\frac{175}{0.6}\text{kg}=292\text{kg}$$

查表 3-29 可知，室内环境中钢筋混凝土最小水泥用量为 280kg/m^3，所以混凝土水泥用量 $m_{co}=292\text{kg}$。

（5）确定砂率 β_s

查表 3-32 可知，对于最大粒径为 40mm、碎石配制的混凝土，水胶比为 0.6，取 $\beta_s=35.8\%$。

（6）计算砂用量 m_{so} 和石子用量 m_{go}

1）质量法

由于该混凝土强度等级为 C25，假设每立方米混凝土拌合物的表观密度为 2350kg/m^3，则由公式

$$\begin{cases}m_{co}+m_{so}+m_{go}+m_{wo}=\rho_{cp}\\ \beta_s=\dfrac{m_{so}}{m_{so}+m_{go}}\times100\%\end{cases}$$

求得：$m_{so}+m_{go}=\rho_{cp}-m_{co}-m_{wo}=(2350-292-175)\text{kg}=1883\text{kg}$

$m_{so}=(\rho_{cp}-m_{co}-m_{wo})\times\beta_s=(1883\times35.8\%)\text{kg}=674\text{kg}$

$m_{go}=\rho_{cp}-m_{co}-m_{wo}-m_{so}=(1883-674)\text{kg}=1209\text{kg}$

2）绝对体积法

由公式

$$\begin{cases}\dfrac{m_{co}}{\rho_c}+\dfrac{m_{so}}{\rho_s}+\dfrac{m_{go}}{\rho_g}+\dfrac{m_{wo}}{\rho_w}+0.01\alpha=1\\ \beta_s=\dfrac{m_{so}}{m_{so}+m_{go}}\times100\%\end{cases}$$

代入数据得：

$$\begin{cases}\dfrac{292}{3100}+\dfrac{m_{so}}{2650}+\dfrac{m_{go}}{2700}+\dfrac{175}{1000}+0.01\times1=1\\ \dfrac{m_{so}}{m_{so}+m_{go}}=0.358\end{cases}$$

求得：$m_{so}=692\text{kg}$，$m_{go}=1241\text{kg}$。

实际工程中常以质量法为准，所以混凝土的初步配合比为：

每立方米混凝土用料量/kg	水泥	砂	碎石	水
	292	674	1209	175
质量比	1∶2.31∶4.14∶0.6			

2. 确定实验室配合比

（1）和易性调整　因为骨料最大粒径为 40mm，在实验室试拌取样 25L，则试拌时各组成材料用量分别为：

水泥　$0.025\times292\text{kg}=7.3\text{kg}$

砂　$0.025\times674\text{kg}=16.85\text{kg}$

碎石　$0.025\times1209\text{kg}=30.23\text{kg}$

水 $0.025\times175\text{kg}=4.38\text{kg}$

按规定方法拌和，测得坍落度为20mm，低于规定坍落度35~50mm的要求，黏聚性、保水性均好，砂率也适宜。为满足坍落度要求，增加5%的水泥和水，即加入水泥$7.3\times5\%=0.37\text{kg}$，水$4.38\times5\%=0.22\text{kg}$，再进行拌和检测，测得坍落度为40mm，符合要求。并测得混凝土拌合物的实测表观密度$\rho_{c,t}=2390\text{kg/m}^3$。

试拌完成后，各组成材料的实际拌和用量为：水泥$m_{c拌}=(7.3+0.37)\text{kg}=7.67\text{kg}$；砂$m_{s拌}=16.85\text{kg}$；石子$m_{g拌}=30.23\text{kg}$；水$m_{w拌}=(4.38+0.22)\text{kg}=4.6\text{kg}$。试拌时混凝土拌合物表观密度理论值$\rho_{c,c}=(7.67+16.85+30.23+4.6)\text{kg}=59.35\text{kg}$。

则每立方米混凝土各材料用量调整为：$m_{c1}=\dfrac{7.67}{59.35}\times2390\text{kg}=309\text{kg}$

$$m_{s1}=\frac{16.85}{59.35}\times2390\text{kg}=679\text{kg}$$

$$m_{g1}=\frac{30.23}{59.35}\times2390\text{kg}=1217\text{kg}$$

$$m_{w1}=\frac{4.6}{59.35}\times2390\text{kg}=185\text{kg}$$

混凝土基准配合比为，水泥：砂：石子＝309：679：1217＝1：2.20：3.94；水胶比＝0.6。

（2）强度检验　以基准配合比为基准（水胶比为0.6），另增加两个水胶比分别为0.55和0.65的配合比进行强度检验。用水量不变（均为185kg），砂率相应增加或减少1%，并假设三组拌合物的实测表观密度也相同（均为2390kg/m^3），由此相应调整水泥和砂石用量，计算过程如下：

第一组：$W/B=0.55$，$\beta_s=34.8\%$

每立方米混凝土用量为　水泥$=\dfrac{185}{0.55}\text{kg}=336\text{kg}$

$$砂=(2390-185-336)\text{kg}\times34.8\%=650\text{kg}$$

$$石子=(2390-185-336-650)\text{kg}=1219\text{kg}$$

则配合比为，水泥：砂：石子：水＝336：650：1219：185＝1：1.93：3.63：0.55

第二组：$W/B=0.6$，$\beta_s=35.8\%$，配合比水泥：砂：石子：水＝309：679：1217：185＝1：2.20：3.94：0.6

第三组：$W/B=0.65$，$\beta_s=36.8\%$

每立方米混凝土用量为　水泥$=\dfrac{185}{0.65}\text{kg}=285\text{kg}$

$$砂=(2390-185-285)\text{kg}\times36.8\%=707\text{kg}$$

$$石子=(2390-185-285-707)\text{kg}=1213\text{kg}$$

则配合比为，水泥：砂：石子：水＝285：707：1213：185＝1：2.48：4.26：0.65

用上述三组配合比各制一组试件，标准养护，测得28d抗压强度为：

第一组　$W/B=0.55$，$B/W=1.82$，测得$f_{cu}=36.3\text{MPa}$。

第二组　$W/B=0.6$，$B/W=1.67$，测得$f_{cu}=30.7\text{MPa}$。

第三组 $W/B=0.65$，$B/W=1.54$，测得 $f_{cu}=26.8\text{MPa}$。

用作图法求出与混凝土配制强度 $f_{cu,o}=33.2\text{MPa}$ 相对应的胶水比值为 1.76，即当 $W/B=\frac{1}{1.76}=0.57$ 时，$f_{cu,o}=33.2\text{MPa}$，则每立方米混凝土中各组成材料的用量为（砂率 β_s 取 34.8%）：

$$m_c=\frac{185}{0.57}\text{kg}=325\text{kg}$$

$$m_s=(2390-185-325)\text{kg}\times34.8\%=654\text{kg}$$

$$m_g=(2390-185-325-654)\text{kg}=1226\text{kg}$$

$$m_w=185\text{kg}$$

混凝土的实验室配合比为：

	水泥	砂	碎石	水
每立方米混凝土用料量/kg	325	654	1226	185
质量比	1：2.01：3.77：0.57			

3. 确定施工配合比

因测得施工现场砂含水率为 3%，石子含水率为 1%，则每立方米混凝土的施工配合比为：

水泥 $m'_c=325\text{kg}$

砂 $m'_s=654\times(1+3\%)\text{kg}=674\text{kg}$

石子 $m'_g=1226\times(1+1\%)\text{kg}=1238\text{kg}$

水 $m'_w=(185-654\times3\%-1226\times1\%)\text{kg}=153\text{kg}$

混凝土的施工配合比及每两包水泥（100kg）的配料量为：

	水泥	砂	石子	水
每立方米混凝土用料量/kg	325	674	1238	153
质量比	1：2.07：3.81：0.47			
每两包水泥配料量/kg	100	207	381	47

［**例 2**］ 某室内混凝土框架主体结构，混凝土设计强度等级为 C30，混凝土坍落度为 35~50mm，水泥采用矿渣硅酸盐水泥，强度等级为 32.5R，石子采用碎石，最大粒径为 31.5mm，粉煤灰掺量为 25%，减水剂掺量为 0.8%~1%，减水率 28%，试确定该工程混凝土的理论配合比。

解：（1）确定混凝土配制强度

由题意可知，设计要求混凝土强度等级为 C25，且施工单位没有历史统计资料，查表 3-25 可得 $\sigma=5.0\text{MPa}$。

$$f_{cu,0}=f_{cu,k}+1.645\sigma=(30+1.645\times5.0)\text{MPa}=38.225\text{MPa}$$

（2）计算混凝土水胶比

$$f_b=\gamma_f\gamma_s\gamma_c f_{ce,g}=0.75\times0.95\times1.12\times32.5\text{MPa}=25.935\text{MPa}$$

$$\frac{W}{B}=\frac{\alpha_a f_b}{f_{cu,o}+\alpha_a\alpha_b f_b}=\frac{0.53\times25.935}{38.225+0.53\times0.2\times25.935}=0.335$$

由于混凝土所处的环境属于室内环境，查表 3-29 可知，按强度计算所得水胶比 $W/B=0.335$ 满足混凝土耐久性要求，因此，$W/B=0.335$。

（3）确定单位用水量

查表 3-31 可知，骨料采用碎石，最大粒径为 31.5mm，混凝土拌合物坍落度为 35~50mm 时，每立方米混凝土的用水量 $m_{wo}=185kg$。

$$m_{w0}=185kg/m^3\times(1-28\%)=133kg/m^3$$

（4）确定胶凝材料用量

$$m_{bo}=\frac{m_{wo}}{W/B}=\frac{133}{0.335}kg/m^3=397kg/m^3$$

（5）计算外加剂减水剂用量

$$m_{ao}=m_{bo}\beta_a=397kg/m^3\times0.9\%=3.573kg/m^3$$

（6）计算粉煤灰用量

$$m_{fo}=m_{bo}\beta_f=397kg/m^3\times25\%=99.25kg/m^3$$

（7）计算水泥用量

$$m_{co}=m_{bo}-m_{fo}=(397-99.25)kg/m^3=297.75kg/m^3$$

查表 3-29 可知，室内环境中钢筋混凝土最小水泥用量为 $280kg/m^3$，所以混凝土水泥用量为 297.75kg。

（8）确定砂率

查表 3-32 知 $\beta_s=27\%$

（9）计算砂、石子用量

$$m_{so}=(m_{cp}-m_{wo}-m_{co}-m_{fo})\times\beta_s=(2450-133-297.75-99.25)kg/m^3\times27\%=518.4kg/m^3$$

$$m_{go}=(m_{cp}-m_{wo}-m_{co}-m_{fo})\times(1-\beta_s)=1920kg/m^3\times73\%=1402kg/m^3$$

（10）计算 20L 时混凝土各组成材料拌和用量

水：$\frac{133}{50}=2.66kg/20L$

水泥：$\frac{297.75}{50}=5.955kg/20L$

砂子：$\frac{518.4}{50}=10.368kg/20L$

石子：$\frac{1402}{50}=28.04kg/20L$

减水剂：$\frac{3.573}{50}=0.07146kg/20L$

粉煤灰：$\frac{99.25}{50}=1.985kg/20L$

（11）确定该混凝土理论配合比

水泥：砂：石子：粉煤灰：水 = 5.955：10.368：28.04：1.985：2.66

= 1：1.74：4.71：0.333：0.45

项目 3.4 混凝土质量控制

【工作任务】 能结合工程条件与要求，采取必要的技术措施控制混凝土施工质量。

3.4.1 了解资讯

一、引起混凝土质量波动的因素

混凝土是由多种材料组合而成的一种复合材料，在生产过程中由于受原材料质量、施工工艺、气温变化和试验条件等许多因素的影响，不可避免地造成混凝土质量存在一定的波动性。影响混凝土质量的常见因素有：

1）混凝土原材料质量。

2）混凝土施工过程中因素，如混凝土拌合物的搅拌、运输、浇筑和养护等。

3）检测条件和检测方法。

二、混凝土强度质量评定

混凝土强度质量评定是按规定的时间与数量在搅拌地点或浇筑地点抽取具有代表性的试样，按标准方法制作试件、标准养护至规定的龄期后，进行强度检测，以评定混凝土的质量。

国家标准《混凝土强度检验评定标准》（GB/T 50107—2019）规定，混凝土强度质量评定分为统计方法评定及非统计方法评定。

1. 统计方法评定

当连续生产的混凝土，生产条件在较长时间内能保持一致，且同一品种、同一强度等级混凝土的强度变异性保持稳定时，其强度应同时满足以下规定：

$$mf_{cu} \geqslant f_{cu,k} + 0.7\sigma_0$$

$$f_{cu,min} \geqslant f_{cu,k} - 0.7\sigma_0$$

混凝土立方体抗压强度的标准差 σ_0，可按下式计算：

$$\sigma_0 = \sqrt{\frac{\sum_{i=1}^{n} f_{cu,i}^2 - nmf_{cu}^2}{n-1}}$$

当混凝土强度等级不大于 C20 时，其强度的最小值应满足：

$$f_{cu,min} \geqslant 0.85 f_{cu,k}$$

当混凝土强度等级大于 C20 时，其强度的最小值应满足：

$$f_{cu,min} \geqslant 0.90 f_{cu,k}$$

式中 mf_{cu}——同一检验收批混凝土立方体抗压强度的平均值（MPa），精确至 0.1MPa；

$f_{cu,k}$——混凝土立方体抗压强度标准值（MPa），精确至 0.1MPa；

$f_{cu,min}$——同一检验收批混凝土立方体抗压强度的最小值（MPa），精确至 0.1MPa；

σ_0——检验收批混凝土立方体抗压强度的标准差（MPa），精确至 0.01MPa；

$f_{cu,i}$——前一个检验期内同一品种、同一强度等级的第 i 组混凝土试件的立方体抗压强度代表值（MPa），精确至 0.1MPa；

n——前一检验期内的样本容量，在该期间内样本容量不应小于 45。

提示：
当检验结果满足上述规定时，该批混凝土强度应评定为合格；反之，为不合格。

2. 非统计方法评定

提示：
用于评定的样本容量小于10组时，应采用非统计方法评定混凝土强度。

按非统计方法评定混凝土强度时，其强度应同时满足下列要求：

$$mf_{\mathrm{cu}} \geqslant \lambda_3 f_{\mathrm{cu,k}}$$

$$f_{\mathrm{cu,min}} \geqslant \lambda_4 f_{\mathrm{cu,k}}$$

式中　λ_3、λ_4——合格评定系数，应按表3-33取值。

表3-33　混凝土强度的非统计法合格评定系数

混凝土强度等级	<C60	≥C60
λ_3	1.15	1.10
λ_4	0.95	

提示：
当检验结果满足上述规定时，该批混凝土强度应评定为合格；反之，为不合格。

3.4.2　组织实施

混凝土的质量控制包括初步控制、生产控制和合格控制。

一、混凝土质量的初步控制

混凝土质量的初步控制包括混凝土各组成材料进场质量检验与控制、混凝土配合比的确定与调整。

1. 混凝土各组成材料进场质量检验与控制

1）混凝土原材料进入施工场地时，供方应按规定提供原材料出厂质量检测报告、合格证等质量证明文件，外加剂产品还应提供产品使用说明书。

2）原材料进场后应按国家标准规定检测项目及时进行检测，检测样品应随机抽取。

3）混凝土各组成材料质量均应符合相应的技术标准，原材料质量、规格必须满足工程设计与施工的要求。

2. 混凝土配合比的确定与调整

1）混凝土配合比应经实验室检测验证，并应满足混凝土施工性能、强度和耐久性等设计要求。

2）在混凝土配合比使用过程中，应根据原材料质量的动态信息，如水泥强度等级、混凝土用砂粗细情况、粗骨料最大粒径、施工现场含水率等及时进行调整，但在施工过程中不得随意改变混凝土配合比。

二、混凝土质量的生产控制

混凝土质量的生产控制包括混凝土原材料的计量，混凝土拌合物的搅拌、运输、浇筑和养护等工序的控制。

1. 计量

混凝土原材料的称量准确是保证混凝土质量的首要环节，应严格控制各组成材料的用量。各组成材料的计量偏差应符合规范要求，并应根据粗、细骨料含水率的变化，及时调整骨料和拌和用水的称量，以保证混凝土配合比的准确性。

提示：

胶凝材料的称量偏差为±2%，粗、细骨料的称量偏差为±3%，拌和用水与外加剂的称量偏差为±1%。

2. 搅拌

混凝土原材料投料方式应满足混凝土搅拌技术要求和混凝土拌合物质量要求，采用正确的搅拌方式，严格控制搅拌时间。搅拌要拌和均匀，混凝土搅拌的最短时间应符合表3-34的规定。当掺入外加剂时，要适当延长搅拌时间，且外加剂应事先溶化在水里，待拌合物搅拌到规定时间的一半后再加入。

表 3-34 混凝土搅拌的最短时间

混凝土坍落度/mm	搅拌机机型	搅拌机出料量/L		
		<250	250~500	>500
≤30	强制式	60s	90s	120s
	自落式	90s	120s	150s
>30	强制式	60s	60s	90s
	自落式	90s	90s	120s

注：1. 混凝土搅拌的最短时间是指自全部材料装入搅拌机中起到开始卸料的时间。
2. 当采用其他形式的搅拌设备时，搅拌的最短时间应按设备说明书的规定或经验确定。

3. 运输

混凝土拌合物在运输过程中，容易产生离析、泌水、砂浆流失或流动性减小等现象，因此，在运输过程中，应保证其匀质性，防止混凝土拌合物出现离析、分层现象，控制混凝土拌合物性能满足施工要求，并且以最少的转载次数和最短的运输时间，将混凝土拌合物从搅拌地点运至浇筑地点。

提示：

混凝土拌合物从搅拌机卸出至施工现场浇筑的时间间隔不宜大于90min。

4. 浇筑

浇筑混凝土前，应检查并控制模板、钢筋、保护层和预埋件等的尺寸、规格、数量和位置，模板支撑的稳定性及接缝的密合情况，以保证模板在混凝土浇筑过程中不出现失稳、跑模和漏浆等现象；清除模板内的杂物和钢筋表面上的油污。

浇筑时应按规定的方法进行，应有效控制混凝土的均匀性、密实性和整体性，同时注意限制卸料高度（混凝土自高处倾落的自由高度不应超过2m），以防止离析现象的产生。遭遇雨雪天气时不应露天浇筑。

混凝土从搅拌机中卸出到浇筑完毕的延续时间，不宜超过表3-35的规定。

表 3-35 混凝土从搅拌机中卸出到浇筑完毕的延续时间

混凝土生产地点	气温	
	≤25℃	>25℃
商品混凝土搅拌站	150min	120min
施工现场	120min	90min
混凝土制品厂	90min	60min

浇筑混凝土应连续进行，当必须有间歇时，其间歇时间应缩短，并应在前层混凝土凝结之前，将次层混凝土浇筑完毕。

5. 振捣

应根据混凝土拌合物特性及混凝土结构、构件的制作方式确定合理的振捣方式和振捣时间，振捣应均匀，对每层混凝土都应按照顺序全面振捣，严格控制振捣时间，严禁漏振与过量振捣。

振捣时间应按混凝土拌合物稠度和振捣部位等不同情况，控制在10~30s，一般以混凝土拌合物表面出现浮浆和不再沉落时，可视为振捣密实。

6. 养护

应根据结构类型、环境条件、原材料情况以及对混凝土性能的要求等，提出混凝土施工养护方案。对已浇筑完毕的混凝土，应在12h内加以覆盖和浇水，保持必要的温度和湿度，以保证水泥能够正常进行水化，并防止干缩裂缝的产生。正常情况下，养护时间不应少于7~14d。养护时可用稻草或麻袋等物覆盖表面并经常洒水，浇水次数应以保持混凝土处于湿润状态为宜，冬季则应采取保温措施，防止冰冻。

三、混凝土质量的合格控制

混凝土质量的合格控制是指对所浇筑的混凝土进行强度或其他技术指标的检验评定。

混凝土的质量波动将直接反映到混凝土的强度，而混凝土的抗压强度与其他性能有较好的相关性，因此，在混凝土生产质量管理中，常以混凝土的抗压强度作为评定和控制其质量的主要指标。

项目 3.5 其他混凝土应用

【工作任务】 能结合工程环境条件与要求，合理选用其他混凝土。

3.5.1 了解资讯

一、高性能混凝土

高性能混凝土是一种具有高强度、高耐久性（抗冻性、抗渗性、抗腐蚀性能好）、体积稳定性好（低干缩、徐变、温度变形和高弹性模量）、高工作性能（高流动性、黏聚性、自密实性）的混凝土。

提示：

高性能混凝土与普通混凝土的不同在于：高性能混凝土中要加入矿物掺合料与高效减水剂，水胶比小于0.38，骨料最大粒径小于25mm。

配制高性能混凝土所采取的技术措施，主要表现为：

1. 选用 C_3A 含量低的高强度等级水泥，严格控制水泥的碱含量

国外已研制出球状水泥（水泥熟料颗粒呈圆球形）、调粒水泥（水泥颗粒的粒度分布良好）和活化水泥（水泥颗粒表面吸附了外加剂，提高水泥的活化程度），在相同条件下，能降低混凝土拌和用水量。

2. 掺入矿物掺合料

在混凝土中掺入一定数量、极细的矿物掺合料是配制高性能混凝土的关键措施之一。掺入极细的矿物掺合料（如硅灰、粉煤灰、矿渣粉、天然沸石粉等），它们既能填充水泥石的孔隙，改善混凝土的微观结构，还可以提高水泥石对 Cl^-、SO_4^{2-}、Mg^{2+}腐蚀的抵抗能力，避免发生碱-骨料反应，从而提高混凝土的强度和耐久性。与此同时，掺入粉煤灰和矿渣粉，可充分利用工业废料，减少水泥用量，降低生产成本，保护生态环境。

3. 掺用高效减水剂

在混凝土中掺用高效减水剂也是配制高性能混凝土的关键措施。掺用高效减水剂，可以明显降低混凝土拌和用水量，并能抑制混凝土拌合物坍落度的损失，改善混凝土拌合物的和易性，使其具有较高的工作性能。

4. 采用优质骨料

混凝土耐久性与骨料杂质含量密切相关。因此，在配制高性能混凝土时应采用优质骨料。为提高混凝土强度，应采用花岗石、石灰石和硬质砂作骨料，其压碎指标应小于 10%；为提高混凝土耐久性，应严格控制骨料中的含泥量、泥块含量、硫酸盐含量。

5. 采用低水胶比

水胶比是指单位混凝土中用水量与所有胶凝材料用料的比值。采用低水胶比，可以增加水泥石的密实性，改善界面过渡层的组织结构，提高耐久性。

6. 施工方法的选择

采用强制式搅拌机搅拌混凝土，泵送施工，高频振捣，以保证成型密实，拆模后用喷涂养护剂的方法进行养护（比浇水养护具有更好的效果）。

二、轻混凝土

轻混凝土是指表观密度小于 1950kg/m^{3}的混凝土，按其组成可分为轻骨料混凝土、多孔混凝土、大孔混凝土三种类型。

1. 轻骨料混凝土

轻骨料混凝土是指由密度较小的轻粗骨料、轻细骨料（如轻砂、普通砂）、胶凝材料和水配制而成的混凝土。

（1）轻骨料的分类

1）按骨料粒径大小，轻骨料分为轻粗骨料（粒径大于 5mm、堆积密度小于 1000kg/m^3）和轻细骨料（粒径不大于 5mm、堆积密度小于 1200kg/m^3）。

2）按骨料原料来源不同，轻骨料可分为工业废料轻骨料（如粉煤灰陶粒、膨胀矿渣珠、煤渣）、天然轻骨料（如浮石、火山渣等）、人造轻骨料（如页岩陶粒、黏土陶粒等）。

3）按骨料粒型不同，轻骨料可分为圆球型、普通型和碎石型。

提示：

轻骨料与普通砂石的区别在于骨料中存在大量孔隙，质轻、吸水率高、强度低、表面粗糙。

（2）轻骨料混凝土的分类

1）按轻骨料品种，轻骨料混凝土分为全轻混凝土和砂轻混凝土。全轻混凝土中的粗、细骨料全部为轻骨料；砂轻混凝土中的粗骨料为轻骨料，细骨料则为部分轻骨料或全部普通砂。

2）按轻骨料种类，轻骨料混凝土分为粉煤灰陶粒混凝土、黏土陶粒混凝土、页岩陶粒混凝土、膨胀矿渣珠混凝土等。

3）按用途，轻骨料混凝土分为保温轻骨料混凝土，结构保温轻骨料混凝土和结构轻骨料混凝土。保温轻骨料混凝土主要用于保温的围护结构或热工构筑物；结构保温轻骨料混凝土主要用于既承重又保温的围护结构；结构轻骨料混凝土主要用于起承重作用的构件或构筑物。

2. 多孔混凝土

多孔混凝土是指内部均匀分布着大量微小气泡而无骨料的混凝土。根据引气方法的不同，分为加气混凝土和泡沫混凝土。

加气混凝土是以含钙材料（如水泥、石灰）、含硅材料（如石英砂、粉煤灰、粒化高炉矿渣、页岩等）、水和加气剂作为基本原料，经磨细、配料、搅拌、浇筑、发泡、凝结、切割、压蒸养护而成。加气剂一般采用铝粉，加入混凝土浆料中与氢氧化钙发生反应产生氢气，形成许多分布均匀的微小气泡，使混凝土形成多孔结构。除用铝粉作加气剂外，还可以用双氧水、漂白粉等。

泡沫混凝土是由水泥净浆、部分掺合料（如粉煤灰），加入泡沫剂经机械搅拌发泡，浇筑成型，蒸汽或压蒸养护而成的轻质多孔材料。

3. 大孔混凝土

大孔混凝土是由粒径相近的粗骨料、胶凝材料和水配制而成的一种轻混凝土。由于这种混凝土中没有细骨料，水泥浆只是包裹在粗骨料表面，将它们胶结在一起，但不起填充空隙的作用，因而在混凝土内部形成较大孔隙。

按其所用粗骨料的品种，大孔混凝土可分为普通大孔混凝土和轻骨料大孔混凝土。普通大孔混凝土是用碎石（或卵石、矿渣）配制而成。轻骨料大孔混凝土则是用陶粒、浮石、碎砖、煤渣等轻骨料配制而成。

三、防水混凝土

防水混凝土，又称抗渗混凝土，是一种通过采用不同方法提高自身抗渗性能，以达到防水目的的混凝土。

提示：

通过提高混凝土密实度或改善孔隙结构，使混凝土具有较高的抗渗性。

防水混凝土的抗渗能力以抗渗等级表示。抗渗等级分为P4、P6、P8、P10、P12等，在实际工程中应根据水压力大小和构筑物的厚度合理确定混凝土的抗渗等级。

按配制方法不同，防水混凝土可分为普通防水混凝土、外加剂防水混凝土和膨胀水泥防水混凝土。

1. 普通防水混凝土

普通防水混凝土是通过调整混凝土配合比来提高混凝土自身的密实度和抗渗能力。采取的具体措施为：

提示：

普通混凝土是根据工程所需和易性、强度、耐久性等要求进行配制的；而普通防水混凝土是根据工程所需抗渗要求进行配制的。

1）水胶比不宜大于0.50，以减少毛细孔的数量和孔径。

2）适当提高胶凝材料数量，水泥用量不小于320kg/m^3。

3）砂率不宜过小，以35%~40%为宜，可在粗骨料周围形成品质良好和足够的砂浆包裹层，使粗骨料彼此隔离，以隔断沿粗骨料与砂浆界面互相连通的毛细孔。

4）坍落度不超过30~50mm。

5）混凝土用砂石的质量要求更加严格，含泥量、泥块含量等杂质含量更低，施工中应加强搅拌、浇筑、振捣和养护，以减少施工裂缝和孔隙，达到防水目的。

2. 外加剂防水混凝土

外加剂防水混凝土是在普通混凝土拌合物中掺入适宜品种和数量的外加剂，隔断或堵塞混凝土中各种孔隙及渗水通道，以改善混凝土的内部结构，提高抗渗防水能力的混凝土。常用的外加剂主要有引气剂、引气型减水剂、密实剂等。

3. 膨胀水泥防水混凝土

膨胀水泥防水混凝土是指采用膨胀水泥拌制的防水混凝土。因水泥水化产物中存在膨胀成分，填充孔隙空间，使混凝土内部结构更为密实，从而提高混凝土的抗裂和抗渗性能。

四、纤维增强混凝土

纤维增强混凝土是在普通混凝土拌合物中掺入纤维材料配制而成的混凝土。由于有一定数量的短纤维均匀分散在混凝土中，可以提高混凝土的抗拉强度、抗裂能力和冲击韧性，降低脆性。

提示：

掺入纤维的目的是为了提高混凝土的韧性。水泥石基体开裂后，裂缝间的纤维起到桥接作用，可以控制混凝土的开裂，改善混凝土的性能。

所掺的纤维有钢纤维、玻璃纤维、碳纤维和尼龙纤维等，以钢纤维使用最多。因为钢纤维对抑制混凝土裂缝、提高抗拉强度和抗弯强度、增加韧性效果最佳。为了便于搅拌和增强效果，钢纤维制成非圆形、变截面的细长状，长度一般为20~60mm，等效直径为0.3~1.2mm，长径比为30~80，掺量（体积比）不小于1.5%。

五、聚合物混凝土

聚合物混凝土是由有机聚合物、无机胶凝材料和骨料结合而成的新型混凝土。按其组成和制作工艺不同，可分为聚合物浸渍混凝土、聚合物水泥混凝土、聚合物胶结混凝土。

1. 聚合物浸渍混凝土（PIC）

将已硬化的普通混凝土经干燥处理后放在有机单体里浸渍，使聚合物有机单体渗入混凝土中，然后用加热或辐射的方法使混凝土孔隙内的单体产生聚合，使混凝土和聚合物结合成一体的新型混凝土。

所用浸渍液有各种聚合物单体和液态树脂，如甲基丙烯酸甲酯、苯乙烯等。

由于聚合物填充了混凝土内部的孔隙和微裂缝，使这种聚合物混凝土具有极其密实的结

构，加上树脂的胶结作用，使混凝土具有高强、抗冲击、耐腐蚀、抗渗、耐磨等优良性能。

2. 聚合物水泥混凝土（PCC）

聚合物水泥混凝土是用聚合物乳液拌和水泥，并掺入粗细骨料配制而成的混凝土。

聚合物乳液能均匀分布于混凝土内，填充水泥水化产物和骨料之间的孔隙，增强了水泥石与骨料及水泥石颗粒之间的黏结力。

3. 聚合物胶结混凝土（PC）

聚合物胶结混凝土是以合成树脂作为胶结材料制成的混凝土，故又称树脂混凝土。常用的合成树脂有环氧树脂、不饱和聚酯树脂、聚甲基丙烯酸甲酯等。

3.5.2 组织实施

一、高性能混凝土

1. 高性能混凝土特点

1）高工作性能。高性能混凝土在拌和、运输、浇筑时具有较高的流动性（坍落度不小于180mm），不离析、泌水，施工时坍落度在90min内基本不下降，具有良好的可泵性。

2）高强度。

3）高耐久性。高性能混凝土具有较高的抗冻性、抗渗性、抗腐蚀性能。

4）体积稳定性好。高性能混凝土在凝结硬化过程中体积稳定，收缩量和徐变小，硬化后结构致密，不易产生裂缝。

2. 高性能混凝土应用

高性能混凝土主要用于高层、重载、大跨度结构，尤其是有抗渗、抗化学腐蚀要求的混凝土结构。

二、轻混凝土

1. 轻混凝土特点

由于轻混凝土中含有大量的孔隙，因此，结构自重轻，导热系数小，有利于结构抗震，具有良好的抗冻性、抗渗性、保温、隔热、隔声和抗震性能。结构内部孔隙的存在，可使轻混凝土的强度有所降低。

2. 轻混凝土应用

轻混凝土适用于高层和多层建筑、大跨度结构、有抗震要求的结构及生产屋面和管道保温制品等。

提示：

加气混凝土不得用于建筑物基础以及处于浸水、高温、化学侵蚀环境和表面温度高于80 ℃等部位，并且墙体表面应做饰面防护处理；大孔混凝土在施工时应严格控制用水量，以免因浆稀使水泥浆流淌沉入底部，造成上层骨料缺浆，导致混凝土强度不均匀，质量下降。

三、防水混凝土

1. 防水混凝土特点

防水混凝土具有施工简便、密实度高、抗冻性和抗渗性好等特点。

2. 防水混凝土应用

防水混凝土主要用于地下基础工程、水工结构物和屋面防水工程，如隧道、涵洞、地下工程、储水输水构筑物及其他要求防水的结构物等。

四、纤维增强混凝土

1. 纤维增强混凝土特点

与普通混凝土相比，纤维增强混凝土具有较高的抗拉强度、抗裂能力和冲击韧性，脆性降低。

2. 纤维增强混凝土应用

纤维增强混凝土主要用于对抗冲击性能、抗裂性、耐磨性要求较高的工程，如机场跑道、高速公路、桥面、隧道、压力管道、铁路轨枕、薄型混凝土板等。随着纤维增强混凝土技术不断提高，在建筑工程中将得到广泛的应用。

五、聚合物混凝土

1. 聚合物混凝土特点

与普通混凝土相比，聚合物混凝土具有施工方便，强度高，抗化学腐蚀性能、耐磨性能、抗渗性、耐久性好，易于粘结等特点。

2. 聚合物混凝土应用

聚合物混凝土适用于有高强度、高耐久性要求的工程，如桥面、公路路面、机场跑道的面层、化工结构、管道内衬、隧道支撑系统及水下结构等。

学习情境4

建筑砂浆性能检测及应用

【知识与能力目标】

了解建筑砂浆的材料组成、各类建筑砂浆的特点；掌握砌筑砂浆的技术性能、砌筑砂浆配合比设计的方法；能按国家标准要求进行砌筑砂浆见证取样及送检、试件的制作；能正确使用检测仪器对砌筑砂浆和易性、强度进行检测，并依据国家标准能对砌筑砂浆强度等级作出准确评价；会运用国家标准确定砌筑砂浆配合比；能正确阅读砌筑砂浆质量检测报告。

建筑砂浆是由胶凝材料、细骨料、掺合料和水拌制而成。在房屋建筑、铁路桥涵、隧道、路肩、挡土墙等砖石砌体中，需要用砂浆进行砌筑和灌缝；在墙面、地面、结构表面，需要用砂浆抹面或粘贴饰面材料，起着保护和装饰作用。因此，砂浆是土建工程中广泛应用的建筑材料。

按所用胶凝材料种类不同，建筑砂浆可分为水泥砂浆、石灰砂浆、水泥混合砂浆、石灰黏土砂浆、水玻璃砂浆等。

按用途不同，建筑砂浆可分为砌筑砂浆、抹面砂浆、装饰砂浆、防水砂浆、防酸砂浆等。

项目4.1　砌筑砂浆技术性能检测

【工作任务】 阅读砌筑砂浆质量检测报告；能按国家标准要求进行砌筑砂浆取样和试件的制作；能正确使用检测仪器对砌筑砂浆各项技术指标进行检测；能准确填写砌筑砂浆质量检测报告。

4.1.1　了解资讯

砌筑砂浆是指将砖、石、砌块等块体材料砌筑成为砌体，起粘结、衬垫和传递应力作用的砂浆，是砌体结构中的重要材料，常用的砌筑砂浆有水泥砂浆和水泥混合砂浆。

一、砂浆的组成材料

砂浆的组成材料主要有胶凝材料、细骨料（砂）、掺合料、水和外加剂五部分组成。

1. 胶凝材料

砌筑砂浆中所用胶凝材料主要有水泥和石灰。水泥是配制各类砂浆的主要胶凝材料。为合理利用资源，节约原材料，在配制砂浆时应尽量选用中、低强度等级的水泥。配制强度等级不大于 M15 的砌筑砂浆，宜选用强度等级为 32.5 级的通用硅酸盐水泥或砌筑水泥；配制强度等级大于 M15 的砌筑砂浆，宜选用强度等级为 42.5 级的通用硅酸盐水泥。

提示：

水泥的强度等级应根据砂浆品种、砂浆强度等级的要求合理进行选择。

2. 砂

为满足砂浆和易性要求，又节约水泥，砌筑砂浆用砂宜选用中砂，毛石砌体宜选用粗砂。因含泥量会影响砂浆的强度、变形性能和耐久性，强度等级为 M5 的水泥砂浆，砂的含泥量不应超过 5%。

3. 水

配制砂浆用水应采用不含有害物质的洁净水，应符合行业标准《混凝土用水标准》(JGJ 63—2006) 的规定。

4. 掺合料

为改善砂浆的和易性和节约水泥，降低生产成本，便于施工，在砂浆中常掺入部分掺合料。常用的掺合料有石灰膏、黏土膏、粉煤灰等。

(1) 石灰膏　采用生石灰熟化成石灰膏时，应用筛孔尺寸不大于 3mm×3mm 的筛网过滤，熟化时间不得少于 7d；磨细生石灰的熟化时间不得小于 2d。沉淀池中储存的石灰膏，应采取防止干燥、冻结和污染的措施。严禁使用脱水硬化的石灰膏。

提示：

消石灰粉不得直接用于砌筑砂浆中。

(2) 黏土膏　采用黏土或亚黏土制备黏土膏时，宜用搅拌机加水搅拌，通过筛孔尺寸不大于 3mm×3mm 的筛网过滤。

(3) 粉煤灰　粉煤灰的品质指标应符合国家标准《用于水泥和混凝土中的粉煤灰》(GB/T 1596—2017) 的规定。

5. 外加剂

为改善砂浆的和易性、抗裂性、抗渗性等，提高砂浆的耐久性，可在砂浆中掺入外加剂。砌筑砂浆中掺入的外加剂，应具有法定检测机构出具的该产品砌体强度型式检验报告，并经砂浆性能试验合格后，方可使用。

二、砂浆的和易性

新拌砂浆应具有良好的和易性，在运输和施工过程中不分层、泌水，能够在粗糙的砌体表面铺抹成均匀的薄层，并与底面材料粘结牢固。砂浆和易性是指砂浆拌合物便于施工操作，保证质量均匀，并能与所砌基面牢固粘结的综合性质，包括流动性和保水性两个方面。

砂浆的流动性又称为稠度，是指砂浆在自重或外力作用下产生流动的性能，用沉入度表示。

沉入度是以砂浆稠度测定仪的圆锥体沉入砂浆内深度表示。沉入度越大，说明砂浆的流动性越大。若流动性过大，砂浆较稀，施工时易分层、泌水；若流动性过小，砂浆较稠，不便施工操作，灰缝不易填充，所以，新拌砂浆应具有适宜的稠度，不同砌体用砂浆稠度按表 4-1 取值。

表 4-1　砌筑砂浆的稠度

砌体种类	砂浆稠度/mm
烧结普通砖砌体、粉煤灰砖砌体	70~90
普通混凝土小型空心砌块砌体、灰砂砖砌体	50~70
烧结多孔砖砌体、烧结空心砖砌体、轻骨料混凝土小型空心砌块砌体、蒸压加气混凝土砌块砌体	60~80
石砌体	30~50

提示：

砂浆流动性的选择与砌体材料的种类、施工方法及施工环境有关。

砂浆的保水性是指砂浆拌合物保持水分的能力。保水性好的砂浆，在存放、运输和使用过程中，能够保持水分不致很快流失，各组分不易分离，在砌筑过程中容易铺成均匀密实的砂浆层，能使胶结材料正常水化，从而保证工程质量。

砂浆的保水性用分层度表示，即砂浆拌合物两次稠度之差值，以 mm 表示。

砂浆保水性大小与砂浆材料组成有关。胶凝材料数量不足时，砂浆保水性差；砂粒过粗，砂浆保水性随之降低。

砌筑砂浆的分层度不得大于 30mm。分层度过大（如大于 30mm），说明砂浆容易泌水、分层或水分流失过快，不利于施工和水泥硬化；如果分层度过小（如小于 10mm），砂浆过于干稠而不易操作，易出现干缩开裂。

砌筑砂浆的保水率应符合表 4-2 的规定。

表 4-2　砌筑砂浆的保水率

砂浆种类	保水率(%,不小于)
水泥砂浆	80
水泥混合砂浆	84
预拌砌筑砂浆	88

三、强度

砂浆在砌体中主要起粘结和传递荷载的作用，因此，应具有一定的强度。

砂浆的强度等级是以边长为 70.7mm 的立方体试件，在标准养护条件下，用标准试验方法测得 28d 龄期的抗压强度值为依据而确定。水泥砂浆、预拌砌筑砂浆可分为 M30、M25、M20、M15、M10、M7.5、M5 七个强度等级，水泥混合砂浆可分为 M15、M10、M7.5、M5 四个强度等级。

影响砂浆强度大小的因素主要有胶凝材料的强度等级和数量、水胶比、砌体材料种类、施工工艺、养护条件等。

四、砂浆的粘结力

砂浆粘结力是指砂浆与块体材料之间相互粘结的能力大小，它将直接影响整个砌体的强度、耐久性和抗震能力。

砂浆的粘结力随砂浆抗压强度的增大而提高，还与块体材料表面的粗糙程度、清洁程度、润湿状况和施工养护条件有关。

五、砂浆的变形

砂浆在承受荷载、温度变化或湿度变化时，均会产生变形。如果变形过大或变形不均匀，则会降低砌体的质量，引起沉陷或开裂。

4.1.2 制订计划

1. 阅读砂浆强度检测报告

砂浆试件抗压强度检测报告形式如下：

砂浆试件抗压强度检测报告

报告日期 ××××年×月××日

委托单位	×××××××××	委托日期	×-××	报告编号	××××-××
代表数量/m³	120	委托编号	××××	试验日期	×-××
工程名称	×××××××××工程		工程部位	××××××××	
强度等级	M10	试件尺寸	70.7mm×70.7mm×70.7mm	制作日期	×-××
砂浆拌和及试件捣实方法	××××	养护方法	××××	养护温度	××℃
取样地点	现场	依据标准	JGJ/T 70—2009	见证人	×××
理论配合比			水胶比		
使用材料名称	产地与规格	报告编号	拌和材料使用量/kg		
普通硅酸盐水泥	蒙西 P.O42.5R	××××-××			
细骨料	昆河昭庙河砂，中砂	××××-××			
水	自来水	××××-××			
掺合料					
外加剂					

试件编号	试验日期	龄期/d	试件尺寸/mm	破坏荷载/kN	抗压强度/MPa		备注
					单块值	平均值	
1	×-××	28	70.7×70.7×70.7	59	11.8	11.8	
2	×-××	28	70.7×70.7×70.7	58	11.6		
3	×-××	28	70.7×70.7×70.7	60	12		
结论	合格						

试验单位：×××××× 技术负责人：××× 复核：××× 试验：×××

2. 确定砂浆技术性能检测项目

1）砂浆和易性检测。

2）砂浆强度检测。

3. 制订砂浆和易性检测流程

1）砂浆试样的取样。

2）砂浆试样的拌和。

3）砂浆的流动性（稠度）检测。

4）砂浆分层度检测。

5）砂浆保水性检测。

4. 制订砂浆强度检测流程

1）砂浆试件的制作与养护。

2）砂浆强度检测。

4.1.3 组织实施

一、砂浆和易性检测

（一）砂浆拌合物取样

1）建筑砂浆实验室检测用料应从同一盘砂浆或同一车运送的砂浆中取样，所取试样的数量不应少于检测所需要量的4倍。

2）施工过程中进行砂浆检测时，砂浆取样方法应按相应的施工验收规范执行，应在现场搅拌点或预拌砂浆出料口等至少三个不同部位及时进行取样。对于现场取得的试样，检测前应人工搅拌均匀，以保证其质量均匀。

3）砂浆取样后，应尽快进行各项性能检测。

> **提示：**
> 从取样完毕到开始进行各项性能检测，不宜超过15min。

（二）砂浆试样的拌和

1）在实验室制备砂浆试样时，所用原材料应符合质量要求，并应提前24h运入实验室内。拌和时实验室的温度应保持在（20±5）℃。

2）试验用水泥和其他原材料应与施工现场使用材料一致。水泥如有结块应充分混合均匀，以900μm筛过筛，砂应以4.75mm筛过筛。

3）实验室拌制砂浆时，材料用量应以质量计量。水泥、外加剂和掺合料的称量精确度为±0.5%；细骨料的称量精确度为±1%。

4）拌和方法有人工拌和、机械拌和两种方法。

① 人工拌和时：将称量好的砂子倒在拌板上，然后加入水泥，用拌铲拌和至混合物颜色均匀为止。将拌匀的混合物集中成圆锥形，在堆上作一凹坑，将称好的石灰膏或黏土膏倒入凹坑中，再加入适量的水将石灰膏或黏土膏稀释，然后与水泥、砂共同拌和，并用量筒逐次加水，仔细拌和，直至拌和物色泽一致。水泥砂浆每翻拌一次，需用铁铲将全部砂浆压切一次，拌和时间一般需要5min，观察拌和物颜色，要求拌和物色泽一致。

② 机械拌和时：先搅拌适量砂浆（应与正式拌和的砂浆配合比相同），使搅拌机内壁粘附一薄层水泥砂浆，保证正式拌和时砂浆配合比准确。将称好的砂、水泥装入砂浆搅拌机内，开动砂浆搅拌机，将水徐徐加入（混合砂浆需要将石灰膏或黏土膏用水稀释至浆状），搅拌时间约3min（从加水完毕算起），使物料拌和均匀，将砂浆拌和物倒在拌和铁板上，再用铁铲翻拌两次，使之均匀。

> **提示：**
> 拌制前应将搅拌机、拌和铁板、拌铲与抹刀等工具表面用水润湿，拌和铁板上不得有积水。

5）实验室用搅拌机拌制砂浆时，搅拌的用量宜为搅拌机容量的30%~70%，水泥砂浆和水泥混合砂浆，搅拌时间不应少于2min；预拌砌筑砂浆、掺有掺合料和外加剂的砂浆，搅拌时间不应少于3min。

（三）砂浆流动性（稠度）检测

砂浆性能检测

1. 主要仪器设备

1）砂浆稠度仪：由支架、台座、带滑杆的试锥、测杆、刻度盘及盛砂浆容器组成。试锥高度为145mm，锥底直径为75mm，试锥连同滑杆的质量应为300g。盛砂浆容器由钢板制成，筒高为180mm，锥底内径为150mm，砂浆稠度仪的结构和形式如图4-1所示。

2）钢制捣棒：直径为10mm、长为350mm的金属棒，端部磨圆。

3）台秤：称量10kg，感量5g。

4）磅秤：称量50kg，感量50g。

5）砂浆搅拌机、拌和铁板、铁铲、抹刀、秒表、量筒等。

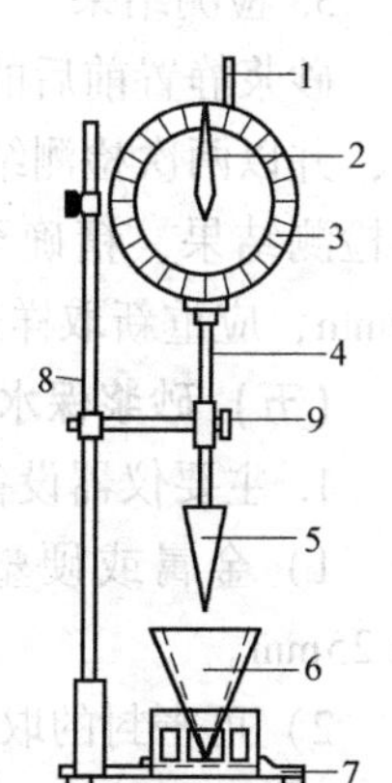

图4-1 砂浆稠度仪
1—齿条测杆 2—指针 3—刻度盘 4—滑杆 5—圆锥体 6—圆锥筒 7—底座 8—支架 9—制动螺钉

2. 检测步骤

1）先用少量润滑油轻擦滑杆，再将滑杆上多余的油用吸油纸擦净，使滑杆能自由滑动。

2）先用湿布擦净盛砂浆容器和试锥表面，再将拌和好的砂浆拌合物一次装入容器内，并使砂浆表面低于容器口约10mm左右，用捣棒自容器中心向边缘均匀插捣25次，然后轻轻地将容器摇动或敲击5~6下，使砂浆表面平整。

3）将盛有砂浆的容器移至砂浆稠度仪的底座上，放松试锥滑杆的制动螺钉，向下移动滑杆，当试锥的尖端与砂浆表面刚好接触、并对准中心时，应拧紧制动螺钉。将齿条测杆的下端刚刚接触滑杆的上端，并将刻度盘指针对准零点上。

4）拧开制动螺钉，使圆锥体自由沉入砂浆中，同时计时，待10s时立即拧紧制动螺钉，并将齿条测杆的下端接触滑杆的上端，从刻度盘上读出下沉的深度，即为砂浆的稠度值，精确至1mm。

3. 检测结果

以两次检测结果的算术平均值作为砂浆稠度的最终检测结果，并精确至1mm。如果两次测定值之差大于10mm，则应重新取样进行检测。

提示：

圆锥筒内的砂浆，只允许测定一次稠度，重复检测时，则应重新取样测定。

（四）砂浆分层度检测

1. 主要仪器设备

1）砂浆分层度筒：由上、下两层金属圆筒及左右两根连接螺栓组成。圆筒内径为150mm，上节高度为200mm，下节带底净高为100mm。砂浆分层度筒的结构如图4-2所示。

2）砂浆稠度仪。

3）水泥胶砂振动台、捣棒、拌和铁板、铁铲、抹刀、秒表、量筒等。

2. 检测步骤

1）将拌和好的砂浆拌合物按砂浆稠度检测方法测出砂浆稠度值K_1，精确至1mm。

2）将砂浆拌合物重新拌和均匀，一次装满分层度筒，并用木锤在容器周围距离大致相等的四个不同部位轻轻敲击 1～2 下，如砂浆沉落到低于筒口，则应随时添加，然后刮去多余的砂浆，并用抹刀抹平。

3）静置 30min 后，去掉上节 200mm 砂浆，将剩余的 100mm 砂浆倒在拌和锅内拌 2min，再按砂浆稠度检测方法测其稠度值 K_2，精确至 1mm。

3. 检测结果

砂浆静置前后的稠度值之差（K_1-K_2），即为砂浆的分层度值，并以两次检测结果的算术平均值作为该砂浆分层度值的最终检测结果，精确至 1mm。如果两次分层度测定值之差大于 10mm，应重新取样进行检测。

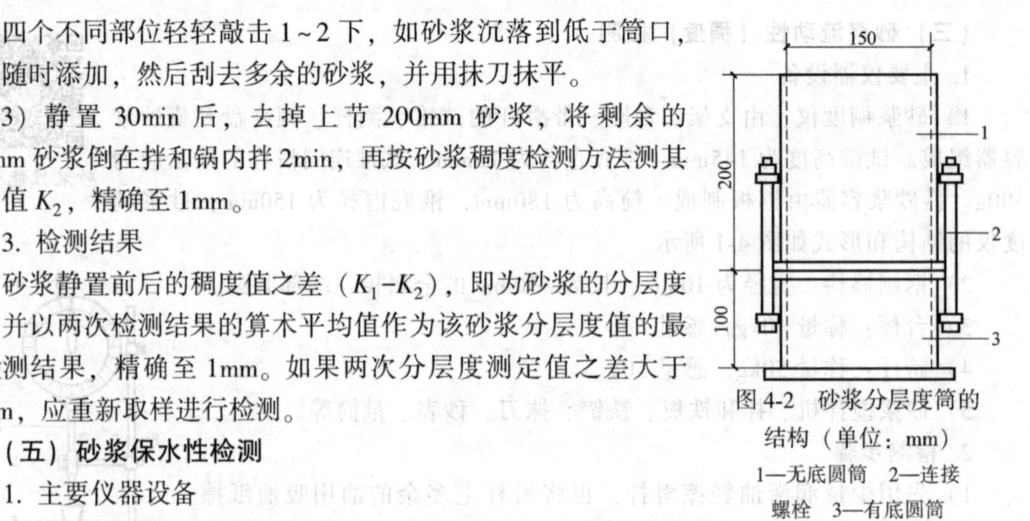

图 4-2　砂浆分层度筒的结构（单位：mm）
1—无底圆筒　2—连接螺栓　3—有底圆筒

（五）砂浆保水性检测

1. 主要仪器设备

1）金属或硬塑料圆环试模：内径为 100mm，内部深度为 25mm。

2）可密封的取样容器：应清洁、干燥。

3）医用棉纱：尺寸为 110mm×110mm，宜选用纱线稀疏、厚度较薄的棉纱。

4）超白滤纸：中速定性滤纸，直径为 110mm，单位面积质量为 200g/m²。

5）不透水片：边长或直径大于 110mm 的金属或玻璃片，两片。

6）天平、烘箱等。

2. 检测步骤

1）称量底部不透水片与干燥试模质量 m_1、8 片中速定性滤纸质量 m_2。

2）将砂浆拌合物一次装入试模，用抹刀插捣数次，当装入的砂浆略高于试模边缘时，用抹刀以 45°角一次性将试模表面多余的砂浆刮去，然后再用抹刀以较平的角度在试模表面反方向将砂浆刮平。

3）去除试模边部的砂浆，称量试模、底部不透水片与砂浆总质量 m_3。

4）用 2 片医用棉纱覆盖在砂浆表面，再在医用棉纱表面放上 8 片滤纸，用不透水片盖在滤纸表面，并用 2kg 的重物将不透水片压住。

5）静置 2min 后移走重物及上部不透水片，取出滤纸，迅速称量滤纸质量 m_4。

6）根据砂浆配合比及加水量计算砂浆的含水率。如无法计算砂浆含水率，可按规定方法测定砂浆含水率。

3. 检测结果

按下式计算砂浆的保水率，并以两次检测结果的算术平均值作为最终检测结果，且第二次检测应重新取样测定。当两个测定值中有一个超过平均值的 5%时，此组检测结果为无效。

$$w=\left[1-\frac{m_4-m_2}{\alpha\times(m_3-m_1)}\right]\times100$$

式中　w——砂浆保水率，精确至 0.1%；

m_1——底部不透水片与干燥试模的质量，精确至 1g；

m_2——8 片滤纸吸水前的质量，精确至 0.1g；

m_3——试模、底部不透水片与砂浆总质量，精确至1g；

m_4——8片滤纸吸水后的质量，精确至0.1g；

α——砂浆含水率，%。

4. 砂浆含水率测定方法

测定砂浆含水率时，应称取（100±10）g砂浆拌合物试样，置于一干燥并已称重的盘中，在（105±5）℃的烘箱中烘干至恒重。

按下式计算砂浆的含水率，并以两次测定结果的算术平均值作为砂浆的含水率，精确至0.1%。当两个测定值之差超过2%时，此组测定结果无效。

$$\alpha=\frac{m_6-m_5}{m_6}\times100$$

式中 α——砂浆含水率（%）；

m_5——烘干后砂浆样本的质量，精确至1g；

m_6——砂浆样本的总质量，精确至1g。

二、砂浆强度检测

（一）砂浆试件的制作与养护

1）砂浆强度检测时，应采用立方体试件，每组试件数量为3块。

2）检测前应先采用黄油等密封材料涂抹试模的外接缝，试模内壁应涂刷薄层机油或脱模剂。

3）将拌制好的砂浆一次性装满砂浆试模，成型方法应根据砂浆稠度而确定。当砂浆稠度大于50mm时宜采用人工插捣成型，当砂浆稠度不大于50mm时宜采用振动台振实成型。

① 人工插捣时：应采用捣棒均匀地由外边缘向中心按螺旋方向插捣25次，插捣过程中当砂浆沉落低于试模口时，应随时添加砂浆，可用油灰刀沿模壁插捣数次，并用手将试模一边抬高5~10mm各振动5次，砂浆应高出试模顶面6~8mm。

② 机械振动时：将砂浆一次装满试模，放置到振动台上，振动5~10s或持续到表面泛浆为止。

提示：

制作砂浆试件时，应一次性装满试模；在整个振动过程中试模不得有跳动现象，并且不得过振。

4）当砂浆表面水分稍干，即砂浆表面开始出现麻斑状态时（约15~30min），将高出部分的砂浆沿试模顶面刮去抹平。

5）试件制作后应在温度为（20±5）℃的环境下静置一昼夜（24±2）h，对试件进行编号、拆模。当气温较低时，或者凝结时间大于24 h的砂浆，可适当延长拆模时间，但不应超过两昼夜。试件拆模后应立即放入温度为（20±2）℃、相对湿度在90%以上的标准养护室中继续养护。养护期间，试件彼此间隔不少于10mm，混合砂浆、湿拌砂浆试件上面应进行覆盖，以防有水滴在试件上。

6）从搅拌加水开始计时，标准养护龄期为28d，也可以根据相关标准要求增加7d或14d。

（二）砂浆强度检测

1. 主要仪器设备

1）压力试验机：精度为1%，试件破坏荷载应不小于压力机量程的20%，且不应大于全量程的80%。

2）试模：由钢制成的内壁尺寸为70.7mm×70.7mm×70.7mm的带底试模，应具有足够的刚度并拆装方便。

3）钢制捣棒：直径为10mm、长度为350mm，端部应磨圆。

4）垫板等。

2. 检测步骤

提示：

试件从养护地点取出后应及时进行强度检测，以免试件内部的温度与湿度发生显著变化。

1）检测前先将试件表面擦拭干净，测量尺寸，并检查其外观。试件尺寸测量精确至1mm，并据此计算试件的承压面积。如实测尺寸与公称尺寸的误差不超过1mm，可按公称尺寸计算试件的承压面积。

2）将试件安放在试验机的下压板或下垫板上，试件的承压面应与成型时的顶面垂直，试件中心应与试验机下压板或下垫板的中心对准。开动试验机，当上压板与试件接近时，调整球座，使接触面均衡受压。加荷速度为0.25~1.5kN/s（砂浆强度不大于5MPa时，宜取下限；砂浆强度大于5MPa时，宜取上限）。当试件接近破坏并开始迅速变形时，停止调整试验机油门，直至试件破坏，并记录破坏荷载。

提示：

试件承压面应为其侧面；在整个检测过程中加荷应连续均匀；当试件接近破坏时，应停止调整试验机油门，直至试件破坏。

3. 检测结果

按下式计算砂浆立方体抗压强度，精确至0.1MPa。

$$f_{m,cu}=K\frac{F}{A}$$

式中 $f_{m,cu}$——砂浆立方体试件抗压强度，应精确至0.1MPa；

F——试件破坏荷载（N）；

A——试件承压面积（mm^2）；

K——换算系数，取1.3。

应以三个试件检测结果的算术平均值作为该组试件的最终检测结果。当三个试件的最大值或最小值中有一个与中间值的差值超过中间值的15%时，应把最大值和最小值一并舍去，取中间值作为该组试件的抗压强度值。当三个试件的最大值和最小值与中间值的差值均超过中间值的15%时，该组检测结果应为无效。

项目4.2 砌筑砂浆配合比应用

【工作任务】 阅读砌筑砂浆配合比；能运用行业标准《砌筑砂浆配合比设计规程》（JGJ 98—2010）确定砌筑砂浆配合比。

4.2.1 了解资讯

一、砌筑砂浆配合比的概念

砌筑砂浆配合比是指砌筑砂浆中水泥、细骨料、掺合料、水各项组成材料数量之间的比例关系。

二、砌筑砂浆配合比表示方法

砌筑砂浆配合比的表示方法有两种。

1）以每立方米砌筑砂浆中各组成材料的质量表示，如每立方米砌筑砂浆需用水泥220kg、砂1460kg、石灰膏135kg、水300kg。

2）以各组成材料相互之间的质量比来表示，其中以水泥质量为1，其他组成材料数量为水泥质量的倍数。将上例换算成质量比为水泥：砂：石灰膏=1：6.64：0.61，水胶比=0.73。

三、砌筑砂浆配合比设计的基本要求

1）满足砂浆拌合物的和易性要求，以便于施工操作、保证施工质量。

2）满足砌筑砂浆的强度要求。

3）经济合理，在保证质量的前提下，应尽量控制水泥及掺合料的用量，降低成本。

4.2.2 制订计划

1. 阅读砌筑砂浆配合比通知书

砂浆配合比通知书形式如下：

砂浆配合比通知书

报告日期 ××××年×月××日

申请单位	×××××××××	申请日期	×-××	配合比编号	××××-××
工程项目	×××××××工程	结构名称	砌砖	强度等级	M10
施工坍落度（稠度）	70～90mm	施工方法	机械	养护方法	标养
施工日期	×××××	成型试块数量	3	取样见证人	×××

所用材料名称、规格、数量			
材料	材料产地、规格	每 m^3 各材料用量/kg	配合比（质量比）
水	自来水	320	1.18
水　泥	P.C 42.5	270	1.0
砂	中砂	1560	5.78
掺合料			
外加剂			
其他			
说　明	1. 所用原材料须经检验合格后使用。 2. 本配合比使用时需换算其砂含水率；并扣除用水量，调整砂用量。 3. 该配合比搅拌时间为____。 4. 如需调整此配合比，请与实验室协商。 5. 依据《砌筑砂浆配合比设计规程》（JGJ 98—2010）。		
施工注意事项及需说明的问题			

试验单位：×××××××××　　技术负责人：×××　　复核：×××　　设计：×××

2. 制订砌筑砂浆配合比设计流程

1）水泥混合砂浆配合比设计步骤。

2）水泥砂浆配合比设计步骤。

4.2.3 组织实施

水泥混合砂浆配合比设计微课

一、水泥混合砂浆配合比设计步骤

1. 确定砂浆的试配强度 $f_{m,0}$

砂浆的试配强度按下式计算：

$$f_{m,0}=kf_2$$

式中 $f_{m,0}$——砂浆的试配强度，应精确至0.1MPa；

f_2——砂浆强度等级值，应精确至0.1MPa；

k——系数，按表4-3采用。

表4-3 砂浆强度标准差 σ 及 k 值选用

施工水平	强度标准差/MPa							k
	M5	M7.5	M10	M15	M20	M25	M30	
优良	1.00	1.50	2.00	3.00	4.00	5.00	6.00	1.15
一般	1.25	1.88	2.50	3.75	5.00	6.25	7.50	1.20
较差	1.50	2.25	3.00	4.50	6.00	7.50	9.00	1.25

砌筑砂浆现场强度标准差的确定应符合下列规定：

1）当有统计资料时，应按下式计算：

$$\sigma=\sqrt{\frac{\sum_{i=1}^{n}f_{m,i}^{2}-n\mu_{fm}^{2}}{n-1}}$$

式中 $f_{m,i}$——统计周期内同一品种砂浆第 i 组试件的强度（MPa）；

μ_{fm}——统计周期内同一品种砂浆 n 组试件强度的平均值（MPa）；

n——统计周期内同一品种砂浆试件的总组数，$n\geqslant25$。

2）当无统计资料时，砂浆现场强度标准差可按表4-3取用。

2. 水泥用量 Q_C 的计算

每立方米水泥混合砂浆中水泥用量，可按下式计算：

$$Q_C=\frac{1000(f_{m,0}-\beta)}{\alpha f_{ce}}$$

式中 Q_C——每立方米水泥混合砂浆的水泥用量，应精确至1kg；

$f_{m,0}$——砂浆的试配强度，应精确至0.1MPa；

f_{ce}——水泥的实测强度，应精确至0.1MPa；

α、β——砂浆的特征系数，其中 $\alpha=3.03$，$\beta=-15.09$。

注：各地区也可用本地区试验资料确定 α、β 值，统计用的试验组数不得少于30组。

在无法取得水泥的实测强度值时，可按下式计算水泥实测强度值。

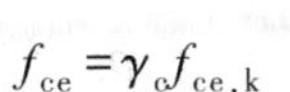

$$f_{ce}=\gamma_c f_{ce,k}$$

式中 f_{ce}——水泥实测强度值（MPa）；

$f_{ce,k}$——水泥强度等级值（MPa）；

γ_c——水泥强度等级值的富余系数，该值应按实际统计资料确定。无统计资料时 γ_c 可取 1.0。

当水泥混合砂浆中的水泥用量 Q_C 计算值小于 200kg/m³ 时，应取 $Q_C=200\text{kg/m}^3$。

3. 石灰膏用量 Q_D 的计算

石灰膏用量 Q_D 的确定，可按下式计算：

$$Q_D=Q_A-Q_C$$

式中 Q_D——每立方米砂浆的石灰膏用量，应精确至 1kg；

Q_C——每立方米砂浆的水泥用量，应精确至 1kg；

Q_A——每立方米砂浆中水泥与石灰膏的总量，应精确至 1kg，可为 350kg/m³。

4. 砂用量 Q_S 的确定

每立方米砂浆中砂用量，应按干燥状态（含水率小于 0.5%）下砂的堆积密度值作为计算值。

5. 用水量 Q_W 的确定

每立方米砂浆中的用水量，可根据试拌达到砂浆所要求的稠度来确定。由于用水量的多少对其强度影响不大，因此一般可根据经验以满足施工所需稠度即可，可选用 210~310kg。在选用时应注意：

1）混合砂浆中的用水量，不包括石灰膏中的水。

2）当采用细砂或粗砂时，用水量取上限或下限。

3）稠度小于 70mm 时，用水量可小于下限。

4）施工现场处于气候炎热或干燥季节，可酌量增加用水量。

6. 配合比试配、调整和确定

（1）和易性检测　按计算所得水泥混合砂浆配合比进行试拌时，应测定砂浆拌合物的稠度、分层度和保水率。当不能满足砂浆和易性要求时，应调整各组成材料用量，直到符合要求为止，并以此作为砂浆试配时的基准配合比。

（2）强度检测　为了使水泥混合砂浆强度符合设计要求，强度检测时应采用三个不同的配合比。其中一个为基准配合比，另外两个配合比的水泥用量应在基准配合比基础上分别增加及减少 10%。在满足砂浆稠度、分层度和保水率的条件下，可将用水量、石灰膏等掺合料用量作相应调整。

按《建筑砂浆基本性能试验方法标准》（JGJ/T 70—2009）的规定制作试件，分别测定三个不同配合比的砂浆表观密度和强度，并应选定符合试配强度及和易性要求、水泥用量最少的配合比作为砂浆的试配配合比。

（3）砂浆试配配合比校正

1）计算砂浆的理论表观密度值：

$$Q_C+Q_D+Q_S+Q_W=\rho_t$$

式中 ρ_t——砂浆的理论表观密度值，应精确至 10kg/m³。

2）计算砂浆配合比校正系数 δ：

$$\delta=\frac{\rho_c}{\rho_t}$$

式中 ρ_c——砂浆的实测表观密度值，应精确至 $10kg/m^3$。

3）如果砂浆的实测表观密度值与理论表观密度值之差的绝对值不大于理论值的 2%时，可将砂浆试配配合比确定为砂浆设计配合比；如果砂浆的实测表观密度值与理论表观密度值之差的绝对值大于理论值的 2%时，应将砂浆试配配合比中每项材料用量均乘以校正系数 δ 后，确定为砂浆设计配合比。

二、水泥砂浆配合比设计步骤

1. 确定水泥砂浆各材料用量

水泥砂浆中各组成材料用量，可按表 4-4 选用。

表 4-4 每立方米水泥砂浆材料用量

强度等级	每立方米砂浆水泥用量/kg	每立方米砂浆砂子用量/kg	每立方米砂浆用水量/kg
M5	200~230	每立方米砂的堆积密度值	270~330
M7.5	230~260		
M10	260~290		
M15	290~330		
M20	340~400		
M25	360~410		
M30	430~480		

注：1. 配制强度等级不大于 M15 的水泥砂浆，水泥强度等级为 32.5 级；配制强度等级大于 M15 的水泥砂浆，水泥强度等级为 42.5 级。
2. 当采用细砂或粗砂时，用水量分别取上限或下限。
3. 稠度小于 70mm 时，用水量可小于下限。
4. 施工现场处于气候炎热或干燥季节，可酌量增加用水量。

2. 配合比试配、调整和确定

（1）和易性检测　按计算所得水泥混合砂浆配合比进行试拌时，应测定砂浆拌合物的稠度、分层度和保水率。当不能满足砂浆和易性要求时，应调整各组成材料用量，直到符合要求为止，并以此作为砂浆试配时的基准配合比。

（2）强度检测　为了使水泥混合砂浆强度符合设计要求，强度检测时应采用三个不同的配合比。其中一个为基准配合比，另外两个配合比的水泥用量应在基准配合比基础上分别增加及减少 10%。在满足砂浆稠度、分层度和保水率的条件下，可将用水量、石灰膏等掺合料用量作相应调整。

按《建筑砂浆基本性能试验方法标准》（JGJ/T 70—2009）的规定制作试件，分别测定三个不同配合比的砂浆表观密度和强度，并应选定符合试配强度及和易性要求、水泥用量最少的配合比作为砂浆的试配配合比。

（3）砂浆试配配合比校正

1）计算砂浆的理论表观密度值：

$$Q_C+Q_D+Q_S+Q_W=\rho_t$$

式中 ρ_t——砂浆的理论表观密度值，应精确至 $10kg/m^3$。

2）计算砂浆配合比校正系数 δ：

$$\delta=\frac{\rho_c}{\rho_t}$$

式中 ρ_c——砂浆的实测表观密度值，应精确至 $10kg/m^3$。

3）如果砂浆的实测表观密度值与理论表观密度值之差的绝对值不大于理论值的2%时，可将砂浆试配配合比确定为砂浆设计配合比；如果砂浆的实测表观密度值与理论表观密度值之差的绝对值大于理论值的2%时，应将砂浆试配配合比中每项材料用量均乘以校正系数 δ 后，确定为砂浆设计配合比。

三、砌筑砂浆配合比设计计算实例

[例1] 某工程的砖墙需用强度等级为M7.5、稠度为70~90mm的水泥石灰砂浆砌筑，所用材料如下：水泥为42.5级普通硅酸盐水泥；砂为中砂，堆积密度为 $1450kg/m^3$，含水率为2%；石灰膏稠度为120mm。施工水平一般。试计算砂浆的配合比。

解： 1. 计算砂浆试配强度

查表4-3知，$k=1.2$

$f_{m,0}=kf_2=7.5\times1.2MPa=9MPa$

2. 计算水泥用量

$\alpha=3.03$，$\beta=-15.09$；$f_{ce,k}=42.5MPa$，$\gamma_c=1.0$

$f_{ce}=\gamma_c f_{ce,k}=1.0\times42.5MPa=42.5MPa$

$$Q_C=\frac{1000(f_{m,0}-\beta)}{\alpha f_{ce}}=\frac{1000\times(9+15.09)}{3.03\times42.5}kg=187kg$$

3. 计算石灰膏用量

因水泥和石灰膏总量为 $350kg/m^3$，可选 $Q_A=350kg$，故 $Q_D=Q_A-Q_C=(350-187)kg=163kg$

4. 确定砂子用量

按干燥状态下砂堆积密度值 $Q_S=1450kg$，考虑含水 $Q_S=1450kg(1+2\%)=1479kg$

5. 确定用水量

按210~310kg选用，选 $Q_W=280kg$，实际 $Q_W=(280-1450\times2\%)kg=251kg$

6. 砂浆配合比为：

水泥∶石灰膏∶砂 $=Q_C:Q_D:Q_S=187:163:1479=1:0.87:7.91$

水胶比 $=Q_W:Q_C=251:187=1.34$

[例2] 某住宅工程的砖墙需用强度等级为M7.5、稠度为40~60mm的水泥砂浆砌筑，所用材料如下：水泥为强度等级32.5级矿渣硅酸盐水泥；砂为中砂，堆积密度为 $1400kg/m^3$；施工水平一般。试计算砂浆的配合比。

解： 1. 确定砂浆水泥用量

根据表4-4可知，水泥用量 $Q_C=240kg$

2. 确定砂子用量

由于砂的堆积密度值为 $1400kg/m^3$，因此，砂的用量值 $Q_S=1400kg$

3. 确定用水量

根据表4-4可知，用水量按270~330kg选用，故选 $Q_W=300kg$

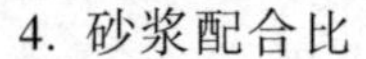

4. 砂浆配合比

水泥：砂 = Q_C ：Q_S = 240：1400 = 1：5.83；水胶比 = Q_W ：Q_C = 300：240 = 1.25

项目 4.3　其他建筑砂浆应用

【工作任务】 能结合工程环境条件与要求，合理选用其他砂浆。

4.3.1　了解资讯

一、抹面砂浆

抹面砂浆是指涂抹在基底材料的表面，兼有保护基层和增加美观作用的砂浆。它可以抵抗自然环境各种因素对结构物的侵蚀，提高耐久性，同时也可以达到建筑表面平整、美观的效果。

常用的抹面砂浆有水泥砂浆、石灰砂浆、水泥石灰混合砂浆、麻刀石灰砂浆（简称麻刀灰）、纸筋石灰砂浆（简称纸筋灰）等。

二、防水砂浆

防水砂浆是指用于制作防水层并具有抵抗水压力渗透能力的砂浆。

按其组成材料不同，可将防水砂浆分为普通防水砂浆、防水剂防水砂浆、聚合物防水砂浆三类。

普通防水砂浆是按水泥：砂 = 1：2～1：3、水胶比为 0.5～0.55 配制的水泥砂浆，通过人工多层抹压，以减少内部连通毛细孔隙，增大密实度，形成紧密的砂浆防水层，达到防水效果。

防水剂防水砂浆是在水泥砂浆中掺入防水剂，增大水泥砂浆的密实性，填充、堵塞渗水通道与孔隙，提高砂浆的抗渗能力，从而达到防水目的。常用的防水剂主要有氯化物金属盐类防水剂、金属皂类防水剂、水玻璃矾类防水剂。

聚合物防水砂浆是在水泥砂浆中掺入水溶性聚合物，如天然橡胶乳液、氯丁橡胶乳液、丁苯橡胶乳液、丙烯酸酯乳液等配制而成。

三、干混砂浆

干混砂浆又称为干拌砂浆，是由胶凝材料、细骨料、掺合料按一定比例在专业生产厂均匀混合而成，在使用地点按规定比例加水拌和使用的干混拌合物。

干混砂浆可分为普通干混砂浆和特种干混砂浆（是指对性能有特殊要求的专用建筑、装饰等干混砂浆）。

4.3.2　组织实施

一、抹面砂浆

抹面砂浆主要用于结构表面处理。

> **提示：**
> 与砌筑砂浆不同，抹面砂浆要求具有更好的和易性及粘结力。

由于抹面砂浆对于和易性的要求高于砌筑砂浆，因此，胶凝材料的用量高于砌筑砂浆。

为了保证砂浆层与基层粘结牢固，表面平整，防止面层开裂，施工时应采用分层薄涂的施工方法。通常分底层、中层和面层。底层的作用是使砂浆与基层能牢固地粘结在一起；中层抹灰主要是为了找平，有时也可省略；面层抹灰是为了获得平整光洁的表面效果。

用于砖墙的底层抹灰，多为石灰砂浆；有防水、防潮要求时用水泥砂浆；用于混凝土基层的底层抹灰，多为水泥混合砂浆。中层抹灰多采用水泥混合砂浆或石灰砂浆。面层抹灰多用水泥混合砂浆、麻刀灰或纸筋灰。

在容易碰撞或潮湿部位，应采用水泥砂浆，如墙裙、踢脚板、地面、雨篷、窗台以及水池、水井等处。在硅酸盐砌块墙面上做砂浆抹面或粘贴饰面材料时，最好在砂浆层内夹一层事先固定好的钢丝网，以免抹灰层剥落。

常用抹面砂浆的配合比及其应用范围参见表4-5。

表4-5 常用抹面砂浆的配合比及其应用范围

品种	配合比(体积比)	应用范围
水泥砂浆	水泥：砂 1:1 1:2.5 1:3	清水墙勾缝、混凝土地面压光 潮湿的内外墙、地面、楼面水泥砂浆面层 砖和混凝土墙面的水泥砂浆底层
混合砂浆	水泥：石灰膏：砂 1:0.5:4 1:1:6 1:3:9	加气混凝土表面砂浆抹面的底层 加气混凝土表面砂浆抹面的中层 混凝土墙、梁、柱、顶棚的砂浆抹面的底层
石灰砂浆	石灰膏：砂 1:3	干燥砖墙或混凝土墙的内墙石灰砂浆底层和中层
纸筋灰	100kg石灰膏加3.8kg纸筋	内墙、顶棚石灰砂浆面层
麻刀灰	100kg石灰膏加1.5kg麻刀	板条、苇箔抹灰的底层

二、防水砂浆

防水砂浆适用于不受振动和具有一定刚度的混凝土或砖石砌体结构表面的防水处理。对于变形较大或可能发生不均匀沉陷的建筑物，不宜采用防水砂浆。

防水砂浆施工技术要求很高。一般先在底面上抹一层水泥砂浆，再将防水砂浆分4~5层涂抹，每层约5mm厚，均要压实，最后一层要进行压光，抹完后要加强养护，才能获得理想的防水效果。

三、干混砂浆

与传统的建筑砂浆相比，具有集中生产、质量稳定、保护环境、节省原材料等优势，能改善砂浆现场施工条件，使用范围广泛，既可用于主体工程的砌筑，也可用于主体工程的装饰处理。

学习情境5 建筑钢材性能检测及应用

【知识与能力目标】

了解钢材化学成分对钢材性能的影响、建筑钢材与钢筋的锈蚀，能结合工程环境及要求，采取技术措施防止建筑钢材、钢筋锈蚀；掌握建筑钢材的技术性能、建筑钢材与钢筋牌号命名原则；能按国家标准要求进行钢筋取样；能正确使用检测仪器对热轧钢筋、钢筋焊接各项性能进行检测，并依据国家标准能对热轧钢筋、钢筋焊接质量作出准确评价；能正确阅读热轧钢筋和钢筋焊接质量检测报告。

建筑钢材具有组织均匀密实，强度、硬度高，塑性、韧性、加工性能好，能进行切割、焊接、栓接和铆接等各种形式的加工和连接，便于拼装成各种结构等优点，不仅适用于一般建筑工程，更适用于大跨度结构和高层建筑。但建筑钢材存在容易锈蚀、维修费用高、耐火性差等缺点，因此，钢结构在使用过程中，应采取必要的防锈、防火措施，以保证结构的耐久性。建筑工程中使用的建筑钢材主要有两大类，一类是钢筋混凝土用钢材，如各类钢筋、钢丝、钢绞线等；另一类则为钢结构用钢材，如各种型钢、钢板、钢管等。

项目 5.1　建筑钢材技术性能检测

【工作任务】 阅读热轧钢筋、钢筋焊接质量检测报告；能按国家标准要求进行热轧钢筋、钢筋焊接取样和试件的制作；能正确使用检测仪器对热轧钢筋、钢筋焊接各项技术指标进行检测；能准确填写热轧钢筋、钢筋焊接质量检测报告。

5.1.1　了解资讯

一、钢的分类

1）按化学成分不同，分为碳素钢和合金钢。

碳素钢是指含碳量为 0.02%~2.06%的铁碳合金。除铁、碳之外，还含有少量的硅、锰和微量的硫、磷、氢、氧、氮等元素。按含碳量多少，将碳素钢又可分为低碳素钢（含碳量<0.25%）、中碳素钢（含碳量为 0.25%~0.6%）和高碳素钢（含碳量>0.6%）。

合金钢是指在碳素钢中加入一定量的合金元素而制得的钢。常用的合金元素有硅、锰、钛、钒、铌、铬等。按合金元素总含量不同，将合金钢又可分为低合金钢（合金元素总含量<5%）、中合金钢（合金元素总含量为 5%~10%）和高合金钢（合金元素总含量>10%）。

2）按钢材冶炼方式不同，分为氧气转炉钢、平炉钢和电炉钢。

3）按脱氧程度不同，分为沸腾钢、半镇静钢、镇静钢和特殊镇静钢。

4）按钢材内部杂质含量不同，分为普通钢（含硫量≤0.050%，含磷量≤0.045%）、优质钢（含硫量≤0.035%，含磷量≤0.035%）和高级优质钢（含硫量≤0.025%，含磷量≤0.025%）。

5）按用途不同，分为结构钢、工具钢、专用钢和特殊性能钢。

结构钢主要为建筑结构及机械零件用钢，一般为低、中碳钢；工具钢主要用于各种刀具、量具及模具等工具的钢，一般为高碳钢；专用钢是为满足特殊的使用环境条件或使用荷载下专用钢材，如桥梁钢、钢轨钢、弹簧钢等；特殊性能钢是指具有特殊的物理、化学及力学性能的钢，如不锈钢、耐酸钢、耐热钢、耐磨钢等。

二、钢材的技术性能

（一）拉伸性能

钢材的拉伸性能是建筑钢材最常用、最重要的技术性能。取低碳钢标准试件，其形状和尺寸如图 5-1a 所示。其中 d_0 为试件直径，试验段标距长度 L_0 有两种选择：对于细长试件，取 $L_0=10d_0$；对于粗短试件，取 $L_0=5d_0$。

建筑钢材的拉伸性能微课

提示：

由于低碳钢在拉伸过程中所表现的荷载与变形的关系最具有代表性，所以，以低碳钢为例，研究钢材的拉伸性能。

将试件放在试验机的夹具上，在试件两端施加一对缓慢增加的拉伸荷载，观察试件的受力与变形过程，直至被拉断。在加荷过程中，测定并记录各个荷载 F 作用下试件标距内的变形（伸长量）Δl。以应力 σ（荷载与试件横截面面积的比值）为纵坐标，应变 ε（试件伸长量与试件标距的比值）为横坐标，得钢材的应力-应变关系曲线，如图 5-2 所示。

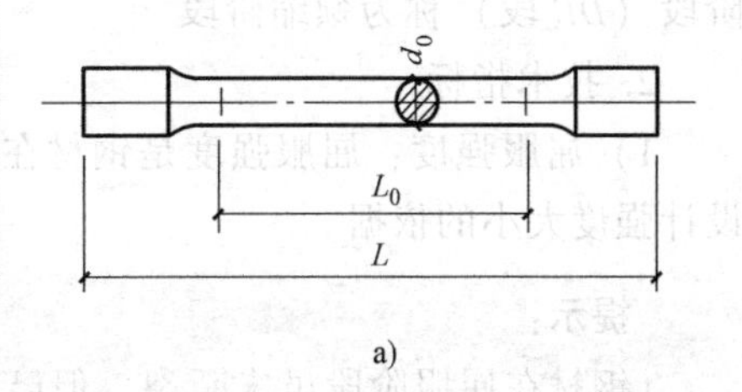

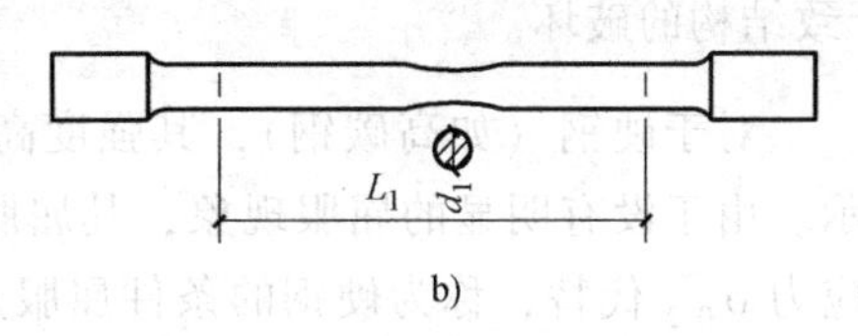

图 5-1 钢材拉伸试件

a）拉伸前 b）拉断后

1. 应力-应变关系曲线

钢材受拉时，其应力-应变关系曲线可分为以下四个阶段：

1）弹性阶段：从图 5-2 中可以看出，钢材受拉开始的一段，荷载较小，应力与应变成正比，形成直线段 OA，A 点的应力叫作比例极限。当应力超过比例极限后，应力与应变开始失去比例关系，在 σ-ε 图中是由直线 OA 过渡到微弯的曲线 AB。若在 OAB 范围内卸去荷载，试件将恢复到原来的长度，即在 OAB 范围内的变形是弹性变形；若超过 B 点就将出现塑性变形，所以 B 点对应的应力叫作弹性极限，OAB 阶段叫作弹性阶段，OA 是线性弹性变形，AB 为非线性弹性变形。由于比例极限与弹性极限非常接近，通常认为两者是相等的。

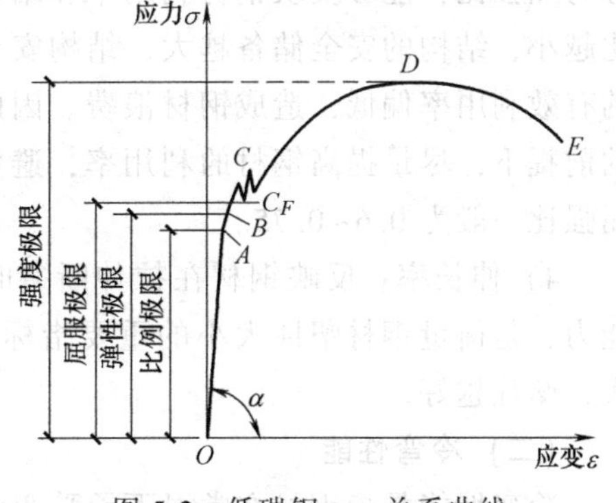

图 5-2 低碳钢 σ-ε 关系曲线

可见，钢材拉伸在弹性阶段内的变形是弹性的、微小的、与外力成正比的。在弹性阶段内，钢材的应力 σ 与应变 ε 的比值称为弹性模量 E，即：

$$E=\frac{\sigma}{\varepsilon}=\tan\alpha$$

弹性模量 E 值的大小反映钢材抵抗变形能力的大小。E 值越大，使其产生同样弹性变形的应力值也越大。钢材的弹性模量值 $E=0.2\times10^6$MPa。

2）屈服阶段：当应力超过弹性极限后，应力与应变不再成正比关系。由于钢材内部晶粒滑移，使荷载在一个较小的范围内波动，而塑性变形却急剧增加，好像钢材试件对于外力已经屈服了一样，这个现象叫作“屈服”，这一波动阶段（BC）叫作屈服阶段。

3）强化阶段：屈服阶段过后，由于钢材内部组织产生晶格扭曲、晶粒破碎等原因，阻止了塑性变形的进一步发展，钢材抵抗外力作用的能力有所增强，应力与应变的关系表现为上升的曲线，直至到达最高点 D，这一阶段（CD 段）叫作强化阶段。

4）颈缩阶段：当应力达到强度极限后，钢材抵抗变形能力明显下降，塑性变形急剧增加，在试件最薄弱处的横断面显著缩小，产生颈缩现象，最后在曲线的 E 点处断裂。这一阶段（DE 段）称为颈缩阶段。

2. 技术指标

1）屈服强度：屈服强度是钢材在屈服阶段的最小应力值。钢材的屈服强度是确定钢材设计强度大小的依据。

提示：

钢材在屈服阶段虽未断裂，但已产生较大的塑性变形而使结构不能正常工作，可能导致结构的破坏。

对于硬钢（如高碳钢），其强度高、变形小，应力-应变关系图显得高而窄，如图 5-3 所示。由于没有明显的屈服现象，其屈服强度是以试件在拉伸过程中产生 0.2%塑性变形时的应力 $\sigma_{0.2}$ 代替，称为硬钢的条件屈服点。

2）抗拉强度：抗拉强度是钢材所能承受的最大应力值，又称强度极限，用 σ_b 表示。它反映了钢材在均匀变形状态下的最大抵抗能力。

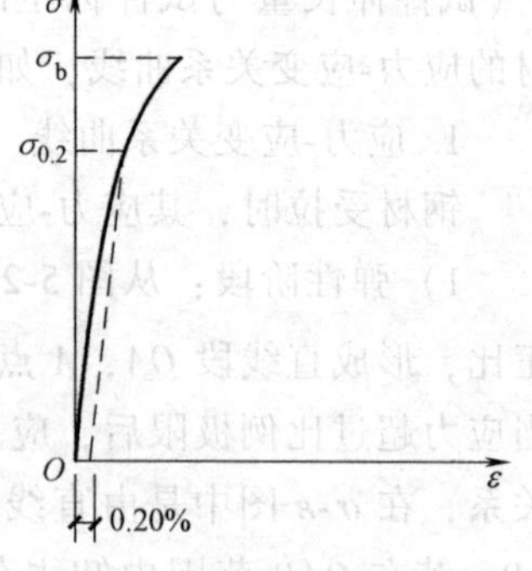

图 5-3 硬钢的 σ-ε 关系图

3）屈强比：钢材的屈服强度与抗拉强度之比（σ_S/σ_b）称为屈强比，能够反映钢材利用率和结构安全可靠程度。屈强比越小，结构的安全储备越大，结构安全度提高，但钢材强度的有效利用率偏低，造成钢材浪费。因此，应在保证安全可靠的前提下，尽量提高钢材的利用率，避免屈强比过小，合理的屈强比一般为 0.6~0.75。

4）伸长率：反映钢材在拉伸断裂时所能承受的塑性变形能力，是衡量钢材塑性大小的重要指标。伸长率越大，说明钢材断裂时产生的塑性变形越大，塑性越好。

（二）冷弯性能

冷弯性能是指钢材在常温下承受弯曲变形而不断裂的能力。

钢材的冷弯性能大小是以冷弯性能检测时的弯曲角度 α、弯心直径 d 与钢材厚度 a 的比值来表示，如图 5-4 所示。弯心直径越小，弯曲角度越大，说明钢材的冷弯性能越好。

提示：

钢材试件绕着指定弯心弯曲至规定角度后，如试件弯曲处的外拱面和两侧面不出现断裂、起层现象，认为冷弯性能检测合格。

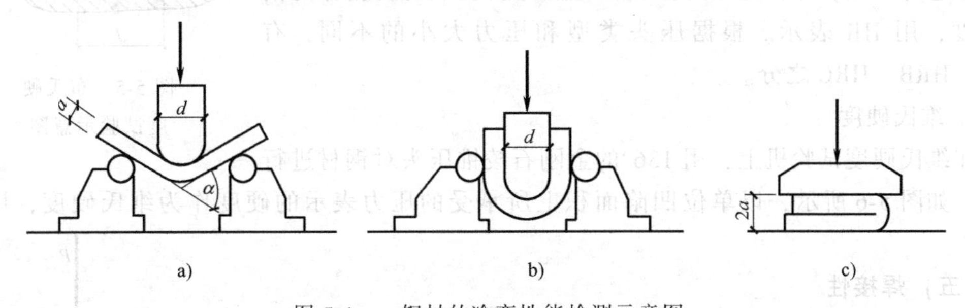

图 5-4 钢材的冷弯性能检测示意图

a）弯曲至规定角度 b）绕指定弯心 d 弯曲 180° c）弯曲 180°，弯心为 0

提示：

冷弯性能检测既可以反映钢材塑性大小，也可以检查钢材内部存在的缺陷，如气孔、杂质、裂纹、偏析等。

（三）冲击韧性

钢材抵抗冲击破坏的能力称为冲击韧性。

钢材的冲击韧性可用冲击功或冲击韧性值来表示。用标准试件作冲击检测时，在冲断过程中，试件所吸收的功称为冲击吸收能量（可直接从试验机上读取）；而折断后试件单位截面面积上所吸收的功，称为钢材的冲击韧性值。冲击吸收能量或冲击韧性值越大，钢材的冲击韧性就越好。

温度对钢材的冲击韧性影响很大，钢材在负温条件下，冲击韧性会显著下降，钢材由塑性状态转化为脆性状态，这一现象称为冷脆。在使用上，对钢材冷脆性评定，通常是在-20℃、-30℃、-40℃三个温度下分别测定其冲击吸收能量或冲击韧性值，由此来判断脆性转变温度的高低，钢材的脆性转变温度应低于其实际使用环境的最低温度。

提示：

对于承受冲击荷载作用的钢材，必须满足规范规定的冲击韧性指标要求。

（四）硬度

钢材的硬度是指钢材抵抗硬物压入表面的能力。

提示：

表示钢材硬度的方法有布氏硬度、洛氏硬度和维氏硬度。三种硬度与钢材的抗拉强度之间有一定的换算关系。

1. 布氏硬度

在布氏硬度试验机上，对一定直径的硬质淬火钢球施加一定的压力，将它压入钢材的光滑表面形成凹陷，如图 5-5 所示。将压力除以凹陷面积，即得布氏硬度值，用 HB 表示。可见，布氏硬度是指单位凹陷面积上所承受的压力。HB 值越大，表示钢越硬。

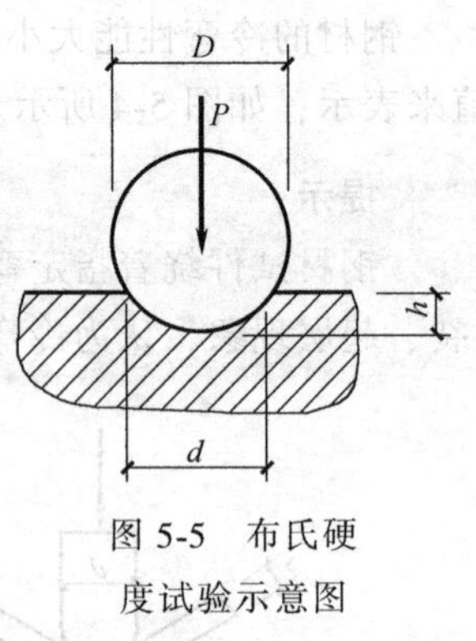

图 5-5 布氏硬度试验示意图

2. 洛氏硬度

在洛氏硬度试验机上，用 120°的金刚石圆锥压头或淬火钢球对钢材进行压陷，以一定压力作用下压痕深度表示的硬度称为洛氏硬度，用 HR 表示。根据压头类型和压力大小的不同，有 HRA、HRB、HRC 之分。

3. 维氏硬度

在维氏硬度试验机上，用 136°的金刚石棱锥压头对钢材进行压陷，如图 5-6 所示，以单位凹陷面积上所承受的压力表示的硬度作为维氏硬度，用 HV 表示。

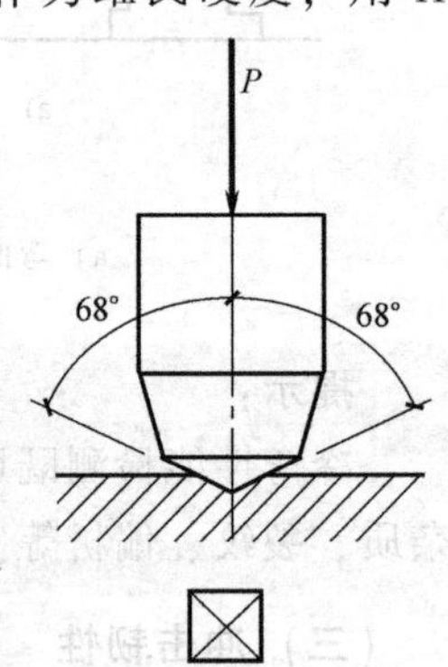

图 5-6 维氏硬度试验示意图

(五) 焊接性

钢材的焊接性就是指钢材在焊接后，所焊部位连接的牢固程度和硬脆倾向大小的性能。焊接性良好的钢材，焊头连接牢固可靠，硬脆倾向小。

提示：

钢材焊接时由于局部高温作用及焊接后急剧冷却作用，使焊缝及其附近的过热区发生晶体组织与结构的变化，产生局部变形及残余应力，使焊缝周围的钢材产生硬脆倾向，降低焊接质量。

钢材的化学成分、冶炼质量及冷加工等，对钢材的焊接性影响很大。含碳、硫、磷量越高，钢材的焊接性会显著降低；加入过多的合金元素，也将在不同程度上降低焊接性。对于高碳钢和合金钢，需采用焊前预热和焊后热处理等措施，来改善焊接后的硬脆性。

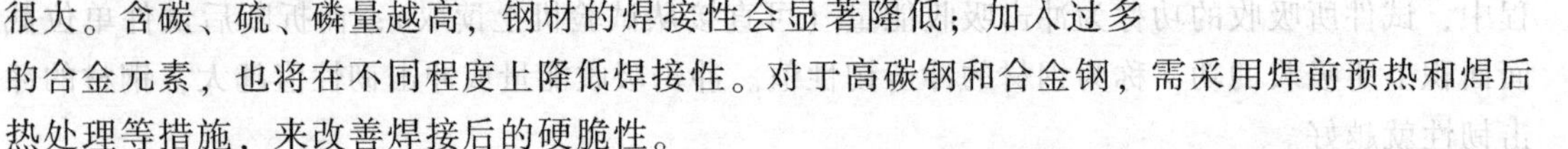

三、钢材的化学成分

钢中所含元素较多，除主体的铁和碳之外，还含有锰、硅、钒、钛等合金元素及硫、磷、氮、氧、氢等有害元素，这些元素对钢材的性能有不同程度的影响。

1. 碳（C）

碳是影响钢材的主要元素。随着含碳量的增加（含碳量大于 1%则相反），硬度提高，塑性、韧性下降，冷脆性增加，焊接性变差，抵抗大气腐蚀的性能也下降。

2. 硅（Si）

提示：

硅和锰是炼钢时作为脱氧剂加入的。

硅含量不大于 1%时，能显著提高钢材的强度，而对塑性、韧性没有显著影响。硅含量大于 1%时，钢材的塑性、韧性有所降低，冷脆性增加，焊接性降低。

3. 锰（Mn）

锰的含量在 0.8%~1%时，可显著提高钢材的强度和硬度，而对塑性、韧性没有显著影响。锰含量大于 1%，钢材的塑性、韧性则有所下降。

4. 钒（V）、钛（Ti）、铌（Nb）

提示：

钒、钛、铌是作为合金元素，在炼钢时人为加入的。

加入适量的钒、钛或铌，能够改善钢的组织结构，细化晶粒，提高钢材的强度和硬度，改善塑性和韧性。

5. 硫（S）

硫是由铁矿石和燃料带入钢中的。硫与铁化合形成硫化亚铁 FeS，是一种低熔点（<1000℃）的夹杂物，钢材在进行热轧加工和焊接加工时硫化亚铁熔化，致使钢内晶粒脱开，形成细微裂缝，钢材受力后发生脆性断裂，这种现象称为热脆性。硫在钢中的这种热脆性，降低了钢材的热加工性能和焊接性，并使钢材的冲击韧性、疲劳强度和抗腐蚀性能降低。因此，要严格控制钢中的含硫量，普通碳素结构钢的含硫量不大于 0.050%，优质碳素结构钢中含硫量不大于 0.035%。

6. 磷（P）

磷是由铁矿石和燃料带入钢中的。磷虽能提高钢材的耐磨性和耐腐蚀性能，却显著提高钢材的脆性转变温度，增加钢材的冷脆性，降低钢材的冷弯性能和焊接性。故钢中磷的含量必须严格控制，普通碳素结构钢的含磷量不大于 0.045%，优质碳素结构钢的含磷量不大于 0.035%。磷的存在，可以提高钢材的耐磨、耐腐蚀性能。

7. 氮（N）

氮可提高钢材的强度和硬度，增加钢材的时效敏感性和冷脆性，降低钢材的塑性、韧性、焊接性和冷弯性能。

8. 氧（O）

钢中的氧是有害元素，以氧化物夹杂其中。氧使钢材具有热脆性，降低钢材的塑性、韧性、焊接性、耐腐蚀性能，故其含量不应大于 0.02%。

9. 氢（H）

钢中的氢显著降低钢材的塑性和韧性。在高温时氢能溶于钢中，冷却时便游离出来，使钢形成微裂缝，受力时很容易发生脆断，该现象称为“氢脆”。

四、钢材的冷加工

在常温下对钢材进行冷拉、冷拔或冷轧，使其产生塑性变形的加工，称为冷加工。冷加工可以改善钢材的性能。常用的冷加工方法有冷拉、冷拔、冷轧等。

冷拉是将钢筋用拉伸设备在常温下拉长，使之产生一定的塑性变形。通过冷拉，能使钢筋的强度提高 10%～20%，长度增加 6%～10%，并达到矫直、除锈、节约钢材的效果。

冷拔是将钢筋通过用硬质合金制成的拔细模孔强行拉拔，如图 5-7 所示。由于模孔直径略小于钢筋直径，从而使钢筋受到拉拔的同时，与模孔接触处受到强力挤压，钢筋内部组织更加紧密，使钢筋的强度和硬度大为提高，但塑性、韧性下降很多，具有硬钢性能。

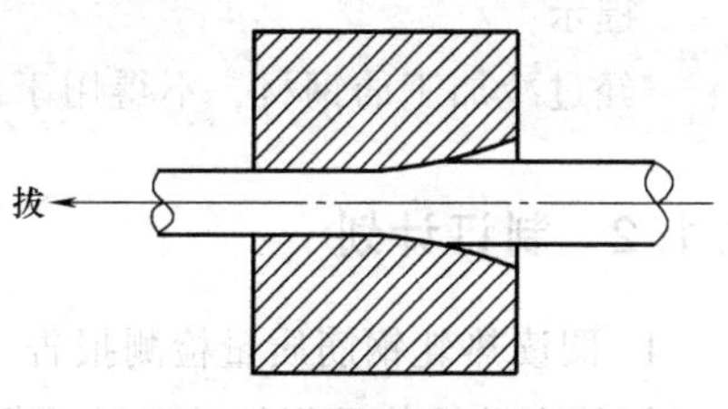

图 5-7 冷拔工艺示意图

将热轧钢筋或低碳钢试件进行拉伸试验，应得到图 5-8 中 $OABCKDE$ 的应力-应变关系曲线。如果在荷载加至强化阶段中的某一点 K 处时将荷载卸去，则在荷载下降的同时，弹性变形回缩，应力-应变关系沿斜线 KO_1 落到 O_1 点，试件留下 OO_1 的塑性变形。如果对钢材进行了冷加工，若立即再拉伸，试件的应力与应变关系先沿 O_1K 上升至 K 点，然后沿原来的规律 KDE 发展至断裂。可见，原来的屈服点不再出现，在 K 点处发生较大的塑性变形，比例阶段和弹性阶段扩大至 O_1K 段，这就说明：经冷加工后的钢材，其屈服强度、硬度提高，而塑性、韧性下降（塑性变形减少了 OO_1 段），这一效果称为钢材的冷加工强化。

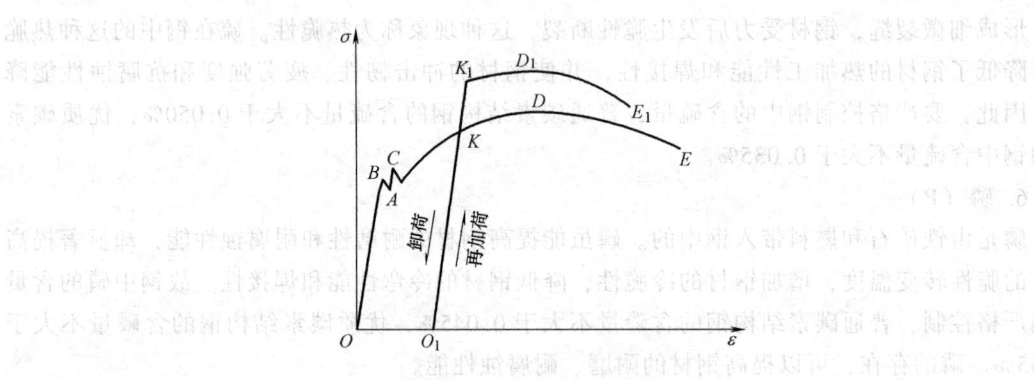

图 5-8 钢材冷拉的 σ-ε 关系曲线

如果将卸荷后的试件在常温下放置 15~20d，然后再继续拉伸，这时发现，试件的应力-应变关系曲线将沿 $O_1KK_1D_1E_1$ 发展。这说明：经冷加工强化后的钢材，由于放置一段时间，不但其屈服强度提高，抗拉强度也提高了，而塑性、韧性进一步下降。这一效果称为钢材的冷加工时效。

> 提示：
> 钢材冷加工时效分自然时效与人工时效。

冷加工强化后的钢材在放置一段时间后所产生的时效称为自然时效。若将冷加工强化后的钢材加热到 100~200℃，保持 2h，同样可以达到上述的效果，这称为人工时效。

钢材经过冷拉、冷拔、冷轧等冷加工之后产生强化和时效，使钢材的强度、硬度提高，塑性、韧性下降。利用这一性质，可以提高钢材的利用率，达到节省钢材、提高经济效益的效果。但应兼顾强度和塑性两方面的合理程度，不可因过分提高强度而使钢材塑性、韧性下降过多，以免降低钢材质量，影响使用。

> 提示：
> 经过冷加工的钢材，不得用于承受动荷载作用的结构，也不得用于焊接施工。

5.1.2 制订计划

1. 阅读热轧钢筋质量检测报告

钢筋力学性能及焊接接头试验报告形式如下：

钢筋力学性能试验报告

报告日期 ×××× 年 × 月××日

委托单位	×××××××××××××	委托日期	×-××	委托编号	××	报告编号	××××-××
试验依据	GB/T 1499. 1—2017	试验日期	×-××	见证人	×××		
工程名称	×××××××××××工程						

	试件编号	名称规格	代表数量/t	产地或厂家（合格证号）	屈服点 δ_s/MPa	拉伸强度 δ_b/MPa	伸长率 δ(%)	弯曲			使用部位	结论
								弯心/mm	角度/°	结果		
Ⅰ级钢筋	1	ϕ12	6	包钢	255	380	34	12	180	完好	梁、柱	合格
					245	375	35	12	180	完好		
	2	ϕ14	6	包钢	245	375	35	14	180	完好	梁、柱	合格
					255	385	33	14	180	完好		
	3	ϕ16	6	包钢	240	375	35	16	180	完好	梁、柱	合格
					245	380	34	16	180	完好		
	备注：符合 GB 1499. 1—2017 牌号。只对来样负责。											

试验单位：××××××××× 技术负责人：××× 审核：××× 试验：×××

钢筋焊接接头试验报告

报告日期 ×××× 年 × 月××日

委托单位	×××××××××××××	委托日期	×-××	委托编号	××	报告编号	××××-××
试验依据	JGJ 18—2012	试验日期	×-××	见证人	×××		
工程名称	×××××××××××工程						

试件编号	名称规格	代表数量/件	代号	抗拉强度 δ_b/MPa	断裂特征	断口距焊缝长度/mm	焊接方式	弯曲			结论
								弯心/mm	角度/度	结果	
1	Φ22	300	××	500	塑性	105	电渣压力焊				合格
				495	塑性	100					
				505	塑性	100					
备注：只对来样负责。											

试验单位：××××××××× 技术负责人：××× 审核：××× 试验：×××

2. 确定热轧钢筋质量检测项目

1）钢筋的拉伸性能检测：屈服强度、抗拉强度、伸长率。

2）钢筋的冷弯性能检测：弯曲角度。

3. 阅读钢筋焊接质量检测报告（以电渣压力焊接为例）

4. 确定钢筋焊接质量检测项目（以电渣压力焊接为例）

钢材的拉伸性能检测：抗拉强度。

提示：

钢筋焊接形式不同，焊接接头试件力学性能检测内容也不同。当采用闪光对焊、气压焊焊接时，除进行钢材的拉伸性能检测外，还应进行焊接接头的冷弯性能检测。

5. 制订热轧钢筋、钢筋焊接质量检测流程

1）试件的取样与制作。

2）拉伸性能检测。

3）冷弯性能检测。

5.1.3 组织实施

一、热轧钢筋试件的取样与制作

（一）热轧钢筋试件的取样

1）钢筋混凝土用热轧光圆钢筋、热轧带肋钢筋，应按批进行检查，每批由同一牌号、同一炉罐号、同一规格的钢筋组成。

2）每批数量不大于60t。超出60t的部分，每增加40t，则应增加一个拉伸性能检测试样数量和一个冷弯性能检测试样数量。

3）自每批钢筋中任意抽取两根钢筋，并于每根钢筋距端部50mm处各取一组试样（四根试件），在每组试样中取两根做拉伸性能检测，另外两根做冷弯性能检测。

提示：

钢材进入施工现场后，要认真查验钢材的质量证明书，确认进场钢材的厂家、牌号、规格和数量，要进一步确认试样的代表数量。截取钢筋时应注意截取位置。

（二）热轧钢筋试件的制作

1）钢筋混凝土用热轧钢筋试样，可不进行车削加工，使用原样钢筋，试样截取长度应符合要求。

① 拉伸性能检测试样截取长度：$L \geqslant 5d+200$mm（d为钢筋的直径，$d>10$mm）；$L \geqslant 10d+200$mm（$d \leqslant 10$mm）。

② 冷弯性能检测试样截取长度：$L \geqslant 5d+150$mm（d为钢筋的直径）。

2）对于其他钢材的试样，应按规定切取样坯和进行车削加工。切坯时边缘处应留有足够的加工余量，切坯宽度应不小于钢材厚度，并且不小于20mm。

二、热轧钢筋拉伸性能检测

（一）主要仪器设备

钢筋拉伸及冷弯伸性能检测

1）万能试验机：应具有调速指示装置、记录或显示装置，以满足测定力学性能的要求。

2）钢筋分划仪。

3）游标卡尺、千分尺：精确度为0.1mm。

（二）检测步骤

1）用游标卡尺在标距的两端及中间三个相互垂直的方向测量钢筋直径，计算钢筋横截面面积。计算钢筋强度所用横截面面积应采用公称横截面面积，钢筋的公称横截面面积见表5-1。

2）用钢筋分划仪或其他工具在试样表面上划出一系列等分点或细划线，并量出试样原始标距长度L_0，精确至0.1mm，如图5-9所示。

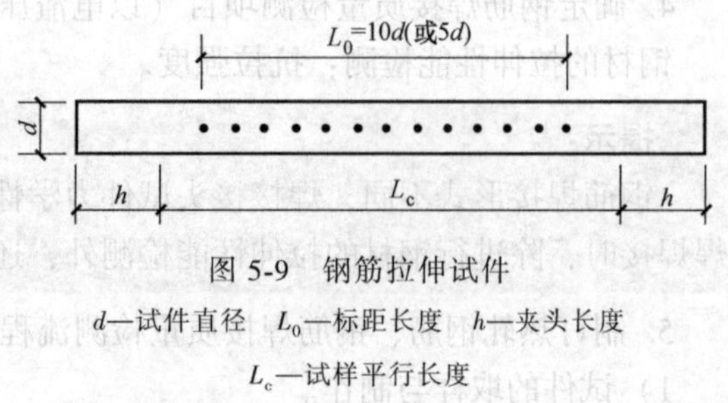

图5-9 钢筋拉伸试件

d—试件直径 L_0—标距长度 h—夹头长度

L_c—试样平行长度

表 5-1 热轧钢筋的公称横截面面积

公称直径/mm	公称横截面面积/mm^2	公称直径/mm	公称横截面面积/mm^2
8	50.27	22	380.1
10	78.54	25	490.9
12	113.1	28	615.8
14	153.9	32	804.2
16	201.1	36	1018
18	254.5	40	1257
20	314.2	50	1964

3）调整万能试验机测力刻度盘的指针，使之对准零点，并拨动副指针，使其与主指针重叠。

4）将试样固定在万能试验机夹头内，开动试验机缓慢加荷，进行拉伸检测。拉伸速度为：试件屈服前，加荷速度应尽可能保持恒定并在表 5-2 规定的应力速率的范围内，一般为 10 MPa/s；屈服后，试验机活动夹头在荷载下的移动速度不应超过 $0.008L_c$/s（L_c 为试件平行长度）。

表 5-2 试样屈服前的加荷速率

材料弹性模量/(N/mm^2)	应力速率/(MPa/s)	
	最小	最大
<150000	2	20
≥150000	6	60

5）在拉伸性能检测过程中，当试验机刻度盘指针停止转动时的恒定荷载，即为钢材的屈服点荷载。

6）继续加荷直至试样被拉断，记录万能试验机刻度盘指针的最大极限荷载。

提示：

在整个检测过程中加荷应连续均匀；试样应对准夹头的中心，试样轴线应绝对垂直；检测应在（20±10）℃的温度下进行，否则，应在检测记录和报告中注明。

7）将已拉断试样的两段在断裂处对齐，尽量使其轴线位于一条直线上，测量试样断裂后标距两端点之间的长度 L_1，精确至 0.1mm。如断裂处由于其他原因形成缝隙，则此缝隙应计入该试样拉断后的标距部分长度内。

① 如果拉断处到邻近的标距端点距离大于 $L_0/3$ 时，可用卡尺直接量出标距部分长度 L_1。

② 如果拉断处到邻近的标距端点距离小于或等于 $L_0/3$ 时，应按移位法确定标距长度 L_1。确定方法为检测前将原始标距 L_0 细分为 N 等份（每等份为 5mm 或 10mm），在断裂破坏的长段上，从拉断处 O 点取基本等于短段格数，得 B 点。当长段所余格数为偶数时，接着再取等于长段所余格数之半，得 C 点，则 $L_1=AO+BO+2BC$。当长段所余格数为奇数时，取等于长段所余格数减 1 的一半，得 C 点，长段所余格数加 1 的一半，得 C_1 点，则 $L_1=AO+BO+BC+BC_1$，如图 5-10 所示。

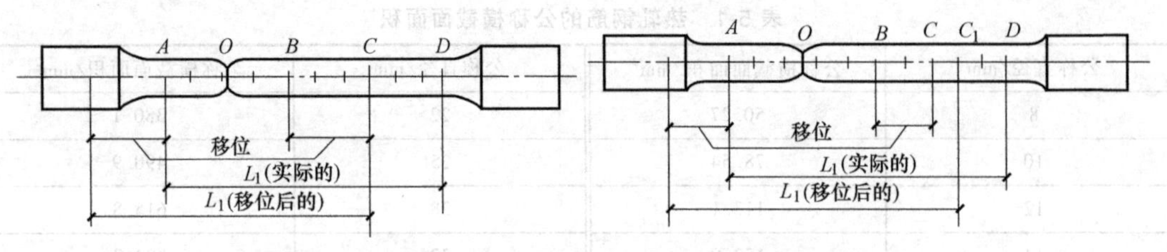

图 5-10 用移位法确定标距长度示意图

③ 当试样在标距端点上或标距端点外断裂时，拉伸性能检测无效，应重新进行检测。

(三) 检测结果

1) 按下式计算试样的屈服强度。

$$\sigma_s = \frac{F_s}{A_0}$$

式中 σ_s——试样的屈服强度（MPa）；

F_s——屈服点荷载（N）；

A_0——试样的公称横截面面积（mm^2）。

当 $\sigma_s \leqslant 200MPa$ 时，计算精确至 1MPa；σ_s 在 200～1000MPa 时，计算精确至 5MPa；$\sigma_s > 1000MPa$ 时，计算精确至 10MPa。

2) 按下式计算试样的抗拉强度。

$$\sigma_b = \frac{F_b}{A_0}$$

式中 σ_b——试样的抗拉强度（MPa）；

F_b——试样所能承受的最大极限荷载（N）；

A_0——试样的公称横截面面积（mm^2）。

当 $\sigma_b \leqslant 200MPa$ 时，计算精确至 1MPa；σ_b 在 200～1000MPa 时，计算精确至 5MPa；$\sigma_b > 1000MPa$ 时，计算精确至 10MPa。

3) 按下式计算试样的伸长率，精确至 0.5%。

$$\delta_5(\delta_{10}) = \frac{L_1 - L_0}{L_0} \times 100\%$$

式中 δ_5（δ_{10}）——分别表示 $L_0 = 5d$ 或 $L_0 = 10d$ 时的伸长率（%）；

L_0——试样的原标距长度（mm）；

L_1——试样拉断后用直接测量或移位法确定的标距长度（mm）；

d——试样的直径（mm）。

4) 钢筋的屈服强度、抗拉强度和伸长率，均以两次检测结果的测定值作为最终检测结果。如其中一个试样的屈服强度、抗拉强度和伸长率三个指标中有一项指标未达到热轧钢筋标准中规定的数值时，则应再抽取双倍试样数量，制成双倍试样重新进行检测。如仍有一个试样的其中一项指标不符合标准要求，则认为该组钢筋拉伸性能检测不合格。

三、热轧钢筋冷弯性能检测

(一) 主要仪器设备

1) 万能试验机：应具有调速指示装置、记录或显示装置，以满足测定力学性能的要求。具有足够硬度的两支承辊，支承辊间的距离可以调节。具有不同直径的弯心，弯心直径应符合有关标准规定。

2）游标卡尺、千分尺：精确度为0.1mm。

（二）检测步骤

1）用游标卡尺测量钢筋直径，检查试样尺寸是否合格。

2）按规定要求选择适当的弯心直径 D，并调整两支承辊间的距离，使支承辊之间的净距 $l=(D+3a)\pm0.5a$（D 为弯心直径，a 为钢筋直径或试样的厚度）。

3）将试样放置于两支辊上，开动试验机均匀加荷，直至试样弯曲到规定的角度，如图5-11所示，然后卸载，取下试样，检查其弯曲面。

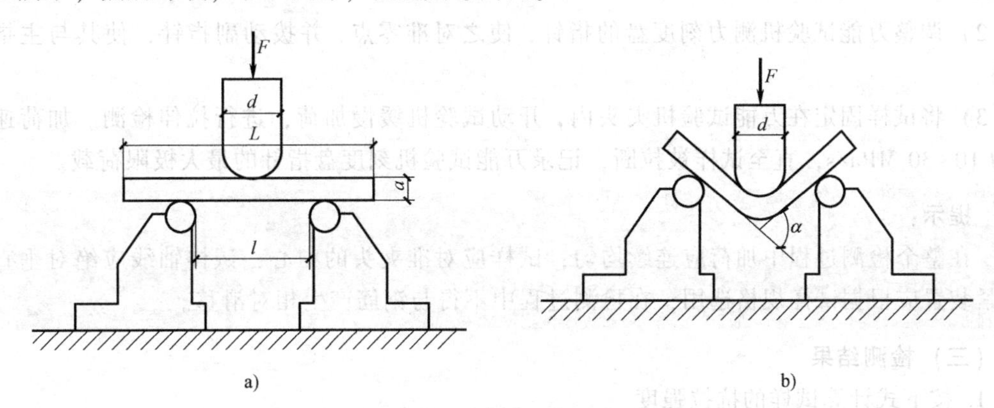

图5-11 钢材的冷弯性能检测示意图

a）试样冷弯性能检测时的装置 b）冷弯性能检测（弯曲至规定角度）

> **提示：**
> 在整个检测过程中加荷应平稳、连续，无冲击或跳动现象。

（三）检测结果

1）试样弯曲后，检查试样弯曲处的外表面及侧面，如两个试样均无裂缝、断裂或起层现象，即认为该组钢筋冷弯性能检测合格。

2）如果其中一个试样的检测结果不符合标准要求时，应再抽取双倍试样数量，制成双倍试样重新进行检测。如仍有一个试样不符合标准要求，则认为该组钢筋冷弯性能检测不合格。

四、钢筋焊接试件的取样（以电渣压力焊接为例）

1）以数量为300个同牌号钢筋接头作为一个检验批。当接头数量不足300个时，仍作为一个检验批。

2）每批随机切取3个接头做拉伸性能检测。

3）试件截取位置：试件母材钢筋长度距焊缝200mm处，试件长度450mm左右。

> **提示：**
> 焊接钢筋进入施工现场后，应准确辨别钢筋接头形式；在取样时，应首先进行钢筋接头外观质量检查；如同一批中有几种不同直径的接头，试件应在最大直径钢筋接头中切取。

五、钢筋焊接拉伸性能检测

（一）主要仪器设备

1）万能试验机：应具有调速指示装置、记录或显示装置，以满足测定力学性能的要求。

2）游标卡尺、千分尺：精确度为0.1mm。

（二）检测步骤

1）用游标卡尺在试件的两端及中间三个相互垂直的方向测量钢筋直径，计算钢筋横截面面积。计算钢筋强度所用横截面面积应采用公称横截面面积，钢筋的公称横截面面积见表5-1。

2）调整万能试验机测力刻度盘的指针，使之对准零点，并拨动副指针，使其与主指针重叠。

3）将试样固定在万能试验机夹头内，开动试验机缓慢加荷，进行拉伸检测。加荷速度宜为10~30 MPa/s，直至试样被拉断，记录万能试验机刻度盘指针的最大极限荷载。

提示：

在整个检测过程中加荷应连续均匀；试样应对准夹头的中心，试样轴线应绝对垂直，夹紧装置应根据试样规格选用，在检测过程中不得与钢筋产生相对滑移。

（三）检测结果

1. 按下式计算试样的抗拉强度

$$\sigma_b = \frac{F_b}{A_0}$$

式中 σ_b——试样的抗拉强度（MPa），精确至5MPa；

F_b——试样所能承受的最大极限荷载（N）；

A_0——试样的公称横截面面积（mm^2）。

2. 检测结果的评定

（1）合格标准　三个热轧钢筋接头试样的抗拉强度均不小于该牌号钢筋规定的抗拉强度，HRB400钢筋接头试样的抗拉强度均不小于570N/mm^2，并且三个试样中至少有两个试样断于焊缝之外，呈延性断裂，则认为该组热轧钢筋接头试样的拉伸性能检测合格。

（2）不合格标准　如检测结果有两个试样的抗拉强度小于该牌号钢筋规定的抗拉强度，或三个试样均在焊缝或受热影响区发生脆性断裂时，则认为该组热轧钢筋接头试样的拉伸性能检测不合格。

提示：

当试样断口上发现气孔、夹渣、未焊透、烧伤等焊接缺陷时，应在检测记录和报告中注明。

（3）复检标准　如检测结果有一个试样的抗拉强度小于该牌号钢筋规定的抗拉强度，或有两个试样在焊缝或受热影响区发生脆性断裂，其抗拉强度均小于该牌号钢筋规定抗拉强度的1.1倍时，应对试样的拉伸性能进行复检。

复检时，应再切取六个试样进行拉伸性能检测。如仍有一个试样的抗拉强度小于该牌号钢筋规定的抗拉强度，或有三个试样在焊缝或受热影响区发生脆性断裂，其抗拉强度均小于该牌号钢筋规定抗拉强度的1.1倍时，则认为该组热轧钢筋接头试样的拉伸性能检测不合格。

5.1.4 知识拓展

钢材冲击性能检测

（一）主要仪器设备

1）摆锤式冲击试验机：应符合《摆锤式冲击试验机》的检验（GB/T 3808—2018）的技术要求，最大能量不大于300J，打击瞬间摆锤的冲击速度应为5.0~5.5m/s。摆锤式冲击试验机如图5-12所示。

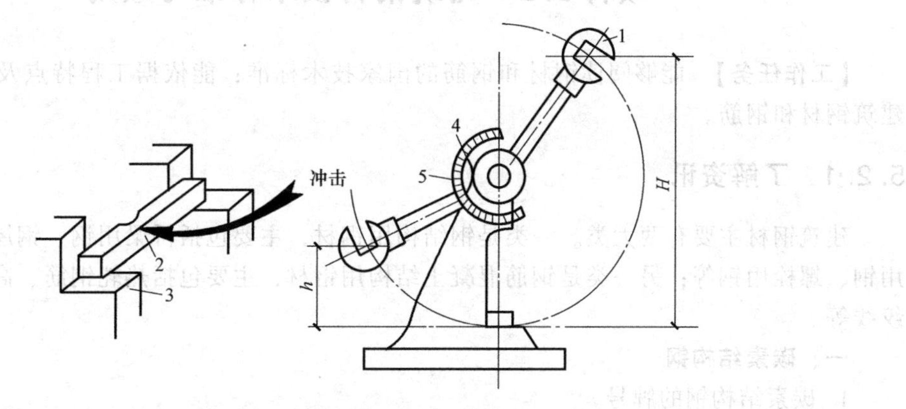

图5-12 摆锤式冲击试验机

1—摆锤 2—试件 3—试验台 4—刻度盘 5—指针

2）标准试件：以夏比V型缺口试件作为标准试件，试件的形状、尺寸和粗糙度均应符合国家标准规定的要求。

（二）检测步骤

1）校正试验机。将摆锤置于垂直位置，调整指针对准在最大刻度上，举起摆锤到规定高度，用挂钩钩于机组上，按动按钮，使摆锤自由下落，待摆锤摆到对面相当高度回落时，用皮带闸住，读出初读数，以检查试验机的能量损失。其回零差值应不大于读盘最小分度值的1/4。

2）测量标准试件缺口处的横截面尺寸。

3）将带有V型缺口的标准试件置于机座上，使试件缺口背向摆锤，缺口位置正对摆锤的打击中心位置，此时摆锤刀口应与试件缺口轴线对齐。

4）将摆锤上举挂于机组上，然后按动按钮，使摆锤自由下落冲击试件，根据摆锤击断试件后的扬起高度，从刻度盘中读取冲击吸收能量。

5）遇有下列情况之一者，应重新进行检测。

① 试件侧面加工划痕与折断处相重合。

② 折断试件上发现有淬火裂缝。

（三）检测结果

1）按下式计算钢材的冲击韧性值，精确至1.0J/cm^2，并以三次检测结果的算术平均值作为最终检测结果。

$$a_k=\frac{A_k}{A_0}$$

式中 a_k——钢材的冲击韧性值（J/cm^2）；

A_k——击断试件所消耗的冲击吸收能量（J）；

A_0——标准试件缺口处的横截面面积（cm^2）。

2）检测时如果试件将冲击能量全部吸收而未折断时，应在 a_k 值前加“>”符号，并在记录中注明“未折断”字样。

项目 5.2 建筑钢材技术标准与应用

【工作任务】 能够阅读钢材和钢筋的国家技术标准；能依据工程特点及要求合理选用建筑钢材和钢筋。

5.2.1 了解资讯

建筑钢材主要有两大类。一类是钢结构用钢材，主要包括桥梁用钢、钢屋架用钢、钢轨用钢、螺栓用钢等；另一类是钢筋混凝土结构用钢材，主要包括热轧钢筋、高强度钢丝和钢绞线等。

一、碳素结构钢

1. 碳素结构钢的牌号

碳素结构钢的牌号由代表屈服强度的字母 Q、屈服强度数值、质量等级符号和脱氧方法符号四个部分按顺序组成。其中：质量等级是以所含硫、磷的数量来控制的，对冲击韧性各有不同的要求，D 级钢为优质钢（含 S、P 均小于或等于 0.035%），A、B、C 级均为普通钢。脱氧方法符号的意义为：F—沸腾钢、B—半镇静钢、Z—镇静钢，TZ—特殊镇静钢。

碳素结构钢按其力学性能和化学成分含量可分为 Q195、Q215、Q235、Q275 四个牌号。例如 Q235—B · F 表示屈服强度为 235MPa、质量等级为 B 级、脱氧方法为沸腾钢的碳素结构钢。

2. 碳素结构钢的技术标准

各牌号的碳素结构钢均应符合《碳素结构钢》（GB/T 700—2006）的规定，其力学性能见表 5-3，冷弯性能见表 5-4。不同牌号的碳素结构钢含碳量不同。牌号越大，含碳量越高，钢材强度、硬度提高，塑性、韧性较低。

表 5-3 碳素结构钢的力学性能（GB/T 700—2006）

牌号	等级	拉伸试验												冲击试验(V 型缺口)	
		屈服强度 σ_s(MPa,不小于)						抗拉强度 σ_b/MPa	伸长率 δ_5(%,不小于)					温度/℃	冲击功(纵向,J,不小于)
		钢材厚度(直径,mm)							钢材厚度(直径,mm)						
		≤16	>16~40	>40~60	>60~100	>100~150	>150~200		≤40	>40~60	>60~100	>100~150	>150~200		
Q195	—	195	185	—	—	—	—	315~430	33	—	—	—	—	—	—
Q215	A	215	205	195	185	175	165	335~450	31	30	29	27	26	—	—
	B													+20	27

（续）

牌号	等级	拉伸试验												冲击试验（V 型缺口）	
		屈服强度 σ_s（MPa，不小于）						抗拉强度 σ_b/MPa	伸长率 δ_5（%，不小于）					温度 /℃	冲击功（纵向，J，不小于）
		钢材厚度（直径，mm）							钢材厚度（直径，mm）						
		≤16	>16~40	>40~60	>60~100	>100~150	>150~200		≤40	>40~60	>60~100	>100~150	>150~200		
Q235	A	235	225	215	215	195	185	370~500	26	25	24	22	21	—	—
	B													+20	27
	C													0	
	D													-20	
Q275	A	275	265	255	245	225	215	410~540	22	21	20	18	17	—	—
	B													+20	27
	C													0	
	D													-20	

注：1. Q195 的屈服强度仅供参考，不作交货条件。

2. 厚度大于 100mm 的钢材，抗拉强度下限允许降低 $20N/mm^2$。宽带钢（包括剪切钢板）抗拉强度上限不作交货条件。

3. 厚度小于 25mm 的 Q235B 级钢材，如供方能保证冲击吸收功值合格，经需方同意，可不作检验。

表 5-4 碳素结构钢的冷弯性能（GB/T 700—2006）

牌 号	试样方向	冷弯试验（试样宽度 = 2 倍试样厚度、弯曲角度 180°）
		钢材厚度（或直径）$a<60$mm
		弯心直径 d
Q195	纵	0
	横	0.5a
Q215	纵	0.5a
	横	a
Q235	纵	a
	横	1.5a
Q275	纵	1.5a
	横	2a

二、低合金高强度结构钢

低合金高强度结构钢是在碳素结构钢的基础上，加入一定数量的 Mn、Si、V、Ti、Nb、Cr、Ni、Cu 等合金元素或稀土元素（RE）而成。

提示：

加入合金元素的目的是改善钢材的组织结构，提高钢材的强度、抗腐蚀性能、耐磨性及耐低温性能等。

1. 低合金高强度结构钢的牌号

根据《低合金高强度结构钢》（GB/T 1591—2018）的规定，低合金高强度结构钢的牌号由代表屈服点的字母 Q、最小上屈服强度数值、交货状态代号和质量等级符号四个部分组成。低合金高强度结构钢按其最小上屈服强度数值划分为 Q355、Q390、Q420、Q460、Q500、Q550、Q620 和 Q690 八个牌号。交货状态为热轧时，交货状态代号 AR 或 WAR 可省略；交货状态为正火或正火轧制状态时，交货状态代号均用 N 表示；交货状态为热机械轧制时，交货状态代号用 M 表示。按内部杂质硫、磷含量由多到少，划分为 B、C、D、E、F 五个质量等级。

提示：

热轧，即钢材未经任何特殊轧制和/或热处理的状态；正火，即钢材加热到高于相变点温度以上的一个合适的温度，然后在空气中冷却至低于某相变点温度的热处理工艺；正火轧制，即最终变形是在一定温度范围内的轧制过程中进行，使钢材达到一种正火后的状态，以便即使正火后也可达到规定的力学性能数值的轧制工艺。

2. 低合金高强度结构钢的技术标准

各牌号的低合金高强度结构钢的力学性能，见表 5-5。

表 5-5 低合金高强度结构钢的力学性能（GB/T 1591—2018）

牌号	质量等级	上屈服强度（MPa，不小于）公称厚度或直径/mm				抗拉强度（MPa，不小于）公称厚度或直径/mm	断后伸长率（纵向，%，不小于）公称厚度或直径/mm		冲击功公称厚度或直径（12~150mm）（纵向，J，不小于）				180°弯曲试验 d 为弯心直径，a 为试样厚度（直径）试样厚度或直径/mm	
		≤16	>16~40	>40~63	>63~80	≤100	≤40	>40~63	+20℃	0℃	-20℃	-40℃	≤16	>16~100
Q355	B								34	—	—	—		
	C	355	345	335	325	470~630	22	21	—	34	—	—	d=2a	d=3a
	D								—	—	34	—		
Q390	B								34	—	—	—		
	C	390	380	360	340	490~650	21	20	—	34	—	—	d=2a	d=3a
	D								—	—	34	—		
Q420	B	420	410	390	370	520~680	20	19	34	—	—	—	d=2a	d=3a
	C								—	34	—	—		
Q460	C	460	450	430	410	550~720	18	17	—	34	—	—	d=2a	d=3a
Q355N	B								34	—	—	—		
	C								—	34	—	—		
	D	355	345	335	325	470~630	22	22	55	47	40	—	d=2a	d=3a
	E								63	55	47	31		
	F								63	55	47	31		
Q390N	B								34	—	—	—		
	C	390	380	360	340	490~650	20	20	—	34	—	—	d=2a	d=3a
	D								55	47	40	—		
	E								63	55	47	31		

（续）

牌号	质量等级	上屈服强度（MPa，不小于）公称厚度或直径/mm				抗拉强度（MPa，不小于）公称厚度或直径/mm	断后伸长率（纵向，%，不小于）公称厚度或直径/mm		冲击功公称厚度或直径（12~150mm）（纵向，J，不小于）				180°弯曲试验 d为弯心直径，a为试样厚度（直径）试样厚度或直径/mm	
		≤16	>16~40	>40~63	>63~80	≤100	≤40	>40~63	+20℃	0℃	-20℃	-40℃	≤16	>16~100
Q420N	B	420	400	390	370	520~680	19	19	34	—	—	—	d=2a	d=3a
	C								—	34	—	—		
	D								55	47	40	—		
	E								63	55	47	31		
Q460N	C	460	440	430	410	540~720	17	17	—	34	—	—	d=2a	d=3a
	D								55	47	40	—		
	E								63	55	47	31		
Q355M	B	355	345	335	325	470~630	22	22	34	—	—	—	d=2a	d=3a
	C								—	34	—	—		
	D								55	47	40	—		
	E								63	55	47	31		
	F								63	55	47	31		
Q390M	B	390	380	360	340	490~650	20	20	34	—	—	—	d=2a	d=3a
	C								—	34	—	—		
	D								55	47	40	—		
	E								63	55	47	31		
Q420M	B	420	400	390	380	520~680	19	19	34	—	—	—	d=2a	d=3a
	C								—	34	—	—		
	D								55	47	40	—		
	E								63	55	47	31		
Q460M	C	460	440	430	410	540~720	17	17	—	34	—	—	d=2a	d=3a
	D								55	47	40	—		
	E								63	55	47	31		
Q500M	C	500	490	480	460	610~770	17	17	—	55	—	—	d=2a	d=3a
	D								—	—	47	—		
	E								—	—	—	31		
Q550M	C	550	540	530	510	670~830	16	16	—	55	—	—	d=2a	d=3a
	D								—	—	47	—		
	E								—	—	—	31		
Q620M	C	620	610	600	580	710~880	15	15	—	55	—	—	d=2a	d=3a
	D								—	—	47	—		
	E								—	—	—	31		

（续）

牌号	质量等级	上屈服强度（MPa，不小于）				抗拉强度（MPa，不小于）	断后伸长率（纵向，%，不小于）		冲击功公称厚度或直径（12~150mm）（纵向，J，不小于）				180°弯曲试验 d为弯心直径，a为试样厚度（直径）	
		公称厚度或直径/mm				公称厚度或直径/mm	公称厚度或直径/mm						试样厚度或直径/mm	
		≤16	>16~40	>40~63	>63~80	≤100	≤40	>40~63	+20℃	0℃	-20℃	-40℃	≤16	>16~100
Q690M	C	690	680	670	650	770~940	14	14	—	55	—	—	$d=2a$	$d=3a$
	D								—	—	47	—		
	E								—	—	—	31		

三、优质碳素结构钢

优质碳素结构钢是指含硫、磷均不大于0.035%的碳素钢。

1. 优质碳素结构钢的牌号

根据《优质碳素结构钢》（GB/T 699—2015）的规定，优质碳素结构钢的牌号是用平均含碳量的万分数表示，分28个牌号。含锰量较高时（0.7%~1.2%），应在牌号的后面加注锰（Mn）字；如：45号钢，表示平均含碳量为0.45%的优质碳素结构钢；60Mn钢，表示平均含碳量为0.60%、含锰量较高的优质碳素钢。

2. 优质碳素结构钢的技术标准

几种常见优质碳素结构钢的技术性能指标，见表5-6。

表5-6　几种常见优质碳素结构钢的技术性能指标（GB/T 699—2015）

牌　号	抗拉强度 R_m（MPa，不小于）	下屈服强度 R_{eL}^{d}（MPa，不小于）	断后伸长率 A（%，不小于）	冲击吸收能量 KU_2（J，不小于）
25	450	275	23	71
45	600	355	16	39
45Mn	620	375	15	39
60	675	400	12	—
75	1080	880	7	—
85	1130	980	6	—

四、钢结构用型钢、钢板

钢结构构件一般应直接选用各种型钢，所用母材主要是碳素结构钢及低合金高强度结构钢。型钢有热轧成型和冷轧成型两种。

1. 热轧型钢

热轧型钢有角钢、工字钢、槽钢、部分T型钢、H型钢、Z型钢等。

型钢由于截面形式合理，材料在表面上分布对受力最为有利，且构件间连接方便，是钢结构中采用的主要钢材。

热轧型钢的标记方式由一组符号组成，包括型钢名称、横断面主要尺寸等。

2. 冷弯薄壁型钢

通常是用2~6mm薄钢板冷弯或模压而成，有角钢、槽钢等开口薄壁型钢及方形、矩形等空心薄壁型钢。其标示方法与热轧型钢相同。

3. 钢板、压型钢板

用光面轧辊轧制而成的扁平钢材，以平板状态供货的称钢板，以卷状供货的称钢带。按轧制温度不同，分为热轧和冷轧两种；热轧钢板按厚度分为厚板（厚度大于4mm）和薄板（厚度为0.35~4mm）两种；冷轧钢板只有薄板（厚度为0.2~4mm）一种。

薄钢板经冷压或冷轧成波形、双曲形、V形等形状，称为压形钢板。彩色钢板（又称有机涂层薄钢板）、镀锌薄钢板、防腐薄钢板等都可用来制作压形钢板。

五、钢筋混凝土用钢材

（一）热轧钢筋

热轧钢筋是用加热的钢坯轧制而成的条形成品钢材。带肋钢筋有月牙肋钢筋和等高肋钢筋，如图5-13所示。

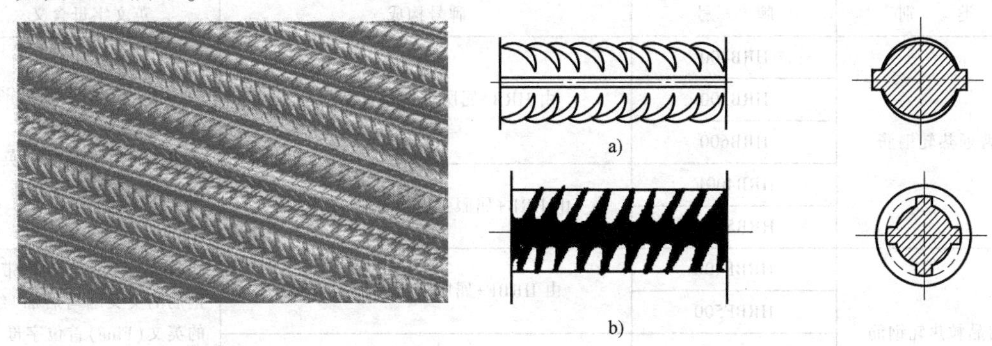

图5-13　带肋钢筋

a）月牙肋钢筋　b）等高肋钢筋

> **提示：**
> 根据表面特征不同，热轧钢筋分为光圆钢筋和带肋钢筋。

1. 热轧光圆钢筋

热轧光圆钢筋如图5-14所示。按照国家标准《钢筋混凝土用钢　第1部分：热轧光圆钢筋》（GB/T 1499.1—2017）的规定，热轧光圆钢筋的牌号由HPB和钢筋的屈服强度特征值构成。H、P、B分别为热轧（Hot rolled）、平（Plain）、钢筋（Bars）三个词的英文首位字母。热轧光圆钢筋牌号为HPB300，公称直径为6~22mm。

图5-14　热轧光圆钢筋

热轧光圆钢筋的力学性能和工艺性能应符合表 5-7 的规定。

表 5-7 热轧光圆钢筋的力学性能、工艺性能（GB 1499.1—2017）

牌 号	下屈服强度 R_{eL} /MPa	抗拉强度 R_m /MPa	断后伸长率 A(%)	最大力总伸长率 A_{gt} (%)	冷弯试验(180°) d 为弯心直径，a 为钢筋公称直径
	不小于				
HPB300	300	420	25.0	10.0	$d=a$

2. 热轧带肋钢筋

根据国家标准《钢筋混凝土用钢 第 2 部分：热轧带肋钢筋》（GB/T 1499.2—2018）的规定，热轧带肋钢筋的牌号由 HRB 或 HRBF 与钢筋的屈服强度特征值构成。热轧带肋钢筋分普通热轧钢筋和细晶粒热轧钢筋两类，详见表 5-8。

表 5-8 热轧带肋钢筋牌号构成及其含义（GB 1499.2—2018）

类 别	牌 号	牌号构成	英文字母含义
普通热轧钢筋	HRB400	由 HRB+屈服强度特征值构成	HRB——热轧带肋钢筋的英文缩写 E——“地震”的英文(Earthquake)首位字母
	HRB500		
	HRB600		
	HRB400E	由 HRB+屈服强度特征值+E 构成	
	HRB500E		
细晶粒热轧钢筋	HRBF400	由 HRBF+屈服强度特征值构成	HRBF——在热轧带肋钢筋的英文缩写后加“细”的英文(Fine)首位字母 E——“地震”的英文(Earthquake)首位字母
	HRBF500		
	HRBF400E	由 HRBF+屈服强度特征值+E 构成	
	HRBF500E		

钢筋混凝土用热轧带肋钢筋中 H、R、B、F 分别为热轧（Hot rolled）、带肋（Ribbed）、钢筋（Bars）、细（Fine）四个词的英文首位字母。热轧带肋钢筋分为 HRB400（HRB400E、HRBF400、HRBF400E）、HRB500（HRB500E、HRBF500、HRBF500E）、HRB600 三个牌号，公称直径为 6~50mm。

热轧带肋钢筋的力学性能和工艺性能应符合表 5-9 的规定。根据需方要求，钢筋也可以进行反弯曲性能检测，反向弯曲检测的弯心直径比弯曲检测相应增加一个钢筋直径。先正向弯曲 90°后反向弯曲 20°。经反向弯曲检测后，钢筋受弯曲部位表面不得产生裂纹。

表 5-9 热轧带肋钢筋的力学性能和工艺性能（GB 1499.2—2018）

牌 号	下屈服强度 R_{eL}/MPa	抗拉强度 R_m /MPa	断后伸长率 A (%)	最大力总伸长率 A_{gt}(%)	弯曲试验(180°) d 为弯心直径，a 为钢筋公称直径
	不小于				
HRB400 HRBF400	400	540	16	7.5	公称直径 6~25mm；$d=4a$ 公称直径 28~40mm；$d=5a$
HRB400E HRBF400E	400	540	—	9.0	

（续）

牌　　号	下屈服强度 R_{eL}/MPa	抗拉强度 R_m /MPa	断后伸长率 A (%)	最大力总伸长率 A_{gt}(%)	弯曲试验(180°) d 为弯心直径，a 为钢筋公称直径
	不小于				
HRB500	500	630	15	7.5	公称直径 6～25mm；$d=6a$ 公称直径 28～40mm；$d=7a$
HRBF500					
HRB500E	500	630	—	9.0	
HRBF500E					
HRB600	600	730	14	7.5	公称直径 6～25mm；$d=6a$ 公称直径 28～40mm；$d=7a$

（二）冷轧带肋钢筋

冷轧带肋钢筋是以普通低碳钢、优质碳素钢或低合金钢热轧圆盘条为母材，经冷轧减径后在其表面冷轧成具有三面或二面月牙形横肋的钢筋。冷轧带肋钢筋按延性大小分为冷轧带肋钢筋和高延性冷轧带肋钢筋两类。

根据国家标准《冷轧带肋钢筋》（GB/T 13788—2017）的规定，冷轧带肋钢筋的牌号由CRB和钢筋抗拉强度特征值构成；高延性冷轧带肋钢筋由CRB、钢筋抗拉强度特征值和H符号三部分构成。C、R、B、H分别为冷轧（Cold rolled）、带肋（Ribbed）、钢筋（Bar）、高延性（High elongation）四个词的英文首位字母。冷轧带肋钢筋分为CRB550、CRB650、CRB800、CRB600H、CRB680H、CRB800H六个牌号。CRB550、CRB600H、CRB680H钢筋的公称直径范围为4～12mm，CRB650、CRB800、CRB800H牌号钢筋的公称直径为4mm、5mm、6mm。冷轧带肋钢筋的力学性能和工艺性能见表5-10。

表5-10 冷轧带肋钢筋的力学性能和工艺性能（GB/T 13788—2017）

牌　号	规定塑性延伸强度 $Rp_{0.2}$ (MPa，不小于)	抗拉强度 R_m (MPa，不小于)	断后伸长率(%，不小于)		弯曲试验 180°	反复弯曲次数	应力松弛(初始应力应相当于公称抗拉强度的70%)
			A	A_{100}			1000h 松弛率(%，不大于)
CRB550	500	550	11.0	—	$d=3a$	—	—
CRB600H	540	600	14.0	—	$d=3a$	—	—
CRB680H	600	680	14.0	—	$d=3a$	4	5
CRB650	585	650	—	4.0	—	3	8
CRB800	720	800	—	4.0	—	3	8
CRB800H	720	800	—	7.0	—	4	5

注：表中 d 为弯心直径，a 为钢筋公称直径。

（三）预应力混凝土用钢丝

预应力混凝土用钢丝是由优质碳素结构钢盘条，经酸洗、拔丝模或轧辊冷加工后再经消除应力等工艺制成的高强度钢丝。根据国家标准《预应力混凝土用钢丝》（GB/T 5223—2014）的规定，预应力混凝土用钢丝按加工状态分为冷拉钢丝（代号为WCD）和消除应力

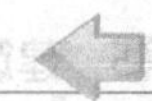

钢丝（低松弛钢丝，代号为WLR）两类。按外形分为光圆钢丝（代号为P）、螺旋肋钢丝（代号为H）和刻痕钢丝（代号为I）三种。

（四）预应力混凝土用钢绞线

预应力混凝土用钢绞线是由数根直径为2.5~6.0mm的高强度钢丝经绞捻、稳定化处理而制成的钢丝束。稳定化处理是为了减少应用时的应力松弛，钢绞线在一定的张力下进行的短时热处理。

钢绞线按捻制结构分为1×2（用2根钢丝捻制）、1×3（用3根钢丝捻制）、1×3I（用3根刻痕钢丝捻制）、1×7（用7根钢丝捻制）和（1×7）C（用7根钢丝捻制、模拔）五种结构类型。1×7钢绞线截面形式如图5-15所示。

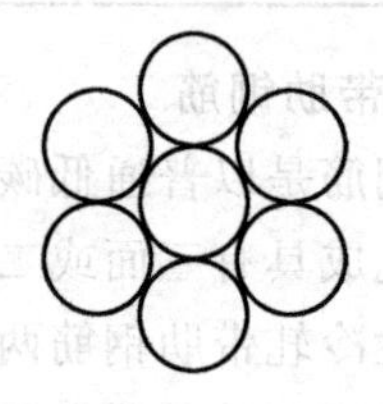

图5-15　1×7钢绞线截面示意图

5.2.2 组织实施

一、碳素结构钢

Q195和Q215钢的强度低，塑性、韧性很好，易于冷加工，可制作冷拔低碳钢丝、铁钉、铆钉、螺栓。

Q235具有较高的强度和良好的塑性、韧性、焊接性和冷加工性能，能较好地满足一般钢结构和钢筋混凝土结构的用钢要求，在建筑工程中广泛应用。如钢结构用的各种型钢和钢板，钢筋混凝土结构所用的光圆钢筋，各种供水、供气、供油的管道，铁路轨道中用的垫板、道钉、轨距杆、防爬器等配件，大多数是由Q235制作而成的。Q235—C和Q235—D质量优良，适用于重要的焊接结构。

Q275强度较高，但塑性、韧性和焊接性较差，加工难度增大，不易焊接和冷弯加工，可用于结构中的配件、制造螺栓、预应力锚具等。

二、低合金高强度结构钢

与碳素结构钢相比，低合金高强度结构钢具有强度高、综合性能好（良好的塑性、冲击韧性、焊接性和抗腐蚀性能，使用寿命长）、节省钢材、降低结构自重等特点。

低合金高强度结构钢特别适用于高层建筑、大跨度的屋架、网架、大跨度桥梁或其他承受较大冲击荷载作用的结构，还可采用低合金结构钢加工热轧钢筋。

三、优质碳素结构钢

优质碳素结构钢具有强度高，塑性、冲击韧性好等特点，在工程中适用于高强度、高硬度、受强烈冲击荷载作用的部位和作冷拔坯料等。如45号优质碳素钢，主要用于制作钢结构用的高强度螺栓、预应力锚具；55~65号优质碳素钢，主要用于制作铁路施工用的道镐、道钉锤、道碴耙等；70~75号优质碳素钢，主要用于制作各种型号的钢轨；65~85号优质碳素钢，主要用于制作高强度钢丝、刻痕钢丝和钢绞线等。

四、钢结构用型钢、钢板

各种热轧型钢主要用于钢结构构件；冷弯薄壁型钢主要用于轻型钢结构构件；压型钢板既可用于生产涂层钢板，也可用于屋面或墙面等围护结构。

五、钢筋混凝土用钢材

1. 热轧钢筋

热轧光圆钢筋强度较低，塑性及焊接性好，伸长率高，便于弯曲成型。主要作为中、小型钢筋混凝土结构的受力钢筋和构造钢筋，也可用于钢、木结构的拉杆。

热轧带肋钢筋HRB400强度较高，塑性及焊接性好，广泛用作大、中型钢筋混凝土结构的受力钢筋。HRB400经过冷拉后，还可用作为预应力钢筋。热轧带肋钢筋HRB500、HRB600强度高，但塑性和焊接性较差，是建筑工程中的主要预应力钢筋。如需焊接时，应采取适当的焊接方法和焊后热处理工艺，以保证焊接质量，防止发生脆性断裂。HRB500钢筋使用前也可以进行冷拉处理，提高屈服强度，节约钢材。

2. 冷轧带肋钢筋

冷轧带肋钢筋具有强度高、塑性好、与混凝土粘结牢固、提高结构的抗震性能、节约钢材、质量稳定等特点，CRB650、CRB800、CRB800H可作为中、小型预应力混凝土结构构件中受力钢筋，CRB550、CRB600H、CRB680H可作为普通钢筋混凝土结构构件中的受力钢筋、构造钢筋等。

3. 预应力混凝土用钢丝、钢绞线

预应力混凝土用钢丝、钢绞线具有强度高、塑性好、抗腐蚀性强、与混凝土粘结性能好、质量稳定、无接头、施工方便、易于锚固等特点，主要用于大跨度屋架及薄腹梁、大跨度吊车梁、桥梁、轨枕等重载作用的预应力混凝土构件。

项目5.3　建筑钢材锈蚀与防火

【工作任务】 能依据工程特点及要求，合理采取建筑钢材锈蚀与防火的技术措施。

5.3.1　了解资讯

一、钢材的锈蚀

钢材的锈蚀是指钢的表面与周围介质发生化学作用或电化学作用，逐渐遭到破坏的现象。

提示：

钢材锈蚀不仅使钢结构有效截面减小，而且会形成程度不等的锈坑、锈斑，造成应力集中，降低钢筋与混凝土之间的黏结力和结构的承载力，加速结构破坏。

根据锈蚀作用机理不同，钢材的锈蚀可分为化学锈蚀和电化学锈蚀。

1）化学锈蚀：钢材表面直接与周围介质发生化学反应而产生的锈蚀。如通过氧化作

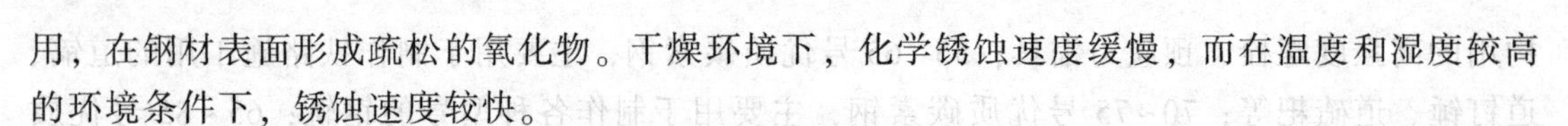

用，在钢材表面形成疏松的氧化物。干燥环境下，化学锈蚀速度缓慢，而在温度和湿度较高的环境条件下，锈蚀速度较快。

2）电化学锈蚀：钢材表面与电解质溶液接触后，由于形成许多微电池，进而产生电化学作用，引起锈蚀。这种锈蚀比化学锈蚀进行得更快。

提示：

电化学锈蚀是钢材锈蚀的主要形式。

影响钢材锈蚀的主要因素是使用环境的湿度和周围介质的成分，也与钢材本身的化学成分、表面状况有关。大量实践证明：处于潮湿环境中或当大气中有较多的酸、碱、盐离子时，钢材容易发生锈蚀现象；有害杂质含量较高的钢材容易锈蚀。

二、钢材的防火

钢材是不燃性材料，但钢材遇火后在高温条件下钢材强度显著下降，变形急剧增大，表明钢材不能够抵抗火灾作用。大量耐火试验表明：钢材耐火性能很差，裸露钢材的耐火极限只有 0.15h，温度超过 300℃时，钢材的弹性模量、屈服强度和极限抗拉强度开始显著下降，应变急剧增大；温度到达 600℃时，钢材已失去承载能力。因此，没有经过防火保护层处理的钢结构是不耐火的。

5.3.2 组织实施

一、防止钢材锈蚀的技术措施

（一）钢结构用钢的防锈

1. 合金法

在碳素钢中加入所需的合金元素，制成抗腐蚀性能较好的合金钢。如不锈钢就是在钢中加入铬元素（还可加入钛、钼、镍等合金元素）的合金钢；在钢中加入 0.1%~0.15% 铜，制成含铜钢轨，可以显著提高钢材的抗锈蚀能力。

2. 金属覆盖

用电镀或喷镀的方法，将其他耐锈蚀金属覆盖在钢材表面，以提高其抗锈蚀能力，如镀锌、镀锡、镀铬、镀银等。这种方法，适用于小尺寸的构件；对于大尺寸的构件，不易施工。

3. 油漆覆盖

油漆覆盖是最常用的一种方法，简单易行，比较经济，但耐久性差，需要经常翻修。涂刷于钢结构构件表面的油漆，按其功能不同，由底漆和面漆两部分组成。

1）底漆：先在钢材表面打底。要求底漆对钢材的吸附力要大，并且漆膜致密，能隔离水蒸气、氧气等，使之不易渗入。底漆内掺有防锈颜料，如红丹、锌粉、铬黄、锌黄等。常用的底漆有红丹防锈底漆、云母氧化铁酚醛底漆、云铁聚氨酯底漆、环氧富锌底漆等。

2）面漆：面漆是防止钢材锈蚀的第一道防线，对底漆起着保护作用。面漆应该具有耐候性好，光敏感性弱，耐湿、耐热性好，不易粉化和龟裂等性能。常用的面漆有铝锌醇酸面漆、云母氧化铁醇酸面漆、云铁氯化橡胶面漆等。

（二）混凝土用钢筋的防锈

在正常的混凝土中 pH 值约为 12，这时在钢材表面能形成碱性氧化膜（钝化膜），对钢筋起保护作用。如果混凝土碳化后，由于碱度降低会失去对钢筋的保护作用。此外，混凝土中氯离子达到一定浓度，也会严重破坏钢筋表面的钝化膜。

为避免钢筋混凝土结构内钢筋锈蚀，可采取如下技术措施：

1）限制混凝土原材料中氯离子含量和氯盐外加剂的掺用量。

2）根据结构的性质和所处环境条件等，保证混凝土的密实度、钢筋外侧混凝土保护层的厚度。

3）采用环氧树脂涂层钢筋或镀锌钢筋。

二、钢材防火处理的技术措施

提示：

导致钢材在火灾发生时破坏的主要原因是由于钢材在高温下强度明显降低、变形急剧增大。防火处理的原理是采用绝热材料，阻隔火焰和热量，推迟钢结构的升温速率。

钢结构防火处理的技术措施以包覆法为主，即用防火涂料、不燃性板材、混凝土和砂浆将钢结构构件包裹起来，推迟钢结构的升温速率，以达到提高抵抗火灾作用的目的。

（一）防火涂料

1. 防火涂料的分类

防火涂料按受热时的变化分为膨胀型（薄型）和非膨胀型（厚型）两种。

膨胀型防火涂料的涂层厚度一般为2~7mm，附着力较强，有一定的装饰效果。由于其内含膨胀组分，遇火后会膨胀增厚5~10倍，形成多孔结构，从而起到良好的隔热防火作用，根据涂层厚度可使构件的耐火极限达到0.5~1.5h。

非膨胀型防火涂料的涂层厚度一般为8~50mm，呈粒状面。密度小、强度低，喷涂后需再用装饰面层隔护，耐火极限可达0.5~3.0h。为使防火涂料牢固地包裹钢构件，可在涂层内埋设钢丝网，并使钢丝网与钢构件表面的净距离保持在6mm左右。

2. 防火涂料的选用原则

防火涂料是目前钢结构防火相对简单而有效的方法。选用钢结构防火涂料时，应考虑结构类型、耐火极限要求、工作环境等。

1）裸露网架钢结构、轻钢屋架，以及其他构件截面小，振动挠曲变化大的钢结构，当要求其耐火极限在1.5h以下时，宜选用薄型钢结构防火涂料，装饰要求较高的建筑宜首选超薄型钢结构防火涂料。

2）室内隐蔽钢结构、高层等性质重要的建筑，当要求其耐火极限在1.5h以上时，应选用厚型钢结构防火涂料。

3）露天钢结构，必须选用适合室外使用的钢结构防火涂料。

4）不要把饰面型防火涂料用于保护钢结构的涂层。饰面型防火涂料适用于木结构和可燃基材，一般厚度小于1mm，薄薄的涂膜对于可燃材料能起到有效的阻燃和防止火焰蔓延的作用，但其隔热性能一般达不到大幅度提高钢结构耐火极限的作用。

（二）不燃性板材

常用的不燃性板材有石膏板、硅酸钙板、蛭石板、珍珠岩板、矿棉板、岩棉板等，可通过黏结剂或钢钉、钢箍等固定在钢构件上。

5.3.3 知识拓展

防火涂料的阻火原理

1）涂层对钢基材起屏蔽作用，使钢构件不至于直接暴露在火焰高温中。

2）涂层吸热后部分物质分解放出水蒸气或其他不燃气体，起到消耗热量、降低火焰温度和延缓燃烧速度、稀释氧气的作用。

3）涂层本身多孔轻质和受热后形成碳化泡沫层，阻止了热量迅速向钢材传递，推迟了钢材强度的降低，从而提高了钢结构的耐火极限。

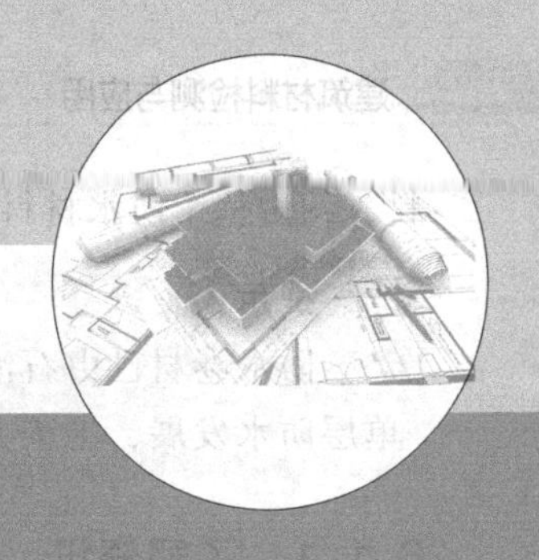

学习情境6 防水材料性能检测及应用

【知识与能力目标】

了解防水制品的种类与特点，掌握防水制品的有关技术标准，能结合工程环境及要求，合理选用防水制品。能按国家标准要求进行防水卷材取样；能正确使用检测仪器对防水卷材各项性能进行检测，并依据国家标准对防水卷材质量作出准确评价；能正确阅读防水卷材质量检测报告。

防水材料是一种在建筑物或构筑物中起着防潮和抗渗作用、能够阻止水分渗透的功能性建筑材料，被广泛应用于建筑物的屋面、墙面、地下室以及其他有防水抗渗要求的工程部位。防水材料应具有良好的抗渗性、耐酸碱性和耐久性。

随着现代科学技术的发展，防水材料的品种越来越多，性能各异。防水材料的分类如图 6-1 所示。

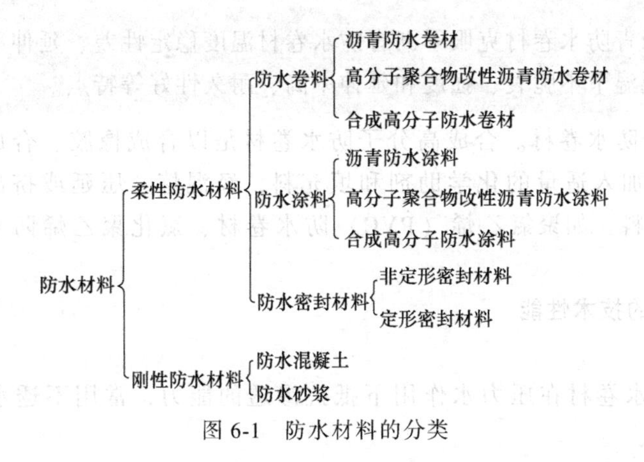

图 6-1　防水材料的分类

项目 6.1　防水卷材技术性能检测

【工作任务】　阅读防水卷材质量检测报告；能按国家标准要求进行防水卷材取样和试件的制作；能正确使用检测仪器对防水卷材各项技术指标进行检测；能准确填写防水卷材质量检测报告。

防水卷材是以沥青、橡胶、合成树脂或它们的共混体为基料，加入适当的化学助剂和填料制成的可卷曲的片状防水材料，也是在建筑防水工程中应用广泛、用量最大的一种防水材料，约占整个防水材料的90%。

提示：

防水卷材已由石油沥青向改性沥青材料和合成高分子材料发展，防水构造已由多层向单层防水发展，施工方法已由热熔法向冷粘法发展。

6.1.1 了解资讯

一、防水卷材的分类

1）按有无胎基（芯材），防水卷材分为有胎防水卷材和无胎防水卷材。

提示：

无胎防水卷材采用混炼、压延法或挤压法生产而成。

2）按构成防水膜层的主要材料不同，防水卷材分为沥青防水卷材、高聚物改性沥青防水卷材和合成高分子防水卷材三类。

① 沥青防水卷材。沥青防水卷材是将原纸、纤维织物、纤维毡等胎体浸涂沥青，表面撒布粉状、粒状或片状材料制成可卷曲的片状防水材料，如石油沥青纸胎油毡、石油沥青玻璃布油毡、石油沥青玻璃纤维胎油毡（简称玻纤胎油毡）等。

② 高聚物改性沥青防水卷材。高聚物改性沥青防水卷材是以高分子聚合物改性沥青为浸涂材料，以纤维织物、纤维毡为胎体，以粉状、粒状、片状或薄膜材料为覆面材料制成的可卷曲片状防水材料，如SBS改性沥青防水卷材、APP改性沥青防水卷材等。

提示：

高聚物改性沥青防水卷材克服了沥青防水卷材温度稳定性差、延伸率低的不足，具有高温下不流淌、低温下不脆裂、强度和延伸率高、耐久性好等特点。

③ 合成高分子防水卷材。合成高分子防水卷材是以合成橡胶、合成树脂或它们两者的共混体为基料，加入适量的化学助剂和填充料，经混炼、压延或挤出等工艺而制成的可卷曲片状防水材料，如聚氯乙烯（PVC）防水卷材、氯化聚乙烯防水卷材、三元乙丙橡胶防水卷材等。

二、防水卷材的技术性能

防水卷材的技术性能微课

1. 耐水性

耐水性是指防水卷材在压力水作用下抵抗渗透的能力，常用不透水性、吸水性等指标表示。

2. 温度稳定性

温度稳定性是指防水卷材在高温下不流淌、不起泡、不滑动，低温下不发生脆裂的性能，常用耐热度表示。

3. 强度、延伸性和抗断裂性

强度、延伸性和抗断裂性是指防水卷材能够抵抗一定的外力和变形，或在一定的变形条件下不发生断裂的性能，常用拉力、拉伸强度、断裂伸长率等指标表示。

4. 柔韧性

柔韧性是指防水卷材在低温条件下保持一定的柔韧性能，以保证施工和使用的要求，常用柔度、低温弯折等指标表示。

5. 大气稳定性

大气稳定性是指防水卷材在阳光、空气、水及其他介质长期综合作用下抵抗老化的能力，用耐老化性表示。

6.1.2 制订计划

1. 阅读防水卷材质量检测报告

防水卷材试验报告形式如下：

防 水 卷 材 试 验 报 告

报告日期 ×××× 年 × 月××日

<table>
<tr><td colspan="2">委托单位</td><td>×××××××××</td><td>委托日期</td><td>×-××</td><td>委托编号</td><td>××</td><td>报告编号</td><td>××××-××</td></tr>
<tr><td colspan="2">品种等级牌号</td><td>I PY M4</td><td>代表数量</td><td>350m²</td><td>产地及厂家</td><td>××××××</td><td>试验日期</td><td>×-××</td></tr>
<tr><td colspan="2">工程名称部位</td><td colspan="3">×××××××××××工程</td><td>试验依据</td><td>GB 18242—2008</td><td>见证人</td><td>×××</td></tr>
<tr><td colspan="2">试验项目</td><td>标准要求</td><td>实测情况</td><td>结果判定</td><td>备注</td></tr>
<tr><td colspan="2">拉力</td><td>≥500</td><td>540</td><td>合格</td><td></td></tr>
<tr><td colspan="2">低温柔性</td><td>−20℃,3s 弯 180° r=25mm</td><td>无裂纹</td><td>合格</td><td></td></tr>
<tr><td rowspan="2">不透水性</td><td>压力/MPa</td><td>0.3</td><td>0.3</td><td rowspan="2">合格</td><td rowspan="2"></td></tr>
<tr><td>保持时/min</td><td>30</td><td>30</td></tr>
<tr><td colspan="2">耐热度/℃</td><td>90℃,2h</td><td>无滑动、无流淌、无滴落</td><td>合格</td><td></td></tr>
<tr><td colspan="2">可熔物含量/(g/m³)</td><td>≥2900</td><td>2950</td><td>合格</td><td></td></tr>
<tr><td colspan="2"></td><td></td><td></td><td></td><td></td></tr>
<tr><td colspan="2">结论</td><td colspan="4">符合 SBS I PY M4 GB 18242—2008,只对来样负责。</td></tr>
</table>

试验单位：××××××××× 技术负责人：××× 审核：××× 试验：×××

2. 确定防水卷材质量检测项目（以 SBS 改性沥青防水卷材为例）

1）防水卷材的拉伸性能检测。

2）防水卷材的柔韧性检测。

3）防水卷材的耐水性检测。

4）防水卷材的温度稳定性检测。

5）防水卷材的可溶物含量检测。

提示：

防水卷材的种类不同，其质量检测项目和方法也不尽相同。

3. 制订防水卷材质量检测流程

1）防水卷材的取样与试件的制作。

2）防水卷材的拉伸性能检测。

3）防水卷材的柔韧性检测。

4）防水卷材的耐水性检测。

5）防水卷材的温度稳定性检测。

6）防水卷材的可溶物含量检测。

6.1.3 组织实施

一、防水卷材的取样与试件的制作

（一）防水卷材的取样

1）防水卷材应按批进行取样，以同一类型、同一规格 10000m^2 为一批，不足 10000m^2 也可作为一批。

2）在每批产品中随机抽取五卷防水卷材进行单位面积质量、面积、厚度及外观检查。

3）从单位面积质量、面积、厚度及外观检查合格的防水卷材中任取一卷进行防水卷材质量检测。

提示：

防水卷材取样，应从已经进入施工现场的防水卷材中按相关标准要求取样，禁止以厂方提供的样品代替实际进货抽样。

（二）防水卷材试件的制作

1）裁取试件前将防水卷材样品在温度为（20±10）℃下放置至少 24h。

2）将防水卷材切除距外层卷头 2500mm 后，顺纵向切取长度为 1000mm 的全幅防水卷材试样两块，一块做质量检测用，另外一块备用。

3）在平面上展开防水卷材试样，根据所需要的尺寸和数量切取试件，试件边缘与防水卷材纵向边缘之间的距离不小于 150mm。试件所规定的尺寸和数量见表 6-1。

表 6-1 试件的尺寸和数量

序号	检测项目	试件形状与尺寸(纵向×横向)/mm	试件数量/个
1	可溶物含量	100×100	3
2	耐热度	100×50	纵向 3
3	低温柔性	150×25	纵向 10
4	不透水性	150×150	3
5	拉力及延伸率	(200+2×夹持长度)×50	纵向和横向各 5

提示：

裁取防水卷材试件时防水卷材试样不应有由于运输或其他原因造成的折痕、外观缺陷，同时应注意试件裁取的形状、尺寸和数量。

二、防水卷材的拉伸性能检测

（一）主要仪器设备

改性沥青防水卷材性能检测

1）拉伸试验机：应具有调速指示装置、记录或显示装置，能同时测定拉力和延伸率。量程不小于 2000N，夹具宽度不小于 50mm。

2）游标卡尺、千分尺：精确度为 0.1mm。

（二）检测步骤

1）检测前将按规定裁取的试件在温度为（23±2）℃、相对湿度为 30%～70%的条件下至少放置 20h。

2）调整拉伸试验机测力刻度盘的指针，使之对准零点，并拨动副指针，使其与主指针重叠。

3）将试件紧紧地固定在拉伸试验机夹具内，夹具之间距离为（200±2）mm。为防止试件从夹具中滑移应作标记。

4）开动试验机缓慢加荷，进行拉伸性能检测。在整个检测过程中，夹具移动的速度为（100±10）mm/min，直至试件被拉断，记录刻度盘指针的最大荷载和对应的夹具之间距离。

提示：

在整个检测过程中加荷应连续均匀；试件长度方向的中心应与试验机夹具中心在一条线上，不得歪扭；检测过程中观察在试件中部是否出现沥青涂盖层与胎基分离或沥青涂盖层开裂现象。

（三）检测结果

1. 拉力的确定

分别以纵向、横向各五个试件检测结果的算术平均值作为最终检测结果，单位为N/50mm，计算精确至5N。

2. 断裂延伸率的确定

1）按下式计算每个试件的断裂延伸率，精确至1%。

$$\delta=\frac{l_1-l_0}{l}\times100\%$$

式中　δ——试件断裂时的延伸率（%）；

l_0——试件的初始标距长度（mm）；

l_1——试件拉断后的标距长度（mm）；

l——拉伸试验机夹具之间距离（mm）。

2）断裂延伸率的确定。分别以纵向、横向各五个试件检测结果的算术平均值作为最终检测结果，精确至1%。

三、防水卷材的柔韧性检测

（一）主要仪器设备

1）低温制冷仪：温度范围为0～-30℃，控温精度为±2℃。

2）柔度棒或柔度弯板：半径为15mm、25mm，柔度弯板外形及结构尺寸如图6-2所示。

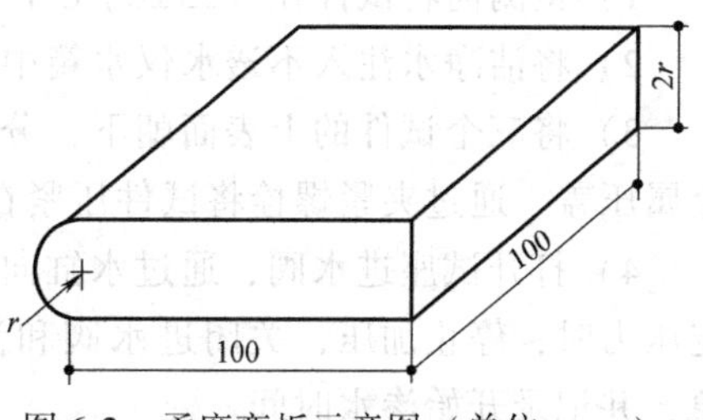

图6-2　柔度弯板示意图（单位：mm）

3）半导体温度计：量程为-40～30℃，控温精度为±0.5℃。

4）冷冻液：不与防水卷材发生反应的液体，如车辆防冻液、多元醇等。

（二）试件准备

1）按规范要求制作矩形试件，试件裁取时应距防水卷材的边缘不小于150mm。

提示：

在裁取试件时应从试样宽度方向上均匀地裁取，长边在防水卷材的纵向。

2）去除试件表面的任何保护膜。

（三）检测步骤

1）检测前将去除表面保护膜的试件在（23±2）℃的平板上放置至少4h。

2）在不小于10L的容器中放入冷冻液（6L以上），将容器放入低温制冷仪，冷却至标准规定温度，误差不超过±0.5℃。

3）将10个试件分为两组（一组为上表面检测，一组为下表面检测，被检测面朝外）。把检测试件与柔度棒（或弯板）同时放在液体中，待温度达到标准规定的温度后至少保持0.5h。

4）在规定的温度下，将试件于液体中在3s内匀速绕柔度棒或弯板弯曲180°，取出试件，检查其弯曲面有无裂纹。

（四）检测结果

1）每组检测面5个试件在规定温度下至少4个试件的检测面无裂纹，即可认为该组防水卷材的柔韧性检测合格。

2）上表面和下表面的检测结果要分别记录。

四、防水卷材的耐水性检测

（一）主要仪器设备

1）不透水仪：透水盘内径为92mm，在透水盘上有七个均匀分布、直径为25mm的透水孔，压力表量程为0~0.6MPa，精度2.5级。

2）定时钟。

（二）试件准备

按规范要求制作试件，试件裁取时应距防水卷材的边缘不小于100mm。

提示：

在裁取试件时应从试样宽度方向上均匀的裁取，试件的纵向与产品的纵向平行。

（三）检测步骤

1）检测前将试件在（23±5）℃下放置至少6h。

2）将洁净水注入不透水仪水箱中，并将仪器调整至可工作状态备用。

3）将三个试件的上表面朝下，分别放置在透水盘上。安装好密封圈，并在试件上盖好金属压盖。通过夹紧螺栓将试件压紧在试座上。

4）打开试座进水阀，通过水缸向装好的试件的透水盘底座继续充水，当压力表达到指定压力时，停止加压，关闭进水阀和油泵，同时开启定时钟，随时观察试件是否有渗水现象，并记录开始渗水时间。

5）当达到规定时间即可卸压，检查试件有无渗漏现象。

提示：

防水卷材的耐水性检测应在（23±5）℃下进行；防水卷材的上表面为迎水面，当上表面为砂面或矿物粒料时，则下表面为迎水面。

（四）检测结果

1）检查每个试件在规定时间、规定压力下有无透水现象。

2）所有试件在规定时间、规定压力下不透水，即可认为该组防水卷材的耐水性检测合格。

五、防水卷材的温度稳定性检测

（一）主要仪器设备

1）鼓风烘箱：在检测范围内最大温度波动±2℃。当门打开30s后，恢复温度到工作温度的时间不超过5min。

2）悬挂装置：洁净无锈的钢丝或回形针。

3）热电偶：连接到外面的电子温度计，在规定范围内能测量到±1℃。

4）温度计：最高温度为150℃。

（二）试件准备

1）按规范要求制作试件，试件裁取时应距防水卷材的边缘不小于150mm。

> **提示：**
> 在裁取试件时应从试样宽度方向上均匀的裁取，试件的长边应在防水卷材的纵向。

2）去除试件表面的任何保护膜。

（三）检测步骤

1）检测前将试件在（23±2）℃下放置至少2h。

2）将鼓风烘箱预热到规定的检测温度，在整个检测期间，检测区域的温度波动不超过±2℃。

3）在每个试件距短边一端10mm处的中心打一小孔，将钢丝或回形针穿挂于试件小孔中，放入已定温至标准规定温度的烘箱内加热（120±2）min。

> **提示：**
> 开关烘箱门放入试件的时间不应超过30s；试件与箱壁，试件间应留有一定距离。

4）在规定温度下加热2h后取出试件，目测观察并记录试件表面有无涂盖层滑动和集中性气泡。

（四）检测结果

1）每个试件在规定温度、规定时间加热后，目测观察每个试件表面有无滑动、流淌、集中性气泡现象。

2）三个试件表面均无滑动、流淌、集中性气泡现象时，即可认为该防水卷材的温度稳定性检测合格。

> **提示：**
> 集中性气泡是指破坏油毡涂盖层原形的密集气泡。

项目6.2 防水制品应用

【工作任务】 能够阅读防水卷材、防水涂料、防水密封材料的国家技术标准；能依据工程特点及要求合理选用防水制品。

6.2.1 了解资讯

防水制品按形态不同，分为防水卷材、防水涂料和防水密封材料三大类。

一、防水卷材

（一）沥青防水卷材

1. 石油沥青纸胎油毡

石油沥青纸胎油毡是采用石油沥青浸渍原纸，在涂盖其两面，表面涂或撒隔离材料所制成的卷材。

石油沥青纸胎油毡按卷重和物理性能分为Ⅰ型、Ⅱ型和Ⅲ型。油毡幅宽为1000mm，每卷油毡的总面积为（20±0.3）m^2，油毡的技术性能指标应符合《石油沥青纸胎油毡》（GB 326—2007）的规定，见表6-2。

表6-2　石油沥青纸胎油毡技术性能指标（GB 326—2007）

项　目		性能指标		
		Ⅰ型	Ⅱ型	Ⅲ型
卷重/（kg/卷，不小于）		17.5	22.5	28.5
单位面积浸涂材料总量/（g/cm^3，不小于）		600	750	1000
不透水性	压力/（MPa，不小于）	0.02	0.02	0.10
	保持时间/（min，不小于）	20	30	30
吸水率/（不大于，%）		3.0	2.0	1.0
耐热度		（85±2）℃受热2h，涂盖层应无滑动、流淌和集中性气泡		
拉力（25℃±2℃时，纵向，N，不小于）		240	270	340
柔度		（18±2）℃，绕ϕ20mm圆棒或弯板无裂纹		

2. 石油沥青玻璃布油毡

以玻璃纤维经纺织而成的玻璃纤维布为胎体，浸涂石油沥青，并在两面涂撒隔离材料所制成的一种防水卷材。玻璃布油毡幅宽为1000mm，每卷面积为（20±0.3）m^2。按物理性能分为一等品和合格品两个等级。玻璃布油毡的技术性能指标应符合《石油沥青玻璃布油毡》（JC/T 84—1996）的要求，见表6-3。

表6-3　石油沥青玻璃布油毡技术性能指标（JC/T 84—1996）

指标名称		质量等级	
		一等品	合格品
可溶物含量/（g/m^3，不小于）		420	380
耐热度/（85℃±2℃，2h）		无滑动和起泡现象	
不透水性	压力/MPa	0.2	0.1
	时间/（不小于15min）	无渗漏	
纵向拉力/（25℃±2℃，N，不小于）		400	360
柔度	温度/（℃，不大于）	0	5
	弯曲直径30mm	无裂纹	
耐霉菌腐蚀性	质量损失/（%，不大于）	2.0	
	拉力损失/（%，不大于）	15	

3. 石油沥青玻璃纤维胎防水卷材

石油沥青玻璃纤维胎防水卷材采用玻璃纤维毡为胎基，浸涂石油沥青，两面覆以隔离材料制成的防水卷材。玻璃纤维胎油毡幅宽为1000mm，按单位面积质量（kg/m^2）分为15号和25号，按力学性能分为Ⅰ型和Ⅱ型。玻璃纤维胎油毡的技术性能指标应符合《石油沥青玻璃纤维胎防水卷材》（GB/T 14686—2008）的要求，见表6-4。

表6-4　石油沥青玻璃纤维胎防水卷材技术性能指标（GB/T 14686—2008）

项　目		指标 Ⅰ型	指标 Ⅱ型
可溶物含量/(g/m^2,不小于)	15号	700	
	25号	1200	
	试验现象	胎基不燃	
不透水性		0.1 MPa,30 min 不透水	
耐热性		85℃,无滑动、流淌、滴落	
拉力/(N/50mm,不小于)	横向	250	400
	纵向	350	500
低温柔性/℃		10	5
		无裂缝	
钉杆撕裂强度/(N,不小于)		40	50

（二）聚合物改性沥青防水卷材

1. SBS改性沥青防水卷材

用SBS改性沥青浸渍胎基，两面涂以SBS沥青涂盖层，上表面撒以细砂、矿物粒（片）料或覆盖聚乙烯膜，下表面撒以细砂或覆盖聚乙烯膜所制成的防水卷材。

SBS改性沥青防水卷材以聚酯毡、玻璃纤维薄毡和玻纤增强聚酯毡为胎基，代号分别为PY、G和PYG。聚酯毡（长丝聚酯无纺布）力学性能很好（断裂强度、撕裂强度、断裂伸长率、抗穿刺力均高），耐水性、耐腐蚀性好。SBS改性沥青防水卷材外形如图6-3所示。

SBS改性沥青防水卷材的幅宽为1000mm，卷材厚度为3mm、4mm和5mm，每卷公称面积为$7.5m^2$、$10m^2$和$15m^2$三种，按材料性能分为Ⅰ型和Ⅱ型。SBS改性沥青防水卷材的各项性能指标，应符合《弹性体改性沥青防水卷材》（GB 18242—2008）的规定，见表6-5。

2. APP改性沥青防水卷材

APP改性沥青防水卷材属塑性体沥青防水卷材中的一种。它是用APP改性沥青浸渍胎基（玻璃纤维薄毡、聚酯毡），并涂盖两面，上表面撒以细砂、矿物粒（片）料或覆盖聚乙烯膜，下表面撒以砂或覆盖聚乙烯膜的防水卷材。

APP改性沥青防水卷材以聚酯毡、玻璃纤维薄毡和玻纤增强聚酯毡为胎基，代号分别为PY、G和PYG。幅宽为1000mm，卷材厚度为3mm、4mm和5mm，每卷公称面积为$7.5m^2$、$10m^2$和$15m^2$三种，按材料性能分为Ⅰ型和Ⅱ型。APP改性沥青防水卷材的技术性能指标应符合《塑性体改性沥青防水卷材》（GB 18243—2008）的规定，见表6-6。APP改性沥青防水卷材如图6-4所示。

图 6-3 SBS 改性沥青防水卷材

图 6-4 APP 改性沥青防水卷材

表 6-5 弹性体改性沥青防水卷材技术性能指标（GB 18242—2008）

序号	项目		指标				
			Ⅰ		Ⅱ		
			PY	G	PY	G	PYG
1	可溶物含量/(g/m², 不小于)	3mm	2100				—
		4mm	2900				—
		5mm	3500				
		试验现象	—	胎基不燃	—	胎基不燃	—
2	不透水性(30min, 不小于)		0.3MPa	0.2MPa	0.3MPa		
3	耐热性	℃	90		105		
		≥h	2				
		试验现象	无流淌、滴落				
4	拉力/(N/50mm, 不小于)	最大峰拉力	500	350	800	500	900
		次高峰拉力	—	—	—	—	800
		试验现象	拉伸过程中, 试件中部无沥青涂盖层开裂或与胎基分离现象				
5	延伸率/(%, 不小于)	最大峰时延伸率	30		40		—
		第二峰时延伸率	—	—		—	15
6	低温柔性/℃		-20		-25		
			无裂缝				
7	接缝剥离强度/(N/mm, 不小于)		1.5				
8	人工气候加速老化	外观	无滑动、流淌、滴落				
		拉力保持率/(%, 不小于)	80				
		低温柔性/℃	-15		-20		
			无裂缝				

表 6-6 塑性体改性沥青防水卷材技术性能指标（GB 18243—2008）

序号	项目		指标				
			Ⅰ		Ⅱ		
			PY	G	PY	G	PYG
1	可溶物含量/(g/m², 不小于)	3mm	2100				—
		4mm	2900				—
		5mm	3500				
		试验现象	—	胎基不燃	—	胎基不燃	—

（续）

序号	项目		指标				
			Ⅰ		Ⅱ		
			PY	G	PY	G	PYG
2	不透水性(30min,不小于)		0.3MPa	0.2MPa	0.3MPa		
3	耐热性	℃	110		130		
		≥h	2				
		试验现象	无流淌、滴落				
4	拉力/(N/50mm,不小于)	最大峰拉力	500	350	800	500	900
		次高峰拉力	—	—	—	—	800
		试验现象	拉伸过程中,试件中部无沥青涂盖层开裂或与胎基分离现象				
5	延伸率/(%,不小于)	最大峰时延伸率	25	—	40	—	—
		第二峰时延伸率	—	—	—	—	15
6	低温柔性/℃		-7		-15		
			无裂缝				
7	接缝剥离强度/(N/mm,不小于)		1.0				
8	人工气候加速老化	外观	无滑动、流淌、滴落				
		拉力保持率/(%,不小于)	80				
		低温柔性/℃	-2		-10		
			无裂缝				

(三) 高分子防水卷材

1. 聚氯乙烯防水卷材

以聚氯乙烯树脂为主要原料，掺加适量的增塑剂、稳定剂、颜料和其他助剂，经混炼、压延或挤出成型等工序制成的高分子防水材料。

提示：

合成高分子防水材料是以合成橡胶、合成树脂或两者的共混体为基料，掺入适量的化学助剂和填充料制成的防水材料。具有拉伸强度和抗裂强度高、断裂伸长率大、耐热性和低温柔性好、耐腐蚀、耐老化、防水效果好、使用寿命较长和污染较低等优点，采用冷施工方法施工，是发展较快的新型防水材料。

聚氯乙烯防水卷材的幅宽有1000mm、1200mm、1500mm、2000mm、2500mm、3000mm、4000mm和6000mm八种规格，厚度大于0.5mm，长度为20m以上。聚氯乙烯防水卷材的技术性能应符合《高分子防水材料 第1部分：片材》(GB 18173.1—2012)的要求，见表6-7。

表6-7 高分子防水材料技术性能指标（GB 18173.1—2012）

项目		技术指标			
		树脂类	硫化橡胶类	非硫化橡胶类	
		聚氯乙烯防水卷材	三元乙丙橡胶防水卷材	树脂—橡胶共混防水卷材	氯化聚乙烯防水卷材
		JS1	JL1	JF2	JF3
拉伸强度/(MPa,不小于)	常温(23℃)	10	7.5	3.0	5.0
	高温(60℃)	4	2.3	0.4	1.0

（续）

项目		技术指标			
		树脂类	硫化橡胶类	非硫化橡胶类	
		聚氯乙烯防水卷材	三元乙丙橡胶防水卷材	树脂—橡胶共混防水卷材	氯化聚乙烯防水卷材
		JS1	JL1	JF2	JF3
拉断伸长率/(%,不小于)	常温(23℃)	200	450	200	200
	低温(-20℃)	—	200	100	100
撕裂强度/(kN/m,不小于)		40	25	10	10
不透水性(30 min)		0.3MPa 无渗漏	0.3MPa 无渗漏	0.2MPa 无渗漏	0.2MPa 无渗漏
低温弯折		-20℃无裂纹	-40℃无裂纹	-20℃无裂纹	-20℃无裂纹

2. 氯化聚乙烯防水卷材

以氯化聚乙烯为主体材料，掺入适量添加剂，用玻璃纤维网格布为骨架，经压制复合而成的高分子防水卷材。氯化聚乙烯防水卷材外形如图 6-5 所示。

图 6-5 氯化聚乙烯防水卷材

氯化聚乙烯防水卷材分Ⅰ型和Ⅱ型。Ⅰ型是非增强型，塑性较大；Ⅱ型是增强型，塑性较小。卷材的厚度有 1.0mm、1.2mm、1.5mm、1.8mm、2.0mm 五种尺寸，幅宽有 1000mm、1100mm、1200mm 三种规格，每卷长度为 20m 以上。氯化聚乙烯防水卷材的技术性能，应符合《高分子防水材料　第 1 部分：片材》(GB 18173.1—2012) 的要求，见表 6-7。氯化聚乙烯防水卷材如图 6-5 所示。

3. 三元乙丙橡胶防水卷材

以三元乙丙橡胶为主体，掺入适量的硫化剂、软化剂、促进剂、补强剂和填充料，经密炼、压延或挤出成型等工序而制成的一种高弹性防水材料。

三元乙丙橡胶防水卷材的厚度有 1.0mm、1.2mm、1.5mm、1.8mm、2.0mm 五种尺寸，幅宽有 1000mm、1100mm、1200mm 三种规格，每卷长度为 20m 以上。三元乙丙橡胶防水卷材的技术性能，应符合《高分子防水材料　第 1 部分：片材》(GB 18173.1—2012) 的要求，见表 6-7。三元乙丙橡胶防水卷材如图 6-6 所示。

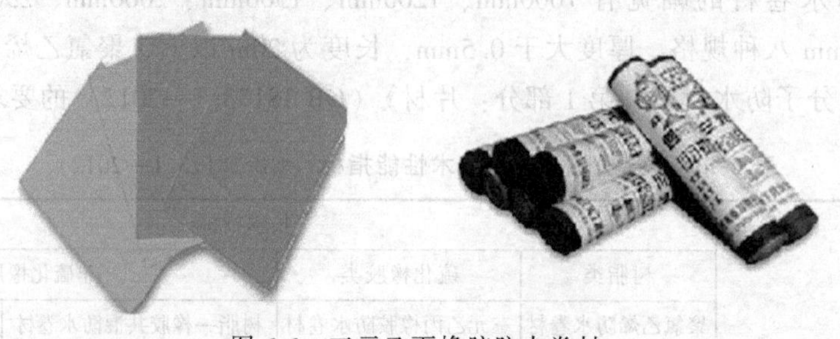

图 6-6 三元乙丙橡胶防水卷材

4. 树脂-橡胶共混防水卷材

以合成树脂、橡胶为主体，掺入适量的硫化剂、促进剂、稳定剂及填料，经混炼、压延或挤出成型、硫化等工序而制成的防水卷材，主要有氯化聚乙烯-橡胶共混防水卷材和聚乙烯-三元乙丙橡胶共混防水卷材。

树脂-橡胶共混防水卷材的厚度有 1.0mm、1.2mm、1.5mm、1.8mm、2.0mm 五种尺寸，幅宽有 1000mm、1100mm、1200mm 三种规格，每卷长度为 20m 以上。树脂-橡胶共混防水卷材的技术性能，应符合《高分子防水材料　第1部分：片材》（GB 18173.1—2012）的要求，见表 6-7。

二、防水涂料

防水涂料是以沥青、合成高分子材料等为主体，在常温下呈流态或半流态，涂布在基层表面后，能在结构物表面结成坚韧防水膜的材料。防水涂料能使基层表面与水隔绝，起到防水、防潮作用，并且防水涂料还可以起到黏结剂的作用，用来粘贴防水卷材。

提示：

按成膜物质的主要成分不同，防水涂料分为沥青类防水涂料、高聚物改性沥青防水涂料、合成高分子防水涂料。

（一）沥青类防水涂料

沥青类防水涂料是指以沥青为基料配制而成的水乳型或溶剂型防水涂料。

1. 冷底子油

冷底子油是用有机溶剂（如汽油、柴油、煤油、苯等）与沥青融合后制得的一种沥青溶液，多在常温下用于防水工程的底层。

2. 乳化沥青防水涂料

乳化沥青防水涂料是以沥青为基料、水为分散介质、石灰膏为乳化剂，在机械强力搅拌下将沥青乳化制成的防水涂料。石灰膏为表面活性剂，在沥青微粒表面定向吸附排列成乳化剂单分子膜，使形成的沥青微粒稳定悬浮在水溶液中。

乳化沥青防水涂料按性能分 L 和 H 两类，技术性能应符合《水乳型沥青防水涂料》（JC/T 408—2005）的要求，见表 6-8。

表 6-8　水乳型沥青防水涂料技术性能指标（JC/T 408—2005）

项　目	L	H
固体含量/(%,不小于)	45	
耐热度/℃	80±2	110±2
	无流淌、滑动、滴落	
不透水性	0.1MPa,30min 无渗水	
黏结强度/(MPa,不小于)	0.30	
表干时间/(h,不大于)	8	
实干时间/(h,不大于)	24	
低温柔性/℃	-15	0
断裂伸长率/(%,不小于)	600	

（二）高聚物改性沥青防水涂料

高聚物改性沥青防水涂料是以沥青为基料，用合成高分子聚合物进行改性所制成的水乳型或溶剂型防水涂料，主要有再生橡胶沥青防水涂料、氯丁橡胶沥青防水涂料等。

1. 再生橡胶沥青防水涂料

再生橡胶沥青防水涂料分为溶剂型和水乳型两种。

溶剂型再生橡胶沥青防水涂料是以石油沥青、再生橡胶为基料，掺入适量的填料和辅助材料，以汽油、煤油等为溶剂溶解而成；水乳型再生橡胶沥青防水涂料是由再生橡胶和石油沥青经乳化配制而成的防水涂料。

2. 氯丁橡胶沥青防水涂料

氯丁橡胶沥青防水涂料分为水乳型和溶剂型两种。

提示：

水乳型氯丁橡胶沥青防水涂料与溶剂型氯丁橡胶沥青防水涂料的成膜条件不同。

水乳型氯丁橡胶沥青防水涂料是将氯丁橡胶乳液和沥青乳液混合，氯丁橡胶和沥青颗粒稳定分散在水中而形成的一种乳液状防水涂料，各项技术指标应符合《水乳型沥青防水涂料》（JC/T 408—2005）的要求，见表 6-8。

溶剂型氯丁橡胶沥青防水涂料是将氯丁橡胶和石油沥青溶于助剂中而形成的一种混合胶体溶液，各项技术指标应符合《溶剂型橡胶沥青防水涂料》（JC/T 852—1999）的要求，见表 6-9。

表 6-9　溶剂型橡胶沥青防水涂料技术性能指标（JC/T 852—1999）

序号	项　目	性能指标
1	外观	黑色黏稠液体
2	耐热性/(80℃,5h)	无变化
3	粘结力/(MPa,不小于)	0.25
4	低温柔韧性/(-40℃,1h,绕 ϕ5mm 圆棒弯曲)	无裂纹
5	不透水性/(动水压 0.2 MPa,3h)	不透水
6	抗裂性/(基层裂缝宽度≤0.8mm)	涂膜不裂

（三）合成高分子防水涂料

合成高分子防水涂料是以合成橡胶或合成树脂为主要成膜物质配制成的单组分或双组分防水涂料，主要有丙烯酸酯防水涂料、硅橡胶防水涂料和聚氨酯防水涂料等。

提示：

合成高分子防水涂料具有高弹性、高耐久性和优良的耐低温性能，使用寿命长。

丙烯酸酯防水涂料是以丙烯酸酯乳液为成膜物质、合成橡胶乳液为改性剂，掺入其他添加剂配制而成的水乳型防水涂料。

硅橡胶防水涂料是以硅橡胶乳液和其他高分子乳液的复合物为主要成膜物质，掺入无机填料及交联剂、催化剂、增韧剂、消泡剂等多种化学助剂配制而成的乳液型防水涂料。

聚氨酯防水涂料分单组分和双组分两种类型。对于双组分聚氨酯防水涂料，甲组分为聚氨酯，乙组分为固化剂（胺类或羟基类化合物或煤焦油），掺入其他添加剂，按比例配合均匀涂于基层后，在常温下交联固化，形成较厚的防水涂膜。

聚氨酯防水涂料按产品基本性能分为Ⅰ型、Ⅱ型和Ⅲ型，各项技术指标应符合《聚氨酯防水涂料》（GB/T 19250—2013）的要求，见表 6-10。

表 6-10 聚氨酯防水涂料技术性能指标（GB/T 19250—2013）

序号	项目	技术指标		
		Ⅰ	Ⅱ	Ⅲ
1	拉伸强度/(MPa,不小于)	2.00	6.00	12.0
2	断裂伸长率/(%,不小于)	500	450	250
3	撕裂强度/(N/mm,不小于)	15	30	40
4	低温弯折性(℃,不大于)	-35℃无裂纹		
5	不透水性(0.3 MPa,120min)	不透水		
6	固体含量/(单组分,%,不小于)	85	85	85
	固体含量/(多组分,%,不小于)	92	92	92
7	表干时间/(h,不大于)	12	12	12
8	实干时间/(h,不大于)	24	24	24
9	流平性	20min 时无明显齿痕		
10	粘结强度/(MPa,不小于)	1.0	1.0	1.0
11	吸水率/(%,不大于)	5.0	5.0	5.0

三、防水密封材料

防水密封材料是指填充于建筑物的各种接缝、裂缝、变形缝、门窗框、幕墙材料周边或其他结构连接处，起到防水密封作用的材料，主要有建筑防水沥青嵌缝油膏、聚氯乙烯接缝膏、丙烯酸酯密封胶、聚氨酯密封胶、聚硫密封胶、硅酮密封胶等。

提示：

防水密封材料也被称为防水油膏。为保证防水密封材料的性能，必须对其流变性、低温柔韧性、拉伸粘结性、拉伸-压缩循环性能等技术指标进行测试。

1. 建筑防水沥青嵌缝油膏

建筑防水沥青嵌缝油膏是以石油沥青为基料、以废橡胶粉和硫化鱼油为改性材料、以石棉绒和滑石粉等为填充剂配制而成的膏状嵌缝材料。

按耐热性和低温柔韧性，建筑防水沥青嵌缝油膏分为702和801两个型号。其技术性能指标应符合《建筑防水沥青嵌缝油膏》（JC/T 207—2011）的规定，见表 6-11。

表 6-11 建筑防水沥青嵌缝油膏技术性能指标（JC/T 207—2011）

项目	技术指标	
	702	801
密度/(g/cm^3,不小于)	规定值①±0.1	
施工度/(mm,不小于)	22.0	20.0
耐热性	70℃下垂值不大于4.0mm	80℃下垂值不大于4.0mm
低温柔性	-20℃时无裂纹、无剥离	-10℃时无裂纹、无剥离
拉伸粘结性/(%,不小于)	125	
浸水后拉伸粘结性/(%,不小于)	125	
渗出性	渗出幅度不大于5.0mm,渗出张数不多于4张	
挥发性/(%,不大于)	2.8	

① 规定值由生产商提供或供需双方商定。

2. 聚氯乙烯接缝膏

聚氯乙烯接缝膏是以煤焦油和聚氯乙烯（PVC）树脂粉为基料，按一定比例加入增塑剂、稳定剂及填充料（如滑石粉、石英粉）等，在130～140℃温度下塑化而成的膏状密封材料，简称PVC接缝膏。

聚氯乙烯接缝膏各项技术性能指标应符合《聚氯乙烯建筑防水接缝材料》（JC/T 798—1997）的规定，见表6-12。

表6-12 聚氯乙烯接缝膏技术性能指标（JC/T 798—1997）

项目		技术指标	
		802	801
密度/(g/cm³)		规定值±0.1	
耐热性	温度/℃	80	
	下垂值/(mm,不大于)	4	
低温柔性	温度/℃	−20	−10
	柔性	无裂缝	
拉伸粘结性	最大抗拉强度/(MPa,不小于)	0.02～0.15	
	最大延伸率/(%,不小于)	300	
浸水拉伸粘结性	最大抗拉强度/(MPa,不小于)	0.02～0.15	
	最大延伸率/(%,不小于)	250	
恢复率/(%,不小于)		80	
挥发率/(%,不大于)		3	

3. 丙烯酸酯密封胶

丙烯酸酯密封胶是以丙烯酸酯乳液为基料，加入增塑剂、改性剂及矿物填料等材料经搅拌研磨配制而成的膏状密封材料。

丙烯酸酯密封胶按位移能力分为12.5和7.5两个级别。7.5级的位移能力为7.5%，试验拉伸压缩幅度为±7.5%；12.5级的位移能力为12.5%，试验拉伸压缩幅度为±12.5%。按弹性恢复率又分为弹性体（记12.5E，要求弹性恢复率不小于40%）和塑性体（记7.5P和12.5P，要求弹性恢复率小于40%）两个次级别。其技术性能指标应符合《丙烯酸酯建筑密封胶》（JC/T 484—2006）的规定，见表6-13。

表6-13 丙烯酸酯建筑密封胶技术性能指标（JC/T 484—2006）

项目	技术指标		
	12.5E	12.5P	7.5P
密度/(g/cm³)	规定值±0.1		
挤出性/(mL/min,不小于)	100		
表干时间/(h,不大于)	1		
下垂度/(mm,不大于)	3		
弹性恢复率/(%,不小于)	40	报告实测值	
定伸粘结性	无破坏	—	
浸水后定伸粘结性	无破坏	—	
冷拉-热压后粘结性	无破坏	—	
低温柔性/℃	−20	−5	
断裂伸长率/(%,不小于)	—	100	
浸水后断裂伸长率/(%,不小于)	—	100	
同一温度下拉伸-压缩循环后粘结性	—	无破坏	
体积变化率/(%,不大于)	30		

4. 聚氨酯密封胶

聚氨酯密封胶是以含有异氰酸基的预聚体为基料，加入固化剂与其他辅料配制而成。

聚氨酯密封胶按流动性分为非下垂型（N）和自流平型（L）两个类型；按位移能力分为25和20两个级别；按拉伸模量分为高模量（HM）和低模量（LM）两个次级别。其技术性能指标应符合《聚氨酯建筑密封胶》（JC/T 482—2003）的规定，见表6-14。

表6-14 聚氨酯建筑密封胶技术性能指标（JC/T 482—2003）

项目		技术指标		
		20HM	25LM	20LM
密度/(g/cm³)		规定值±0.1		
挤出性/(mL/min,不小于)		80		
表干时间/(h,不大于)		24		
流动性	下垂度/(N型,mm,不大于)	3		
	流平性(L型)	光滑平整		
适用期/(h,不小于)		1		
弹性恢复率/(%,不小于)		70		
拉伸模量/MPa	23℃	>0.4或>0.6	≤0.4和≤0.6	
	-20℃			
定伸粘结性		无破坏		
浸水后定伸粘结性		无破坏		
冷拉-热压后的粘结性		无破坏		
质量损失率/(%,不大于)		7		

5. 聚硫密封胶

聚硫密封胶是以液态聚硫橡胶为主剂、以金属过氧化物为固化剂，加入增塑剂及矿物填料等材料配制而成的弹性密封材料。

按位移能力分为25和20两个级别；按拉伸模量分为高模量（HM）和低模量（LM）两个次级别。其主要技术性能指标应符合《聚硫建筑密封胶》（JC/T 483—2006）的规定，见表6-15。

表6-15 聚硫建筑密封胶技术性能指标（JC/T 483—2006）

项目		技术指标		
		20HM	25LM	20LM
密度/(g/cm³)		规定值±0.1		
表干时间/(h,不大于)		24		
流动性	下垂度/(N型,mm,不大于)	3		
	流平性(L型)	光滑平整		
适用期/(h,不小于)		2		
弹性恢复率/(%,不小于)		70		
拉伸模量/MPa	23℃	>0.4或>0.6	≤0.4和≤0.6	
	-20℃			
定伸粘结性		无破坏		
浸水后定伸粘结性		无破坏		
冷拉-热压后粘结性		无破坏		
质量损失率/(%,不大于)		5		

6. 硅酮密封胶

硅酮密封胶是以聚硅氧烷为主要成分的单组分或双组分室温固化型弹性密封材料。单组分型硅酮密封胶是以硅氧烷聚合物为主体，加入适量的硫化剂、矿物填料等配制而成。

按位移能力分为20、25、35和50四个级别；按拉伸模量分为高模量（HM）和低模量（LM）两个次级别；按用途分为Gn类（镶装玻璃用）、Gw类（建筑幕墙非结构性装配用）和F类（建筑接缝用）。硅酮密封胶的技术性能，应符合《硅酮和改性硅酮建筑密封胶》（GB/T 14683—2017）的规定，见表6-16。

表6-16 硅酮建筑密封胶（SR）技术性能指标（GB/T 14683—2017）

项目		技术指标							
		50LM	50HM	35LM	35HM	25LM	25HM	20LM	20HM
密度/(g/cm³)		规定值±0.1							
下垂度/(mm，不大于)		3							
表干时间/(h，不大于)		3							
挤出性/(mL/min，不小于)		150							
弹性恢复率/(%，不小于)		80							
拉伸模量/MPa	23℃	≤0.4 和	>0.4 或	≤0.4 和	>0.4 或	≤0.4 和	>0.4 或	≤0.4 和	>0.4 或
	-20℃	≤0.6	>0.6	≤0.6	>0.6	≤0.6	>0.6	≤0.6	>0.6
定伸粘结性		无破坏							
紫外线辐照后粘结性		无破坏							
冷拉-热压后粘结性		无破坏							
浸水后定伸粘结性		无破坏							
质量损失率/(%，不大于)		8							
浸水光照后粘结性		无破坏							

6.2.2 组织实施

一、防水卷材

（一）沥青防水卷材

1. 石油沥青纸胎油毡

由于石油沥青纸胎油毡价格低，因此，在我国防水工程中仍占有一定市场。Ⅰ型油毡适用于简易防水、临时性建筑防水、建筑防潮及包装；Ⅱ型和Ⅲ型油毡适用于屋面、地下、水利等工程的多层防水。

> **提示：**
> 为克服纸胎油毡抗拉能力低、胎体易腐烂、耐久性差的缺点，可以通过改进胎体材料完善沥青防水卷材的性能。

2. 石油沥青玻璃布胎防水卷材

石油沥青玻璃布胎防水卷材具有抗拉强度高、耐腐蚀性强、柔韧性好等特点，低温柔度为0℃，明显优于纸胎油毡，适用于耐久性、耐腐蚀性、耐水性要求较高的工程，如长期受潮湿侵蚀的地下工程防水、防腐层，以及屋面防水层及管道（热力管道除外）的防腐保护层。

3. 石油沥青玻璃纤维胎油毡

石油沥青玻璃纤维胎油毡具有抗拉强度高、耐腐蚀性强、柔韧性好等特点，适用于屋面、地下或水利工程的防水处理。

（二）聚合物改性沥青防水卷材

1. SBS改性沥青防水卷材

SBS改性沥青防水卷材具有较高的弹性、低温柔韧性和耐热性，抗拉强度和耐疲劳性能明显得到改善，抗老化性能好等特点。广泛用于各类建筑的屋面、地下室、桥梁、游泳池、隧道等结构防水工程，尤其适用于寒冷地区、结构变形频繁（或结构变形量较大）的建筑物防水处理。

2. APP改性沥青防水卷材

APP改性沥青卷材抗拉强度高，抗老化性能、耐腐蚀性能和耐高温性能好，耐紫外线能力强，广泛用于工业与民用建筑的屋面和地下防水工程，以及道路、桥梁、隧道等建筑物的防水处理，特别适合于高温环境或有强烈太阳辐照地区的建筑物防水工程。

（三）高分子防水卷材

1. 聚氯乙烯防水卷材

聚氯乙烯防水卷材抗拉强度和抗撕裂强度高，延伸率较大，低温柔性、耐热性和尺寸稳定性好，耐老化性能、耐紫外线照射和耐化学腐蚀性能强，冷施工且机械化程度高，操作维修方便。适用于建筑物的屋面、地下防水、隧道、水库、堤坝、水池、污水处理场等建筑防水工程。

2. 氯化聚乙烯防水卷材

氯化聚乙烯防水卷材抗拉强度较高，低温柔性和耐热性好，耐候性、抗臭氧性和耐化学腐蚀性能强，质量轻、施工维修简便，既可冷操作，也可用热风焊施工，适用于各类建筑物的屋面、地下防水及防潮工程，尤其适用于寒冷地区和紫外线照射较强地区的建筑物防水工程。

3. 三元乙丙橡胶防水卷材

三元乙丙橡胶防水卷材具有优良的耐候性、耐热性、低温柔韧性、耐腐蚀性能和抗老化性能，抗拉强度高，断裂伸长率大，使用温度范围宽，对基层材料的伸缩或开裂变形适应性强，使用寿命达30年以上，适用于防水要求高、使用年限要求长的屋面、地下、隧道、桥梁等各类防水工程，特别适用于严寒地区和变形较大部位的建筑物防水工程。

提示：

以彩色三元乙丙橡胶为面层，以改性胎面再生橡胶为底层，可制成自粘型彩色三元乙丙复合防水材料。生产成本低，剥开背面的隔离纸就可贴用，施工方便。

4. 树脂-橡胶共混防水卷材

树脂-橡胶共混防水卷材兼有塑料和橡胶两者的优点，具有优异的抗老化性能、低温柔韧性、耐候性、耐腐蚀性，高弹性和延伸性，使用寿命长，适用于各类建筑的防水工程，尤其适用于寒冷地区和变形较大部位的建筑物防水工程。

二、防水涂料

（一）沥青类防水涂料

1. 冷底子油

冷底子油因黏度小，具有良好的流动性，涂刷在混凝土、砂浆或木材等材料表面上，能够很快渗入基层孔隙中，并且与基底牢固结合。既可使基底表面呈憎水性，又可以为粘结同类防水材料创造有利条件。

冷底子油形成的涂膜较薄，一般不单独做防水材料使用，只作为某些防水材料的配套材料。施工时在基层上先涂刷一道冷底子油，再刷沥青防水涂料或铺油毡。

提示：

冷底子油要随用随配，配制方法有热配法和冷配法两种。热配法是先将沥青加热熔化脱水后，待冷却至一定温度（约70℃）时再缓慢加入溶剂，搅拌均匀即成。冷配法是将沥青打碎成小块后，按质量比加入溶剂中，不停搅拌至沥青全部溶化为止。冷底子油应涂刷于干燥的基面上。

2. 乳化沥青防水涂料

乳化沥青防水涂料必须与其他材料配套使用，可涂刷或喷涂在材料表面作为防潮层或防水层。乳化沥青防水涂料不宜在5℃以下施工，以免水分结冰破坏防水层；也不宜在夏季烈日下施工，以防水分蒸发过快，乳化沥青结膜快，膜内水分蒸发不出而产生气泡。

（二）高聚物改性沥青防水涂料

1. 再生橡胶沥青防水涂料

因掺入再生橡胶，再生橡胶沥青防水涂料具有较高的粘结性、抗裂性、柔韧性、抗老化性能，可在低温条件下施工。由于采用冷施工工艺，改善了施工条件，提高了施工质量，适用于工业与民用建筑的屋面、地下室、水池和建筑物基础的防水防潮处理。

2. 氯丁橡胶沥青防水涂料

水乳型氯丁橡胶沥青防水涂料具有价格较低、成膜快、强度高，耐候性、抗裂性好，并且可冷施工、无毒、难燃，但其固体含量低、防水性能一般，因此，对于屋面防水工程一般不能单独使用水乳型氯丁橡胶沥青防水涂料，也不适用于地下室及浸水环境下建筑物表面防水处理。

溶剂型氯丁橡胶沥青防水涂料具有涂膜致密完整，粘结力强，抗腐蚀性、耐水性、抗裂性能好，对基层变形的适应能力强等特点，可用于工业与民用建筑的屋面、地下室及浸水环境下建筑物表面的防水防潮处理。

（三）合成高分子防水涂料

提示：

与其他防水涂料相比，合成高分子防水涂料具有更高的弹性和塑性，更能适应防水基层的变形，从而能进一步提高防水效果，延长其使用寿命。

1. 丙烯酸酯防水涂料

丙烯酸酯防水涂料涂膜具有一定的柔韧性和耐候性，具有良好的抗老化性、延伸性、弹性、粘结性，耐高、低温性能好，不透水性强。另外，丙烯酸酯防水涂料还可配成多种颜色，具有一定的装饰性，可采用冷施工工艺，施工方便，无毒，不燃，适用于工业与民用建筑的屋面、地下室、卫生间、轻型薄壳结构的屋面及异型结构基层的防水工程。

2. 硅橡胶防水涂料

硅橡胶防水涂料兼有涂膜防水和渗透性防水材料的双重优点，具有良好的防水性、粘结性、抗裂性、延伸性和弹性，耐高、低温性及抗老化性能好。可采用冷施工工艺，施工方便，也可配成各种颜色，装饰性好，适用于屋面、储水池及地下构筑物的防水处理，尤其适用于有复杂结构或有许多管道穿过的基层防水处理。

3. 聚氨酯防水涂料

聚氨酯防水涂料具有优异的耐候性、耐油性、耐臭氧性、不燃烧性，粘结性强，较高的抗拉强度、弹性与延伸性，耐久性好，对基层变形有较强的适应性，并且施工操作简便，可用于各种有保护层的屋面、地下构筑物、卫生间、游泳池等防水工程，最适宜结构复杂、狭窄和易变形部位的防水处理。

三、防水密封材料

1. 建筑防水沥青嵌缝油膏

建筑防水沥青嵌缝油膏具有良好的防水防潮性能和粘结性能，延伸率高，能够适应建筑物的一定变形。其适用于工业与民用建筑的屋面板、墙板、桥梁等构件节点、构筑物的伸缩缝与施工缝处的防水密封处理。

2. 聚氯乙烯接缝膏

聚氯乙烯接缝膏具有良好的粘结性、防水性、耐热性、耐低温柔韧性、弹塑性、耐腐蚀性能和抗老化性能，施工方便，施工时既可以热用，也可以冷用，适用于工业与民用建筑的屋面、大型墙板、楼板的嵌缝处理，尤其适用于酸碱腐蚀环境下的屋面防水工程。

提示：

热用时，将聚氯乙烯接缝膏用文火加热，加热温度不得超过100℃，达塑化状态后，应立即浇灌于清洁干燥的缝隙或接头等部位。冷用时，需加入适量溶剂稀释。

3. 丙烯酸酯密封胶

丙烯酸酯密封胶具有良好的粘结性、弹性、延伸性、耐热性和低温柔韧性，耐候性和耐紫外线老化性能好，无毒，不燃，施工方便，主要用于各类大型墙板、门窗及屋面板之间的密封防水工程。

4. 聚氨酯密封胶

聚氨酯密封胶具有优异的弹性、粘结性能、耐疲劳性、耐候性和耐久性，且耐水、耐油、耐酸碱，使用年限长，广泛应用于屋面、墙板、地下室、门窗、管道、卫生间、游泳池、机场跑道、公路、桥梁等工程的接缝密封及施工缝的密封处理，混凝土裂缝的修补处理。

5. 聚硫密封胶

聚硫密封胶具有优异的耐候性，粘结性能、低温柔韧性、耐水性和耐油性良好，能适应基层较大的伸缩变形，适用于建筑物上部结构、地下结构、水下结构、门窗、玻璃以及管道的接缝密封工程，还可作为中空玻璃的周边密封材料。

6. 硅酮密封胶

硅酮密封胶具有优异的耐热性、耐寒性和抗老化性能，粘结性能、耐候性、耐疲劳性、耐水性好，适用于建筑物上部结构、地下结构的防水与密封接缝处理。

提示：

硅酮密封胶施工时，施工表面必须清洁干燥、无霜和稳固，粘结面为混凝土时需要打底。

四、防水材料的选用与进场验收

（一）防水材料的选用

防水材料种类繁多，性能各异。防水材料的选用，应根据建筑物的性质、重要程度、防水等级、使用功能要求、建筑物的结构形式、气候条件以及防水层合理使用年限等实际情况，按《屋面工程质量验收规范》（GB 50207—2012）的规定合理选用，见表 6-17。

表 6-17　屋面防水等级和设防要求（GB 50207—2012）

项　目	屋面防水等级	
	Ⅰ	Ⅱ
建筑物类别	重要建筑和高层建筑	一般建筑
防水层选用材料	宜选用高聚物改性沥青防水卷材、合成高分子防水卷材、金属板材、合成高分子防水涂料、高聚物改性沥青防水涂料、细石混凝土、平瓦、油毡瓦等材料	宜选用三毡四油沥青防水卷材、高聚物改性沥青防水卷材、合成高分子防水卷材、金属板材、高聚物改性沥青防水涂料、合成高分子防水涂料、细石混凝土、平瓦、油毡瓦等材料
设防要求	两道防水设防	一道防水设防

（二）防水材料的进场验收

1. 检查、核对防水材料出厂的产品合格证与质量检验报告

防水材料出厂的产品合格证和质量检验报告，不仅是验收防水材料的技术保证依据，也是施工单位长期保存的技术资料，还可以作为工程质量验收时工程用料的技术凭证。防水材料的品种、规格、性能应符合现行国家产品标准和设计要求。应核对试验项目是否齐全，试验测值是否达到国家标准要求。

2. 按规定进行取样和复检

防水材料进场后，应按相关标准对产品的规格、型号、卷材厚度（卷重）和外观质量进行检查，并按国家标准，对防水材料进行抽样和复检。

提示：

质量检测不合格的防水材料不得使用。

学习情境7

其他建筑材料性能检测及应用

【知识与能力目标】

了解墙体材料的分类，常用保温、装饰材料的特点；掌握墙体材料的技术标准，保温、装饰材料的作用，能结合工程环境及要求，合理选用保温、装饰材料。能按国家标准要求进行墙体材料取样和试件的制作，能正确使用检测仪器对墙体材料各项性能进行检测，并依据国家标准能对墙体材料质量作出准确评价；能正确阅读墙体材料质量检测报告。

项目 7.1　墙体材料技术性能检测

【工作任务】 阅读墙体材料质量检测报告；能按国家标准要求进行墙体材料取样和试件的制作；能正确使用检测仪器对墙体材料各项技术指标进行检测；能准确填写墙体材料质量检测报告。

墙体在建筑结构物中主要起承重、围护和分隔空间的作用，同时还兼有保温、隔热、吸声、隔声、耐水和防火等多种功能。传统的墙体材料是烧结普通砖，具有生产成本低、原材料来源广、砌体自重大、施工效率低、不利于环境保护等特点。我国已大力发展和推广使用轻质、高强、节能和有利于环境保护的墙体材料，对推动经济和社会的可持续发展，有着十分重要的意义。

7.1.1　了解资讯

一、砌墙砖的分类

砌墙砖是指以黏土、工业废料或其他地方材料为原料，以不同工艺生产的、用于砌筑承重和非承重墙体的墙砖，按生产工艺不同，砌墙砖分为烧结砖和非烧结砖；按孔洞率不同，砌墙砖分为普通砖、多孔砖和空心砖。

提示：

烧结砖是经焙烧而成；非烧结砖是经碳化或蒸压养护硬化而成。

二、烧结普通砖

烧结普通砖是以黏土、页岩、煤矸石等为主要原料，经成型、焙烧而成的实心砖，其孔洞率小于15%。根据主要原料不同，可分为烧结黏土砖（N）、页岩砖（Y）、煤矸石砖（M）、粉煤灰砖（F）、建筑渣土砖（Z）、淤泥砖（U）和固体废弃物砖（G）等。

砖的产品标记按产品名称的英文缩写、类别、强度等级和标准编号顺序填写。例如烧结普通砖，强度等级为 MU15 的黏土砖，其标记为：FCB N MU15 GB/T 5101。

焙烧温度是影响烧结砖质量的重要因素，焙烧温度要适当，以免出现欠火砖、酥砖、螺旋纹砖或过火砖。欠火砖、酥砖、螺旋纹砖或过火砖均属于不合格产品。

提示：

欠火砖焙烧温度过低，色浅、声哑、孔隙率高、强度低；酥砖是指干砖坯受湿（潮）气或雨淋后成反潮坯、雨淋坯或湿坯受冻后的冻坯，这类砖坯焙烧后为酥砖，或砖坯入窑焙烧时预热过急，导致烧成的砖易成为酥砖，声哑、强度低、抗风化性能和耐久性能差；螺旋纹砖是以螺旋挤出机成型砖坯时，坯体内部形成螺旋状分层的砖，声哑、强度低、抗风化性能差，受冻后会层层脱皮，耐久性能差；过火砖焙烧温度过高，色深、声脆、强度较高，但易出现弯曲变形的现象，外观质量差。

生产烧结砖时，砖坯在氧化环境下焙烧，产品呈红颜色，称为红砖；当砖坯在氧化气氛中烧成后，再经洒水闷窑，在还原环境下继续焙烧，产品呈青灰色，故称为青砖。

提示：

青砖耐久性、耐碱性比红砖好，强度高、变形小，但成本较高。

（一）技术性能

1. 形状尺寸

烧结普通砖的外形为长方体，标准尺寸为 240mm×115mm×53mm。每立方米砖砌体理论用砖数量为 512 块。烧结普通砖的尺寸允许偏差应符合《烧结普通砖》（GB/T 5101—2017）的规定，见表 7-1。

烧结普通砖的技术性能微课

提示：

强度、抗风化性能与放射性物质合格的烧结普通砖，根据尺寸偏差、外观质量、泛霜和石灰爆裂，分为合格品与不合格品。

表 7-1 烧结普通砖的尺寸允许偏差（GB/T 5101—2017）

公称尺寸/mm	技术指标	
	样本平均偏差/(mm)	样本极差/(mm,不大于)
240	±2.0	6.0
115	±1.5	5.0
53	±1.0	4.0

注：样本平均偏差是指抽检的 20 块砖试样同一方向 40 个测量尺寸的算术平均值与其公称尺寸的差值；样本极差是指抽检的 20 块砖试样同一方向 40 个测量尺寸中最大值与最小值的差值。

2. 外观质量

烧结普通砖的外观质量应符合《烧结普通砖》（GB/T 5101—2017）的规定，见表 7-2。此外，烧结普通砖中不允许有欠火砖、存在大量网状裂纹的酥砖和有螺旋状裂纹的螺旋纹砖。

3. 强度等级

烧结普通砖根据抗压强度划分为 MU30、MU25、MU20、MU15、MU10 五个强度等级，见表 7-3。

表 7-2　烧结普通砖外观质量要求（GB/T 5101—2017）

项　目		技术指标
两条面高度差/(mm,不大于)		2
弯曲/(mm,不大于)		2
杂质凸出高度/(mm,不大于)		2
缺棱掉角的三个破坏尺寸,不得同时大于/mm		5
裂纹长度/(mm,不大于)	大面上宽度方向及其延伸至条面的长度	30
	大面上长度方向及其延伸至顶面的长度或条顶面上水平裂纹的长度	50
完整面不得少于		一条面和一顶面

注：1. 为砌筑挂浆而施加的凹凸纹、槽、压花等不算作缺陷。

2. 凡有下列缺陷之一者，不得称为完整面：

1）缺损在条面或顶面上造成的破坏面尺寸同时大于 10mm×10mm。

2）条面或顶面上裂纹宽度大于 1mm，其长度超过 30mm。

3）压陷、粘底、焦化在条面或顶面上的凹陷或凸出超过 2mm，区域尺寸同时大于 10mm×10mm。

表 7-3　烧结普通砖的强度等级（GB/T 5101—2017）

强度等级	抗压强度平均值/(MPa,不小于)	强度标准值/(MPa,不小于)
MU30	30.0	22.0
MU25	25.0	18.0
MU20	20.0	14.0
MU15	15.0	10.0
MU10	10.0	6.5

4. 泛霜和石灰爆裂

泛霜是指黏土原料中的可溶性盐类在砖表面的盐析现象，呈白色粉末、絮团或絮片样，如图 7-1 所示。国家标准规定：合格品烧结普通砖不允许出现严重泛霜。

图 7-1　烧结普通砖泛霜示意图

提示：

泛霜会造成烧结砖的表面粉化、脱落，破坏烧结砖与砂浆的粘结，影响墙体的承载力。

烧结砖原料中如含有石灰石，在焙烧时可能被烧成生石灰。砖吸水后，存留在砖中的生石灰熟化产生体积膨胀，导致砖发生爆裂的现象称为石灰爆裂。石灰爆裂严重影响烧结砖的质量，降低砌体强度和建筑物的安全。

5. 吸水率

烧结普通砖具有较多的孔隙，孔隙率在30%左右，其中墙体材料表观密度为1800～1900kg/m^3，页岩砖表观密度为1600～1800kg/m^3，煤矸石砖和粉煤灰砖较轻，表观密度为1400～1650kg/m^3，所以烧结普通砖的吸水性较大，吸水率达10%～20%。为了不影响砌筑砂浆的粘结性和强度，在砌砖时必须预先给砖浇水，使砖充分吸水润湿。

6. 抗风化性能

抗风化性能是影响烧结砖耐久性的重要因素。抗风化能力越强，耐久性越好。抗风化性能用吸水率、饱和系数等指标评定。由于自然气候不同，各地区的风化程度不同，因此对不同地区的烧结普通砖抗风化性能具有相应的技术指标，见表7-4。

表7-4 烧结普通砖抗风化性能 (GB/T 5101—2017)

砖种类	严重风化区				非严重风化区			
	5h沸煮吸水率/(%,不大于)		饱和系数(不大于)		5h沸煮吸水率/(%,不大于)		饱和系数(不大于)	
	平均值	单块最大值	平均值	单块最大值	平均值	单块最大值	平均值	单块最大值
黏土砖、建筑渣土砖	18	20	0.85	0.87	19	20	0.88	0.90
粉煤灰砖	21	23	0.85	0.87	23	25	0.88	0.90
页岩砖	16	18	0.74	0.77	18	20	0.78	0.80
煤矸石砖	16	18	0.74	0.77	18	20	0.78	0.80

(二) 应用

烧结普通砖具有较高的强度、较好的保温、隔热、隔声及耐久性能，原材料来源广泛，但砌体自重大、能耗高、施工效率低、不利于环境保护，是应用历史最久、应用范围最为广泛的墙体材料，可用来砌筑墙体、柱、烟囱等构筑物。

提示：

从节约黏土资源、充分利用工业废料及保护环境等方面考虑，我国大力推广墙体材料改革，采用多种新型墙体材料代替烧结普通砖，已取得了令人瞩目的成就。

三、烧结多孔砖

烧结多孔砖以黏土、页岩、煤矸石等为主要原料，经成型、焙烧而成，其孔洞率在28%以上，如图7-2所示。烧结多孔砖的孔洞开在大面上，与承压面垂直，为竖孔方向。

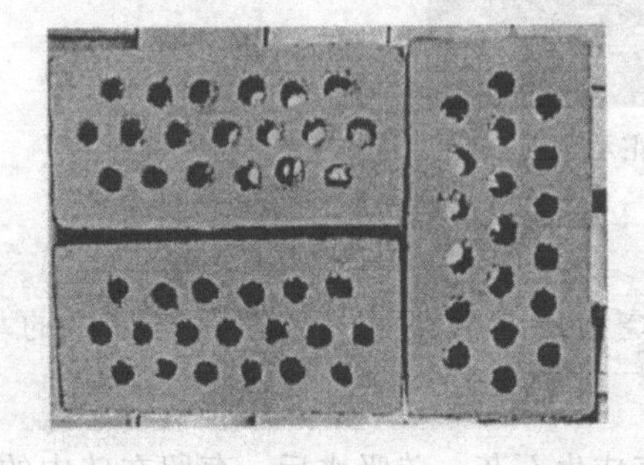
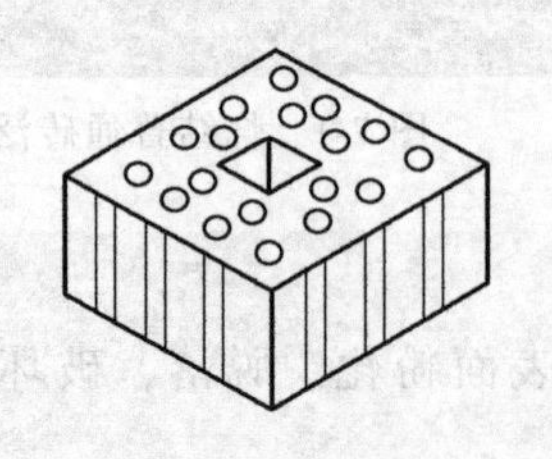
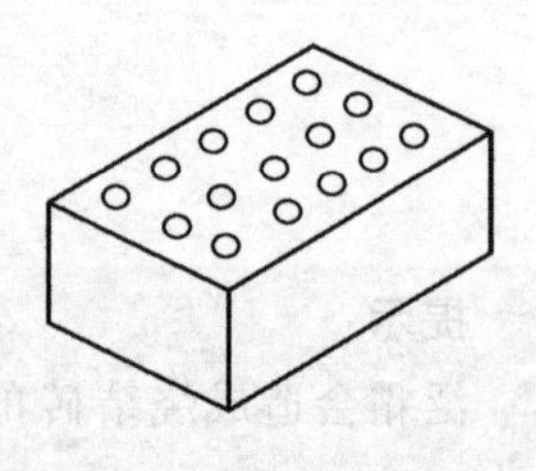

图7-2 烧结多孔砖示意图

（一）技术性能

1. 形状尺寸

烧结多孔砖的外形为直角六面体，规格尺寸为290mm、240mm、190mm、180mm、140mm、115mm、90mm。烧结多孔砖的尺寸允许偏差应符合《烧结多孔砖和多孔砌块》（GB 13544—2011）的规定，见表7-5。矩形孔孔洞尺寸要求为：孔宽度≤13mm，孔长度≤40mm。

表7-5 烧结多孔砖的尺寸允许偏差（GB 13544—2011）

尺寸/mm	样本平均偏差/mm	样本极差/(mm,不大于)
>400	±3.0	10.0
300~400	±2.5	9.0
200~300	±2.5	8.0
100~200	±2.0	7.0
<100	±1.5	6.0

注：样本平均偏差是指抽检的20块砖试样同一方向40个测量尺寸的算术平均值与其公称尺寸的差值；样本极差是指抽检的20块砖试样同一方向40个测量尺寸中最大值与最小值的差值。

2. 外观质量

烧结多孔砖的外观质量应符合《烧结多孔砖和多孔砌块》（GB 13544—2011）的规定，见表7-6。

表7-6 烧结多孔砖外观质量要求（GB 13544—2011）

项目		指标
完整面不得少于		一条面和一顶面
缺棱掉角的三个破坏尺寸，不得同时大于/mm		30
裂纹长度/(mm,不大于)	大面(有孔面)上深入孔壁15mm以上宽度方向及其延伸至条面的长度	80
	大面(有孔面)上深入孔壁15mm以上长度方向及其延伸至顶面的长度	100
	条顶面上的水平裂纹长度	100
杂质在砖面上造成的凸出高度/(mm,不大于)		5

注：凡有下列缺陷之一者，不能称为完整面：
1. 缺损在条面或顶面上造成的破坏面尺寸同时大于20mm×30mm。
2. 条面或顶面上裂纹宽度大于1mm，其长度超过70mm。
3. 压陷、粘底、焦化在条面或顶面上的凹陷或凸出超过2mm，区域最大投影尺寸同时大于20mm×30mm。

3. 强度等级

烧结多孔砖根据抗压强度划分为MU30、MU25、MU20、MU15、MU10五个强度等级，见表7-7。

表7-7 烧结多孔砖的强度等级（GB 13544—2011）

强度等级	抗压强度平均值(MPa,不小于)	强度标准值(MPa,不小于)
MU30	30.0	22.0
MU25	25.0	18.0
MU20	20.0	14.0
MU15	15.0	10.0
MU10	10.0	6.5

4. 泛霜和石灰爆裂

国家标准《烧结多孔砖和多孔砌块》（GB 13544—2011）规定：每一块烧结多孔砖不允许出现严重泛霜现象。

石灰爆裂严重影响烧结砖的质量，降低砌体强度和建筑物的安全。国家标准《烧结多孔砖和多孔砌块》（GB 13544—2011）规定：破坏尺寸大于2mm且小于或等于15mm的爆裂区域，每组砖和砌块不得多于15处，其中大于10mm的不得多于7处；不允许出现破坏尺寸大于15mm的爆裂区域。

5. 密度等级

烧结多孔砖的密度等级应符合《烧结多孔砖和多孔砌块》（GB 13544—2011）的规定，见表7-8。

表7-8 烧结多孔砖的密度等级（GB 13544—2011）

密度等级	3块砖干燥表观密度平均值
—	≤900
1000	900~1000
1100	1000~1100
1200	1100~1200
1300	1200~1300

6. 抗风化性能

抗风化性能是影响烧结多孔砖耐久性的重要因素，抗风化能力越强，耐久性越好。抗风化性能用吸水率、饱和系数等指标评定。由于自然气候不同，各地区的风化程度不同，因此对不同地区的烧结多孔砖抗风化性能具有相应的技术指标，见表7-9。

表7-9 烧结多孔砖抗风化性能（GB 13544—2011）

砖种类	严重风化区				非严重风化区			
	5h沸煮吸水率/(%,不大于)		饱和系数(不大于)		5h沸煮吸水率/(%,不大于)		饱和系数(不大于)	
	平均值	单块最大值	平均值	单块最大值	平均值	单块最大值	平均值	单块最大值
黏土砖	21	23	0.85	0.87	23	25	0.88	0.90
粉煤灰砖	23	25	0.85	0.87	30	32	0.88	0.90
页岩砖	16	18	0.74	0.77	18	20	0.78	0.80
煤矸石砖	19	21	0.74	0.77	21	23	0.78	0.80

注：粉煤灰掺入量（质量比）小于30%时按黏土砖规定判定。

（二）应用

烧结多孔砖具有较高的强度、较好的保温、隔热、隔声及耐久性能，可以降低砌体自重，节约黏土资源及燃料，主要用于六层以下建筑物承重墙体的砌筑。

四、烧结空心砖

以黏土、页岩、煤矸石等为主要原料，经成型、焙烧而成，其孔洞率不小于35%。烧结空心砖的外形为直角六面体，孔洞采用矩形条孔，孔的尺寸较大、数量少，且平行于大面和条面，多与承压面平行，如图7-3所示。在与砂浆的结合面上设有深度1mm以上的凹线槽，以增加两者的粘结力。

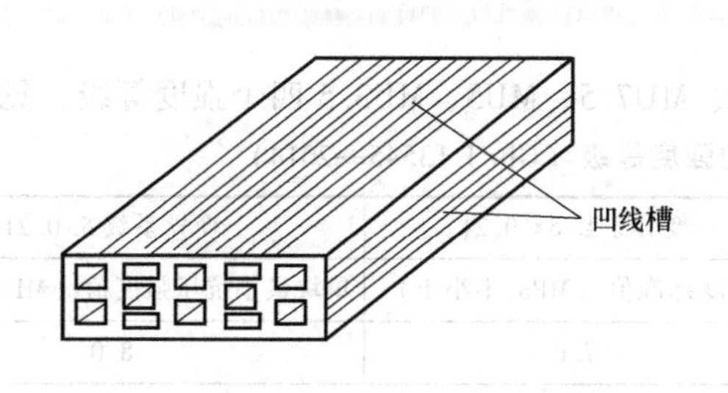

图 7-3 烧结空心砖示意图

按主要原料不同，可分为黏土空心砖（N）、页岩空心砖（Y）、煤矸石空心砖（M）、粉煤灰空心砖（F）、建筑渣土空心砖（Z）、淤泥空心砖（U）和固体废弃物空心砖（G）等。

（一）技术性能

1. 形状尺寸

烧结空心砖长度规格尺寸为390mm、290mm、240mm、190mm、180mm、140mm；宽度规格尺寸为190mm、180mm、140mm、115mm；高度规格尺寸为180mm、140mm、115mm、90mm。烧结空心砖的尺寸允许偏差应符合《烧结空心砖和空心砌块》（GB/T 13545—2014）的规定，见表7-10。

表7-10 烧结空心砖的尺寸允许偏差（GB/T 13545—2014）

尺寸/mm	样本平均偏差/mm	样本极差/(mm,不大于)
>300	±3.0	7.0
200~300	±2.5	6.0
100~200	±2.0	5.0
<100	±1.7	4.0

注：样本平均偏差是指抽检的20块砖试样同一方向40个测量尺寸的算术平均值与其公称尺寸的差值；样本极差是指抽检的20块砖试样同一方向40个测量尺寸中最大值与最小值的差值。

2. 外观质量

烧结多孔砖的外观质量应符合《烧结空心砖和空心砌块》（GB/T 13545—2014）的规定，见表7-11。

表7-11 烧结空心砖外观质量要求（GB/T 13545—2014）

项目		指标
弯曲/(mm,不大于)		4
缺棱掉角的三个破坏尺寸,不得同时大于/mm		30
垂直度差/(mm,不大于)		4
未贯穿裂纹长度/(mm,不大于)	大面上宽度方向及其延伸到条面的长度	100
	大面上长度方向或条面上水平面方向的长度	120
贯穿裂纹长度/(mm,不大于)	大面上宽度方向及其延伸到条面的长度	40
	壁、肋沿长度方向、宽度方向及其水平方向的长度	40
肋、壁内残缺长度/(mm,不大于)		40
完整面		一条面或一大面

注：凡有下列缺陷之一者，不能称为完整面：

1. 缺损在大面、条面上造成的破坏面尺寸同时大于20mm×30mm。
2. 大面、条面上裂纹宽度大于1mm，其长度超过70mm。
3. 压陷、粘底、焦化在大面、条面上的凹陷或凸出超过2mm，区域尺寸同时大于20mm×30mm。

3. 强度等级

烧结空心砖根据抗压强度划分为MU10、MU7.5、MU5、MU3.5四个强度等级，见表7-12。

表7-12 烧结空心砖的强度等级（GB/T 13545—2014）

强度等级	抗压强度平均值/(MPa,不小于)	变异系数δ≤0.21	变异系数δ>0.21
		强度标准值/(MPa,不小于)	单块最小抗压强度值/(MPa,不小于)
MU10	10.0	7.0	8.0
MU7.5	7.5	5.0	5.8
MU5	5.0	3.5	4.0
MU3.5	3.5	2.5	2.8

注：当强度变异系数δ≤0.21时，按表中抗压强度平均值和强度标准值评定砖的强度等级；当强度变异系数δ>0.21时，按表中抗压强度平均值和单块最小抗压强度值评定砖的强度等级。

4. 泛霜和石灰爆裂

国家标准《烧结空心砖和空心砌块》（GB/T 13545—2014）规定：每块空心砖和空心砌块不允许出现严重泛霜现象。

石灰爆裂严重影响烧结砖的质量，降低砌体强度和建筑物的安全。国家标准《烧结空心砖和空心砌块》（GB/T 13545—2014）规定：破坏尺寸大于2mm且小于或等于15mm的爆裂区域，每组空心砖和空心砌块不得多于10处，其中大于10mm的不得多于5处；不允许出现最大破坏尺寸大于15mm的爆裂区域。

5. 密度等级

烧结空心砖按体积密度分为800级、900级、1000级和1100级。烧结空心砖的密度等级应符合《烧结空心砖和空心砌块》（GB 13544—2011）的规定，见表7-13。

表7-13 烧结空心砖的密度等级（GB/T 13545—2014）

密度等级	5块砖体积密度平均值/(kg/m³)	密度等级	5块砖体积密度平均值/(kg/m³)
800	≤800	1000	901~1000
900	801~900	1100	1001~1100

6. 抗风化性能

抗风化性能是影响烧结空心砖耐久性的重要因素。抗风化能力越强，耐久性越好。抗风化性能用吸水率、饱和系数等指标评定。由于自然气候不同，各地区的风化程度不同，因此对不同地区的烧结空心砖抗风化性能具有相应的技术指标，见表7-14。

表7-14 烧结空心砖抗风化性能（GB/T 13545—2014）

砖种类	严重风化区				非严重风化区			
	5h沸煮吸水率/(%,不大于)		饱和系数(不大于)		5h沸煮吸水率/(%,不大于)		饱和系数(不大于)	
	平均值	单块最大值	平均值	单块最大值	平均值	单块最大值	平均值	单块最大值
黏土砖	21	23	0.85	0.87	23	25	0.88	0.90
粉煤灰砖	23	25	0.85	0.87	30	32	0.88	0.90
页岩砖	16	18	0.74	0.77	18	20	0.78	0.80
煤矸石砖	19	21	0.74	0.77	21	23	0.78	0.80

注：粉煤灰掺入量（质量分数）小于30%时按黏土空心砖规定判定。

（二）应用

烧结空心砖强度较低，具有良好的保温隔热性能，主要用于非承重墙体的砌筑，如多层建筑的内隔墙和框架结构的填充墙等。

五、非烧结砖

提示：

与烧结砖相比，非烧结砖具有能充分利用工业废料、生产成本低、有利于环境保护、能耗低等优势，因此，应优先发展。

1. 蒸压灰砂砖

蒸压灰砂砖是以石灰和砂为主要原料，经混合搅拌、陈化、加压成型、蒸压养护而成的实心砖。尺寸规格与烧结普通砖相同。根据尺寸偏差、外观质量、吸水率、碳化系数、软化系数、强度和抗冻性分为合格品与不合格品。按抗压强度大小，蒸压灰砂砖分为MU30、MU25、MU20、MU15、MU10五个强度等级，应符合《蒸压灰砂实心砖和实心砌块》（GB/T 11945—2019）的规定，见表7-15。

表7-15 蒸压灰砂砖的强度等级（GB/T 11945—2019）

强度等级	抗压强度/MPa	
	平均值不小于	单块最小值不小于
MU30	30.0	25.5
MU25	25.0	21.2
MU20	20.0	17.0
MU15	15.0	12.8
MU10	10.0	8.5

提示：

蒸压灰砂砖耐热性、耐腐蚀性和抗流水冲刷能力较差，不得用于长期受热200℃以上、受急热急冷和有酸性介质侵蚀的建筑部位，也不宜用于有流水冲刷的部位。

2. 粉煤灰砖

粉煤灰砖是以粉煤灰、石灰或水泥为主要原料，掺入适量的石膏和炉渣等，经坯料制备、压制成型、高压或常压蒸汽养护而成的实心砖。尺寸规格与烧结普通砖相同。根据其尺寸偏差、外观质量、强度、吸水率、碳化系数、抗冻性和干缩率分为合格品与不合格品。按抗压强度和抗折强度大小，分为MU30、MU25、MU20、MU15、MU10五个强度等级，应符合《蒸压粉煤灰砖》（JC/T 239—2014）的规定，见表7-16。

表7-16 粉煤灰砖的强度等级（JC/T 239—2014）

强度等级	抗压强度/MPa		抗折强度/MPa	
	平均值不小于	单块值不小于	平均值不小于	单块值不小于
MU30	30.0	24.0	4.8	3.8
MU25	25.0	20.0	4.5	3.6
MU20	20.0	16.0	4.0	3.2
MU15	15.0	12.0	3.7	3.0
MU10	10.0	8.0	2.5	2.0

提示：

粉煤灰砖不得用于长期受热 200℃以上、受急热急冷和有酸性介质侵蚀的建筑部位，也不宜用于有流水冲刷的部位。

7.1.2 制订计划

1. 阅读烧结普通砖、烧结多孔砖质量检测报告

烧结普通砖、烧结多孔砖试验报告形式如下：

烧 结 普 通 砖 试 验 报 告

报告日期 ××××年×月××日

委托单位	×××××××××	委托日期	×-××	委托编号	××	报告编号	××××-××
品种等级	烧结黏土砖,MU10	代表数量	10万块	产地或厂家	××××××		
试验依据	GB/T 5101—2017	试验日期	×-××	试件处理日期	×-××		
工程名称部位	×××××××××××工程			见证人	×××		
项目	指标	检测结果	项目	指标	检测结果		备注
抗压强度平均值/MPa	≥10	11.2					
标准值/MPa	≥6.5	8.9					
结论： 符合 N 240×115×53 C GB/T 5101。 只对来样负责。							

试验单位：××××××××× 技术负责人：××× 审核：××× 试验：×××

烧 结 多 孔 砖 试 验 报 告

报告日期 ××××年×月××日

委托单位	××××××××××	委托日期	×-××	委托编号	××	报告编号	××××-××
品种等级	多孔砖,MU10	代表数量	5万块	产地或厂家	××××××		
试验依据	GB 13544-2011	试验日期	×-××	试件处理日期	×-××		
工程名称部位	×××××××××××工程			见证人	×××		
项目	指标	检测结果	项目	指标	检测结果		备注
抗压强度平均值/MPa	≥10	10.9					
标准值/MPa	≥6.5	9.7					
结论： 符合 N 240×115×90 10C GB 13544。 只对来样负责。							

试验单位：××××××××× 技术负责人：××× 审核：××× 试验：×××

2. 确定烧结普通砖、烧结多孔砖质量检测项目

1）尺寸偏差、外观质量检测。

2）抗压强度检测。

3. 制订烧结普通砖、烧结多孔砖质量检测流程

1）烧结普通砖、烧结多孔砖的取样。

2）尺寸偏差、外观质量检测。

3）烧结普通砖、烧结多孔砖试件的制作。

4）抗压强度检测。

7.1.3 组织实施

一、烧结普通砖、烧结多孔砖的取样

1）烧结普通砖、烧结多孔砖检验批的构成和批量大小，应符合《砌墙砖检验规则》（JC/T 466—1996）的规定，同一强度等级、同一生产工艺烧结普通砖、烧结多孔砖3.5万~15万块为一批，不足3.5万块者也按一批计。

2）外观质量检测的试样应采用随机抽样法，在每一检验批的产品堆垛中抽取；其他检测项目的试样用随机抽样法从外观质量检验后的样品中抽取，抽样数量见表7-17。

表7-17 单项试验所需砖样数量（GB/T 5101—2017、GB 13544—2011）

检验项目	外观质量	尺寸偏差	强度等级	石灰爆裂	冻融	泛霜	吸水率	密度等级
抽样数量/块	50	20	10	5	5	5	5	3

提示：

应根据砌墙砖检测项目合理确定试样抽样数量。因砌墙砖都是散装，且分批运至施工现场，检测人员应根据材料进场的频率和每批进场的数量，注意抽样的随机性和代表性。

二、烧结普通砖、烧结多孔砖的尺寸偏差与外观质量检测

（一）主要仪器设备

1）砖用卡尺：分度值为0.5mm，其结构组成和形式如图7-4所示。

2）钢直尺：分度值为1mm。

（二）检测步骤

1. 砖的尺寸偏差测量

1）长度和宽度：应在砖的两个大面的中间处分别测量两个尺寸，精确至0.5mm。

2）高度：在砖的两个条面中间处分别测量两个尺寸，精确至0.5mm，如图7-5所示。当被测处有缺陷或凸出时，可在其旁边测量，但应选择不利的一侧。

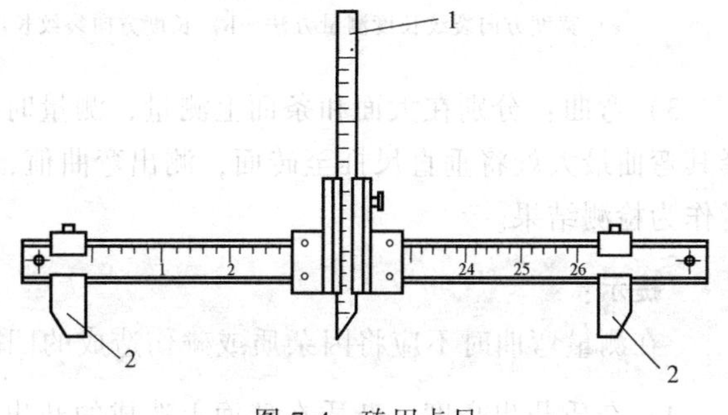

图7-4 砖用卡尺

1—垂直尺 2—支脚

2. 砖的外观质量检测

1）缺损：缺棱掉角在砖上造成的破损程度，以破损部分对长、宽、高三个棱边的投影尺寸来度量，称为破坏尺寸。砖的破坏尺寸用钢直尺直接进行测量，如图7-6所示。

2）裂纹：分为长度方向、宽度方向和水平方向三种，以被测方向上的投影长度表示。如果裂纹从一个面延伸至其他面时，则累计其延伸的投影长度。砖表面的裂纹长度用钢直尺直接进行测量，如图7-7所示。当烧结多孔砖的孔洞与裂纹相通时，应将孔洞包含在裂纹内一并测量。

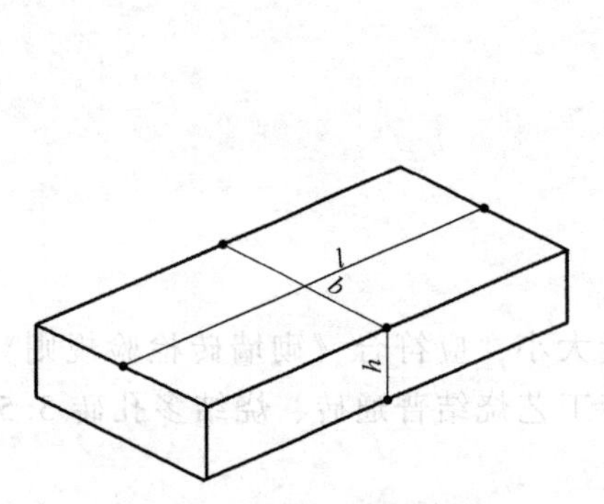

图 7-5 砖的尺寸偏差测量

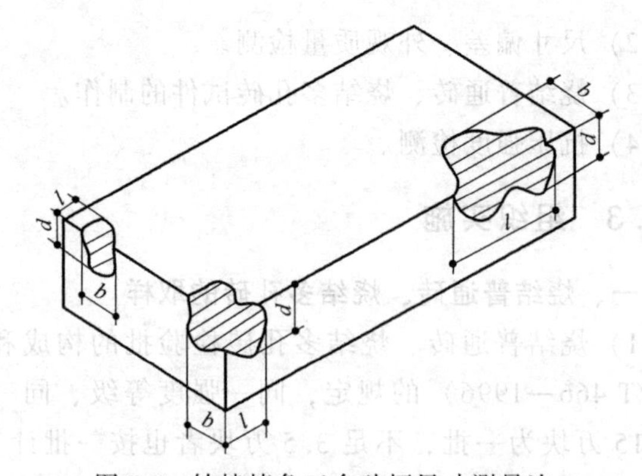

图 7-6 缺棱掉角三个破坏尺寸测量法

l—长度方向投影尺寸 *b*—宽度方向投影尺寸 *d*—高度方向投影尺寸

提示：

裂纹长度以在三个方向上分别测得的最长裂纹作为检测结果。

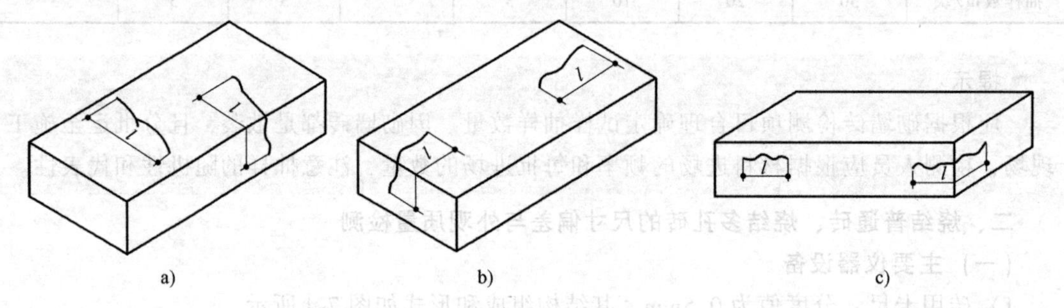

图 7-7 裂纹长度测量方法

a）宽度方向裂纹长度测量方法 b）长度方向裂纹长度测量方法 c）水平方向裂纹长度测量方法

3）弯曲：分别在大面和条面上测量，测量时将砖用卡尺的两支脚沿棱边两端放置，选择其弯曲最大处将垂直尺推至砖面，测出弯曲值，测量方法如图 7-8 所示，以所测数据较大者作为检测结果。

提示：

在测量弯曲时不应将因杂质或碰伤造成的凹陷计算在内。

4）杂质凸出高度：杂质在砖面上造成的凸出高度，以杂质距砖面的最大距离表示。测量时将砖用卡尺的两支脚置于杂质凸出部分两边的砖平面上，以垂直尺测出杂质凸出高度值，测量方法如图 7-9 所示。

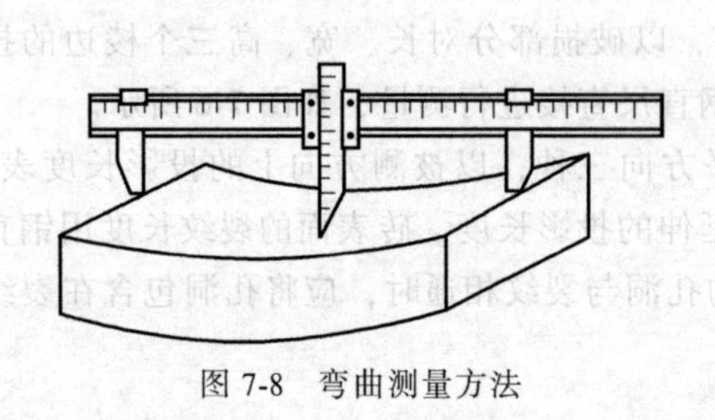

图 7-8 弯曲测量方法

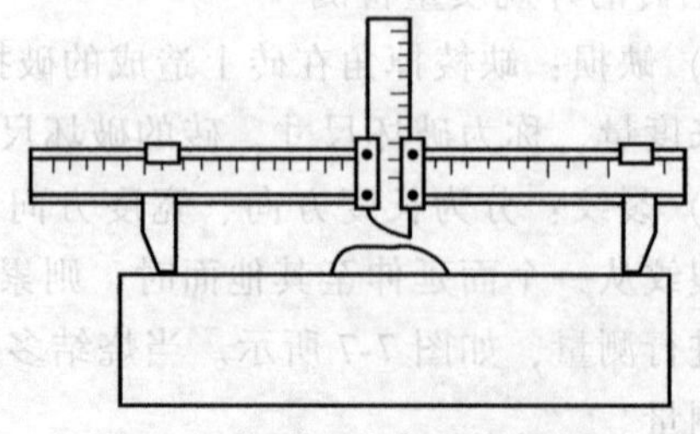

图 7-9 杂质凸出高度测量方法

5）色差：装饰面朝上随机分两排并列，在自然光下距离砖样2m处目测。

（三）检测结果

1）砖的尺寸偏差：检测结果分别以长度、宽度和高度两个测定值的算术平均值作为最终检测结果，并按规定计算样本平均偏差和样本极差，精确至1mm，不足1mm者，按1mm计。

2）砖的外观测量以mm为单位，不足1mm者，按1mm计。

三、烧结普通砖抗压强度检测

（一）主要仪器设备

1）压力试验机：压力试验机的示值相对误差不大于±1%，其下加压板应为球铰支座，预期最大破坏荷载应在量程的20%~80%之间。

2）锯砖机或切砖器。

3）钢直尺：分度值为1mm。

4）抹刀、水平尺、拌和容器等。

5）抗压强度试验用净浆材料：应符合《砌墙砖抗压强度试验用净浆材料》（GB/T 25183—2010）的要求。

（二）试件制作

1）将一组砖样（10块）切断或锯成两个半截砖，断开的半截砖边长不得小于100mm。如果不足100mm，应另取备用试件补足。

2）在试件制备平台上，将已断开的两个半截砖放入室温的净水中浸泡20~30min后取出，在钢丝网架上滴水20~30min，以断口相反方向装入试样模具中。用插板控制两个半砖间距不应大于5 mm，砖大面与模具间距不应大于3 mm，砖断面、顶面与模具间垫以橡胶垫或其他密封材料，模具内表面涂油或脱膜剂。

3）将净浆材料按配制要求，置于搅拌机内搅拌均匀。

4）将装好试件的模具置于振动台上，加入适量搅拌均匀的净浆材料，振动时间为0.5~1min，停止振动，静置至净浆材料达到初凝时间（约15~19min）后拆模。

5）将制作完成的试件置于不低于10℃的不通风室内养护4h，再进行其抗压强度检测。

（三）检测步骤

1）试件养护到期后，测量每个试件连接面或受压面的长、宽尺寸各两个，分别取其平均值，精确至1mm。

2）将试件平放在压力试验机加压板的中心，垂直于受压面加荷。加荷速度以2~6kN/s为宜，直至试件破坏为止，记录最大破坏荷载。

提示：

试件受压面应为正面；加荷应连续均匀平稳，不得发生冲击或振动；当试件破坏时，应停止调整压力试验机油门，直至试件破坏。

（四）检测结果

1）按下式计算单块试件的抗压强度f_i，精确至0.01MPa。

$$f_i=\frac{F}{LB}$$

式中 f_i——单块试件的抗压强度（MPa）；

F——最大破坏荷载（N）；

L——试件受压面（连接面）的长度（mm）；

B——试件受压面（连接面）的宽度（mm）。

2）按下式计算 10 块试件的抗压强度平均值 $\bar{f}$，精确至 0.01MPa。

$$\bar{f} = \frac{\sum_{i=1}^{10} f_i}{10}$$

式中 $\bar{f}$——10 块试件的抗压强度算术平均值（MPa）；

f_i——单块试件的抗压强度（MPa）。

3）按下式计算 10 块试样的抗压强度标准值 f_k，精确至 0.01MPa。

$$f_k = \bar{f} - 1.83s$$

$$s = \sqrt{\frac{1}{9}\sum_{i=1}^{10}(f_i - \bar{f})^2}$$

式中 f_k——抗压强度标准值（MPa）；

s——10 块试样的抗压强度标准差（MPa）。

将以上所得的抗压强度平均值、抗压强度标准值，用于评定砖的强度等级。

四、烧结多孔砖抗压强度检测

（一）主要仪器设备

1）压力试验机：压力试验机的示值相对误差不大于±1%，其下加压板应为球铰支座，预期最大破坏荷载应在量程的 20%~80%之间。

2）钢直尺：分度值为 1mm。

3）抹刀、水平尺、拌和容器、玻璃板等。

（二）试件制作

1）将一组砖样（10 块），采用坐浆法制作标准试件。即将玻璃板置于试件制备平台上，其上铺一张湿的垫纸，纸上铺一层厚度不超过 5mm 的用强度等级为 32.5 级普通硅酸盐水泥调制成稠度适宜的水泥净浆，再将试件在水中浸泡 10~20min，在钢丝网架上滴水 3~5min 后，将试样受压面平稳地坐放在水泥浆上，在另一受压面上稍加压力，使整个水泥层与砖受压面相互粘结，并保持砖的侧面垂直于玻璃板。待水泥浆适当凝固后，将烧结多孔砖连同玻璃板翻放在另一铺纸放浆的玻璃板上，再进行另一砖面的坐浆，用水平尺校正好玻璃板的水平。

2）将制成的试件置于不低于 10℃的不通风室内养护 3d，再进行其抗压强度检测。

（三）检测步骤

1）试件养护到期后，测量每个试件的长、宽尺寸各两个，分别取其平均值，精确至 1mm。

2）将试件平放在试验机的承压板中心，垂直于受压面均匀平稳加荷，加荷速度以 4~6kN/s 为宜，直至试件破坏为止，记录最大破坏荷载。

提示：

试件受压面应为大面；加荷应连续均匀平稳，不得发生冲击或振动；当试件破坏时，应停止调整压力试验机油门，直至试件破坏。

（四）检测结果

1）按下式计算单块试件的抗压强度 f_i，精确至 0.01MPa。

$$f_i = \frac{F}{LB}$$

式中 f_i——单块试件的抗压强度（MPa）；

F——最大破坏荷载（N）；

L——试件受压面的长度（mm）；

B——试件受压面的宽度（mm）。

2）按下式计算 10 块试件的抗压强度平均值 $\bar{f}$，精确至 0.1MPa。

$$\bar{f} = \frac{\sum_{i=1}^{10} f_i}{10}$$

式中 $\bar{f}$——10 块试件的抗压强度算术平均值（MPa）；

f_i——单块试件的抗压强度（MPa）。

3）按下式计算 10 块试件的抗压强度强度标准值 f_k，精确至 0.1MPa。

$$f_k = \bar{f} - 1.83s$$

$$s = \sqrt{\frac{1}{9}\sum_{i=1}^{10}(f_i - \bar{f})^2}$$

式中 f_k——抗压强度标准值（MP）；

s——10 块试件的抗压强度标准差，精确至 0.01MPa。

将以上所得的抗压强度平均值、抗压强度标准值与规范规定比较，用于评定砖的强度等级。

项目 7.2 保温材料应用

【工作任务】 了解保温材料的作用及特点，能依据工程特点、工程环境要求，合理选用保温材料。

7.2.1 了解资讯

一、保温材料的作用

保温材料可以减少室内热量的传递，节约能源，使建筑物内部有较稳定的温度，为人们工作、学习和生活创造较舒适的环境。

二、保温材料的基本要求

1）导热系数小。导热系数是反映材料导热能力大小的重要指标。导热系数越大，说明材料导热能力越强，保温性能越低。

保温材料导热系数检测

2）具有一定的强度、抗冻性、耐水性、耐热性、抗化学腐蚀性能。

3）吸湿性小。

提示：

工程上将导热系数 $\lambda<0.23\mathrm{W/(m\cdot K)}$ 的材料称为保温材料。水的存在会使材料导热能力增强，保温性能降低，因此，保温材料在使用时应注意防水防潮。

三、保温材料的分类

1）按化学成分不同，分为无机保温材料和有机保温材料两类。

2）按组织结构不同，分为多孔型保温材料、纤维型保温材料和反射型保温材料三类。

① 多孔型保温材料。当热量从高温面向低温面传递时，由于较多气孔的存在，热量传递方向会发生变化，使传热路线大大增加，降低传热速度。此外，材料中密闭空气的导热系数远远低于固体材料的导热系数，因而进一步降低传热速度，从而达到保温隔热的目的。多孔型保温材料是保温材料的主要形式，常见的多孔型保温材料有膨胀珍珠岩、膨胀蛭石、微孔硅酸钙、泡沫塑料、软木板和加气混凝土等。

② 纤维型保温材料。纤维型保温材料的传热机理基本上与多孔型保温材料类似。常见的纤维型保温材料有石棉、矿渣棉、岩棉、玻璃棉、软质纤维板等。

③ 反射型保温材料。由于具有热反射性，其表面的热辐射被大量反射回去，通过材料内部的热量相对降低，从而起到保温隔热的作用。热反射型材料的反射率越大，绝热效果越好。如热反射玻璃就属于此类材料。

7.2.2 组织实施

1. 膨胀珍珠岩及其制品

膨胀珍珠岩是由珍珠岩经破碎、煅烧、体积急剧膨胀而成的白色粒状多孔保温材料，如图 7-10 所示。

a)

b)

c)

图 7-10 膨胀珍珠岩及其制品示意图

a）膨胀珍珠岩 b)、c）膨胀珍珠岩制品

膨胀珍珠岩质轻，颗粒内部结构呈蜂窝泡沫状，堆积密度不大于 $400\mathrm{kg/m^3}$，导热系数 λ 不大于 $0.07\mathrm{W/(m\cdot K)}$。具有性能稳定、不燃烧、耐腐蚀、无毒、无味、吸声等特点，耐热温度可达 800℃，是一种高效良好的保温材料，广泛应用于建筑工程中。

散粒状膨胀珍珠岩可以直接用于建筑物屋面及围护结构，作为隔热保温层；也可制成膨胀珍珠岩制品，用于工业与民用建筑的墙体、设备管道的保温处理。膨胀珍珠岩板材还可作为吸声板，用于剧院、报告厅和礼堂的顶棚装修。

2. 膨胀蛭石及其制品

膨胀蛭石是将蛭石经晾干、破碎、煅烧、膨胀而成的颗粒状保温材料，如图 7-11 所示。

a) b)

图 7-11 膨胀蛭石及其制品示意图

a）膨胀蛭石 b）膨胀蛭石制品

经高温煅烧的蛭石可产生近 20 倍的膨胀，形成蜂窝状薄片松散颗粒，具有质轻，堆积密度更小（不大于 200kg/m^3），导热系数小 [$\lambda = 0.047 \sim 0.07W/(m \cdot K)$]，化学性能稳定和耐火性能好，不变质、不易被虫蛀腐朽等特点，耐热温度可达 1100℃，但吸水性较大，使用时必须注意防水防潮。

提示：

天然蛭石由含水的云母类矿物风化而成，由于热膨胀时像水蛭蠕动，故得名蛭石。

膨胀蛭石适用于建筑物屋面与墙体的保温，也可制成膨胀蛭石制品，用于工业与民用建筑的围护结构、管道的保温处理。膨胀蛭石与木质纤维的制品还可作为录音室、会议室、剧院墙壁的吸声材料。

3. 石棉及其制品

石棉是一种纤维状无机结晶材料，按其矿物成分可分为蛇纹石类和角闪石类石棉。蛇纹石类石棉的纤维柔软，便于松解，在建筑工程中通常说的石棉即为该类石棉，如图 7-12 所示。

图 7-12 石棉及其制品示意图

石棉具有较高的抗拉强度，同时耐热性、耐火性、耐酸碱性能、耐腐蚀性能好，且吸声、绝缘和保温隔热性能好，导热系数小。

松散的石棉很少单独使用，多制成石棉纸、石棉布、石棉毡等石棉制品，也可以与水泥等胶结材料结合，制成石棉板、石棉管和石棉瓦等，用于各类建筑物的屋面、墙体、设备、管道的保温处理。

4. 矿渣棉、岩棉、玻璃棉及其制品

矿渣棉是以矿渣为主要原料，经熔化、喷吹而成的一种棉丝状保温材料，如图 7-13 所示。岩棉是以玄武岩为原料，经高温熔融、喷吹而成的一种纤维状保温材料。玻璃棉是以石英砂、白云石等为主要原料，在熔融状态下经拉制或吹制而成的细小纤维状保温材料。

图 7-13 矿渣棉及其制品示意图

矿渣棉、岩棉和玻璃棉质轻，耐高温、防蛀、耐腐蚀、保温性能好，不燃，化学稳定性好，但强度较低。其既可用于建筑物的屋面、墙体、设备、管道的保温处理，还可作为吸声材料，用于建筑物室内墙面、顶棚的吸声工程。

5. 泡沫塑料

泡沫塑料是以各种树脂（如聚苯乙烯）为主要原料，加入辅助材料（如发泡剂、稳定剂）经加热发泡而成的保温材料，具有质轻，防蛀、耐腐蚀、保温性能好，吸声、防震性能好，是一种新型保温、吸声和防振材料，适用于建筑物的屋面、墙体保温处理。

> 提示：
> 由于大多数树脂可燃，因此，在施工过程中一定要注意防火。

项目 7.3 装饰材料应用

【工作任务】 了解装饰材料的作用及特点，能依据工程特点、工程环境要求，合理选用装饰材料。

7.3.1 了解资讯

一、装饰材料的作用

建筑装饰材料是指用于建筑物表面，主要起美化外观和保护建筑物主体结构作用的材料。合理地选用装饰材料，不仅能显示建筑物的艺术形象，还能够有效地保护建筑物主体，提高建筑物的耐久性，也为改善人们的生活和工作环境质量创造了条件。

二、装饰材料的基本要求

1）具有良好的装饰特性，如材料的光泽、质地、纹理、质感和色彩等。

2）具有一定的强度，良好的抗冻性、耐水性、耐热性、吸声性、抗化学腐蚀性能、耐污染性能和耐久性。

三、装饰材料的分类

1）按化学成分不同，分为金属材料、非金属材料和复合材料三大类。

金属材料又分为黑色金属材料和有色金属材料；非金属材料又分为无机材料和有机材

料；复合材料又分为有机与无机复合材料、金属与非金属复合材料等。

2）按装饰部位不同，分为外墙装饰材料、内墙装饰材料、地面装饰材料、吊顶装饰材料和室内装饰用品装饰材料五大类。

四、装饰材料的选用原则

1）良好的装饰效果。选用材料时应满足造型、光泽、纹理、质感和色彩等美学方面的要求。

2）优异的耐久性。建筑物所处使用环境、气候条件、功能要求存在较大差异，要求所选装饰材料应具有与使用环境、气候条件相协调的耐久性，如抗冻性、耐水性、耐热性、吸声性、耐磨性、抗化学腐蚀性能、耐污染性能等。

3）经济性原则，确保投资经济合理。

7.3.2 组织实施

一、饰面石材

饰面石材分天然石材和人造石材两大类。天然饰面石材是由天然石材加工而成，用于装修工程的天然石材主要是天然花岗石和大理石；人造石材是以不饱和聚酯树脂为粘结剂，掺入天然石粉以及适量的阻燃剂、颜料等，经成型固化、打磨抛光、切割而成。

1. 天然花岗石

（1）分类

1）按板材形状不同，天然花岗石板分为普型板、圆弧板和异型板。

2）按加工程度不同，天然花岗石板分为镜面板、细面板和粗面板。

（2）特点 结构致密，质地坚硬，强度高，抗风化能力强，装饰性、耐磨性、抗冻性、耐腐蚀性及耐久性好。但自重大、加工困难，质脆，耐火性差，部分花岗岩含有微量放射性元素。

提示：

因部分天然花岗石内含微量放射性元素，近年来已较少用于室内装修。按放射性水平分为三类。A 类产品可用于任何地方；B 类产品用于除居室内饰面以外的建筑物厅堂及其他饰面；C 类产品则用作建筑物的外饰面和工业用途。

2. 天然大理石

（1）分类 天然大理石按形状分为普型板（N）和异型板（S），前者有正方形、长方形两类；后者是其他形状的板材。按其规格尺寸、外观质量分为优等品（A）、一等品（B）和合格品（C）三个等级。

（2）特点 结构致密，强度高，色泽鲜艳、花纹多样、石质细腻、装饰性好，耐久性较好。但硬度低、抗风化能力差。

大理石板材属高档装饰材料，一般常用于宾馆、展览馆、影剧院、商场、机场、车站等公共建筑的室内墙面、柱面、栏杆、窗台板等部位。天然大理石还可制作各种大理石装饰品、镶拼花盆和镶嵌高级硬木雕花家具。

提示：

天然大理石中含有化学性能不稳定的成分，易于失去表面光泽而风化、崩裂，不宜用于建筑物室外装饰和其他露天部位装饰。大理石板材硬度较低，耐磨性差，不宜用于地面装修。

3. 人造石材

提示：

天然石材与人造石材的区别：人造石材花纹无层次感，颜色是一样的，无变化，背面有模衬的痕迹，颜色艳丽但不自然，易磨损、对光看有划痕；天然石材在一定范围内很难做到色泽一致，板材背面有切割的痕迹。

（1）分类　按所用胶结材料的不同，人造石材分水泥型人造石材、树脂型人造石材、复合型人造石材和烧结型人造石材四类。

（2）特点　具有天然石材的质感，不存在色差，装饰性好；质轻，强度高，耐污染、耐腐蚀性好；施工方便，抗老化能力差。

提示：

人造石材抗老化能力差，易褪色失去光泽，不宜用于建筑物室外装饰。

二、建筑陶瓷

建筑陶瓷是以黏土、长石、石英等为主要原料，经配料、制坯、干燥成型、焙烧而成。

1. 釉面砖

（1）质量等级　根据表面缺陷、色差、平整度、边直度、直角度、白度等，釉面砖分为优等品、一级品与合格品。

（2）特点　釉面砖有很好的装饰效果，热稳定性好，防火、防潮、耐酸碱腐蚀，表面光滑，易清洗，适用于浴室、盥洗室、卫生间、厨房等墙面装饰材料。经过专门设计的彩绘面砖，还可镶拼成陶瓷壁画，有很好的艺术效果。

提示：

釉面砖坯体的孔隙率较大，抗冻性较低，在日晒、雨淋、冰冻作用下易开裂破损，影响装饰效果，因此，釉面砖不宜用于建筑物室外装饰。另外，釉面砖铺贴前必须进行浸水处理。

2. 外墙面砖

外墙面砖可分为不上釉的单色砖、上釉的彩釉砖、有凸出花纹图案的立体彩釉砖。

（1）质量等级　根据表面质量，外墙面砖分为优等品、一级品与合格品。

（2）特点　外墙面砖坯体结构致密、孔隙率小，抗冻性好，色彩图案丰富，装饰效果好，防火、防潮、耐酸碱腐蚀，易清洗，适用于建筑物外墙面的装饰。

3. 地面砖

地面砖种类较多，多采用正方形，尺寸规格为300～1000mm。品种有彩色釉面砖、玻化砖、劈离砖、麻面砖等。

彩色釉面砖分为普通型、压光型和抛光型三大类。普通型彩色釉面砖色彩艳丽，花纹图案众多，干净易清洗，成本较低，是浴室、盥洗室、卫生间、厨房等地面材料的首选；压光型彩色釉面砖色泽淡雅，可仿木纹、石材等图案，常用于商店、家庭的客厅或卧室地面的装修；抛光型彩色釉面砖表面致密、光亮，具有华丽热烈的装饰效果。

玻化砖结构致密，耐污染、耐磨性好，表面光亮如镜，装饰效果好。

麻面砖采用仿天然花岗石的色彩配料，压制成表面凹凸不平的麻面坯体经焙烧而成。麻面砖表面酷似人工修凿过的天然花岗石，自然粗犷，耐磨性和装饰性好。

4. 陶瓷锦砖

陶瓷锦砖也称之为马赛克，是以优质瓷土为原料烧制而成、由许多小块瓷片组成一联的陶瓷制品。按表面性质分无釉与有釉两种。

陶瓷锦砖具有坚硬、强度高、组织致密、不吸水、防滑、耐磨、耐腐蚀、图案美观等特点，主要用于地面或墙面装修，也可按设计要求拼成壁画，集装饰性与艺术性于一体。

三、装饰涂料

装饰涂料是指涂敷于建筑物表面，并能够形成牢固、完整、坚韧的涂膜，对建筑物起到保护、装饰作用的装饰材料。装饰涂料具有施工方便，施工效率高、经济等特点，是一种使用量最大的饰面材料。

（一）分类

1）按其在建筑物中使用部位的不同，装饰涂料分为内墙涂料、外墙涂料、顶棚涂料和漆类涂料等。

2）按分散介质不同，装饰涂料分为溶剂型涂料、乳液型涂料、水溶性涂料。

（二）主要技术性能

1）遮盖力：指涂膜遮盖基层表面颜色的能力。

2）细度：指涂料中固体颗粒大小的分布程度。

3）附着力：指涂料膜层与基体之间的粘结力。

4）耐洗刷性能：指涂膜在潮湿的状态下抵抗磨蚀和擦拭的性能。

5）耐污染性能：指涂料抵抗空气中的灰尘等物质作用引起表面污染的能力。

（三）常用装饰涂料

1. 内墙涂料

石灰浆是最早用的内墙涂料，因不耐水、干后易掉粉，现已很少使用。目前应用较为广泛的内墙装饰涂料是合成树脂乳液内墙涂料（又称为乳胶漆），有亚光、丝光、珠光、多彩花纹、幻彩和仿瓷等多种类型。

内墙涂料无毒无味，耐碱性和透气性好，色彩丰富、细腻、装饰效果好，附着力强，施工方便，可擦洗、防潮防霉、符合环保要求，适用于一般建筑物室内墙面的装饰。

> **提示：**
> 选购乳胶漆时要注意看是否标有生产厂家、生产日期、保质期和无铅无汞标识。

2. 外墙涂料

外墙涂料品种主要有107涂料、104外墙饰面涂料、乙丙外墙乳胶漆、彩砂涂料、无机硅酸盐涂料、天然真石漆、纳米多功能涂料等，主要用于住宅、商场、宾馆、学校等建筑物外墙面的装饰。

外墙涂料要求具有良好的装饰性，能抵抗紫外线照射作用，不易变色、粉化或脱落，耐水、耐光、耐洗刷、耐污染、耐久性好。

> **提示：**
> 相对于其他外墙装饰材料来说，使用涂料既节能、经济、减轻建筑物自重，又安全、简便、美化环境，因此，使用外墙涂料是外墙装饰的发展趋势。

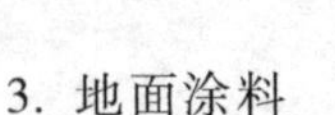

3. 地面涂料

常用的地面涂料有聚氨酯地面涂料、环氧树脂地面涂料、彩色地坪漆涂料等。

地面涂料的涂层更加致密，具有优异的耐磨性，耐水、耐腐蚀，抗污染能力强，适用于民用建筑、公共建筑、工业厂房的地面装饰、防腐、防水处理。

(四) 涂料的储存与保管

涂料在储存与保管时，应注意以下几点：

1）单独存放。禁止与酸、碱及其他自燃物质放在一起，要严格遵守防火规定；夏天应注意通风和降温。

2）分类存放，产品商标等标识一律向外，以便识别。

3）定期翻转，密封存放。为防止长时间放置涂料产生沉淀，涂料桶应定期翻转。储存容器要密封，分装涂料时，不应装满，以防止涂料膨胀时致使容器损坏。

4）采用正确的开启方式。

四、建筑玻璃

玻璃是以石英砂、纯碱、长石和石灰石等为主要原料，掺入其他辅助材料，经高温熔融、成型、冷却、固化而成的非结晶无机材料。

提示：

随着现代建筑的发展需要，建筑玻璃已由过去的采光、围护和隔断单一功能，向目前具有装饰效果、隔热、保温等多种功能发展，实现了功能性与艺术性的完美结合。

(一) 主要技术性能

1）尺寸允许偏差。

2）表面外观质量：包括表面弯曲度、缺角情况、波纹、气泡、划伤、夹杂物、光学变形、线道等。

3）力学性质：包括玻璃的抗冲击强度、硬度等。

4）热物理性质：包括导热性、热稳定性。玻璃的热稳定性决定玻璃在温度剧变时抵抗破碎的能力。

提示：

玻璃的热稳定性较差。这是由于玻璃导热系数较小，在受冷或受热时热量不能及时传递到整块玻璃，在局部产生膨胀或收缩，致使玻璃产生内应力而开裂。

5）光学性质：包括光的透射能力、光反射能力。

提示：

通过对玻璃的光透射能力、光反射能力的改变，可以控制室内湿度的变化，以使玻璃具有绝热、热反射性能，起到绝热材料作用。

(二) 常用建筑玻璃

1. 平板玻璃

平板玻璃是建筑工程中运用最为广泛的一种玻璃，平板玻璃又分为普通平板玻璃和特殊平板玻璃两类，特殊平板玻璃是根据不同需要，在普通平板玻璃基础上进行特殊处理而成，如磨砂玻璃、磨光玻璃、彩色玻璃、压花玻璃、刻花玻璃等。

(1) 普通平板玻璃 普通平板玻璃既能透视又能透光，透光率可达85%，并有一定的隔声、绝热功能，有一定的强度、耐雨淋，但其质脆，怕敲击、强振，主要用于装配门窗、室内各种隔断、橱窗、柜台、展台、玻璃隔架等。

(2) 磨砂玻璃 磨砂玻璃采用机械喷砂、手工研磨或用氢氟酸溶液腐蚀等方法将普通平板玻璃表面处理成均匀毛面而成。由于其表面粗糙，使光线产生漫射，透光而不透视，且透进的光线柔和，因而用于建筑物的卫生间。浴室、办公室等不受干扰的门窗隔断、灯罩等。

(3) 彩色玻璃 彩色玻璃分为透明和不透明两种，透明玻璃是在原料中加入一定的金属氧化物而使玻璃带色。不透明玻璃是在平板玻璃的一面喷以色釉，经烘烤而成，具有耐腐蚀、抗冲刷、易于清洗，装饰效果好等特点，适用于门窗和对光线有色彩要求的建筑部位装饰处理。

(4) 压花玻璃 压花玻璃是在平板玻璃硬化前用带有花纹图案的滚筒压制而成，使玻璃单面或双面压有花纹图案。表面压花玻璃是有各种花纹图案，使光线散射失去透视性，即透光不透视，可使室内光线柔和，有更好的装饰效果，适用于办公室、酒吧、会议室、客厅、公共场所的门窗、屏风、室内隔断。

2. 热反射玻璃

热反射玻璃又称为镀膜玻璃，是在平板玻璃表面镀一层金属、金属氧化物薄膜、有机物薄膜，或以某种金属离子置换玻璃表层中原有离子而成。

热反射玻璃既有良好的透光性，又有较高的热反射能力，遮光性、隔热性和装饰性好，使室内光线柔和，让人感到清凉舒适，节约能源。主要用于大型公共建筑的门窗、玻璃幕墙等。

3. 安全玻璃

钢化玻璃、夹丝玻璃和夹层玻璃均属于安全玻璃，具有强度高，弹韧性及抗冲击能力好，破坏时其碎片边角圆钝，不飞溅伤人。

钢化玻璃又称为强化玻璃，是将平板玻璃在钢化炉中加热到一定温度后迅速冷却或通过离子交换方法进行特殊处理而成的玻璃制品，适用于高层建筑物的门窗、玻璃幕墙、大型隔断、橱窗、护栏（护板、楼梯扶手等）、采光顶棚和有防盗要求的场所，也可做成无框玻璃门，装饰效果极好。

提示：

钢化玻璃的加工性能较差，不能进行钻孔、磨槽、裁切等形式的加工，其外形尺寸由供需双方协定。

夹丝玻璃是采用压延成型方法，将金属丝或金属网嵌入玻璃板内而成。其表面可磨光，透明或制成彩色，也可制成压花型。

夹层玻璃是在两层或多层平板玻璃之间嵌夹透明薄膜材料，经加温加压、粘合而成的复合玻璃制品。因夹有透明薄膜材料，可减少太阳光的透射，隔声性能好，适用于有防弹或特殊安全要求的建筑物门窗与大型玻璃隔断、飞机挡风玻璃和制造防弹玻璃。

4. 中空玻璃

中空玻璃由在两片或多片玻璃中间注入干燥剂，周边用间隔框分开，并用密封胶密封，使中间玻璃腔体始终保持干燥气体的玻璃制品。如在中空玻璃内充入漫射光材料或电介质等，可获得很好的声控、光控和保温隔热的效果。

中空玻璃保温、隔热、隔声性能好，节约能耗十分明显，保证室内冬暖夏凉，且装饰效果好，适用于需要采光但又有隔热、保温、隔声要求的建筑物门窗。

5. 玻璃砖

玻璃砖是一种特厚玻璃，是用高温将玻璃软化，压入模型中而成的玻璃制品，分为空心和实心两类。

玻璃砖透明度高，具有强度高、耐压、抗冲击、耐酸、隔声、隔热、防火、装饰性好等特点，被誉为“透光墙壁”，主要用于办公楼、宾馆、饭店等高级建筑物的门厅和屏风，以及立柱的贴面、楼梯栏板、地下天窗、浴室的隔墙及外墙装饰等，尤其适用于体育馆、图书馆、展览馆等既有艺术需求，又要控制透光、眩光场所的装饰。

（三）建筑玻璃的储存与保管

建筑玻璃为薄板状脆性材料，在储存与保管时，应注意以下几点：

1）采用木箱或集装架包装，特别注意边角的保护。

2）应在干燥、隐蔽的场所存放，避免淋雨、潮湿和强烈的阳光。禁止玻璃之间进水，以免侵蚀玻璃表面。

3）应根据玻璃的尺寸、施工现场状况和搬运距离，采用合适的搬运工具和方法。

五、金属装饰材料

1. 铝合金

铝合金材料质轻，耐腐蚀、耐久性好，色彩丰富、装饰效果好。将铝合金制成各种饰面板，用于现代建筑的墙面、柱面、顶棚、屋面等装饰。铝合金装饰线条大量用于装饰性栏杆、扶手、幕墙的装饰处理。

2. 不锈钢板

不锈钢是以铬为合金元素的合金钢。不锈钢制品具有金属的明亮光泽和质感，色泽明亮华贵，抗锈蚀能力强，耐久性好，能较长时间地保持近似镜面的装饰效果，适用于宾馆、餐厅、墙柱面、柜台、家具、洁具、广告招牌等室内外装饰。

3. 铁艺制品

铁艺制品也被称为“铁花”，产品一般都制成各种花雕形状。铁艺制品按加工方法的不同有扁铁、铸铁和锻铁三类。扁铁制品以冷弯曲为主要工艺，但端头修饰少；铸铁制品花型多样，装饰性强，是用得较多的铁艺制品；锻铁制品是质量较高的产品，材质较纯。

铁艺制品可呈现各种颜色，具有浓厚的装饰艺术，主要用于居室、栏杆、护栏等装饰。

参考文献

[1] 闫宏生. 工程材料 [M]. 2版. 北京: 中国铁道出版社, 2017.

[2] 周士琼. 土木工程材料 [M]. 北京: 中国铁道出版社, 2005.

[3] 赵志曼. 土木工程材料 [M]. 北京: 机械工业出版社, 2006.

[4] 阎西康, 等. 土木工程材料 [M]. 天津: 天津大学出版社, 2004.

[5] 卢经扬. 建筑材料 [M]. 北京: 清华大学出版社, 2006.

[6] 李业兰. 建筑材料 [M]. 北京: 中国建筑工业出版社, 2003.

[7] 陈晓明. 道路材料 [M]. 北京: 人民交通出版社, 2005.